지리쌤과 함께하는
우리나라 도시 여행

지리쌤과 함께하는
우리나라 도시 여행

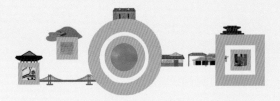

전국지리교사모임 지음

전국지리교사모임 선생님들이 들려주는 대한민국 24개 도시의 지리와 역사, 문화 이야기

폭스코너

안녕하세요. 이제부터 독자 여러분과 함께 우리나라의 대표 도시들로 여행을 떠날 지리쌤입니다. 우리가 돌아볼 도시 24곳 중에는 북적북적한 대도시도 있고 강과 들판, 산에 둘러싸인 호젓한 도시도 있답니다. 그런데 잠깐, 여행을 시작하기 전에 먼저 두 가지 키워드를 정리해두는 게 좋을 것 같아요. 바로 '도시'와 '여행'이에요. 우리가 지금부터 하려는 일이 그 '도시 여행'이기 때문이죠.

관광이 아닌 여행을

우선 '여행'부터 이야기해볼까요? 우리가 하려는 건 관광이 아니라 여행이에요. 그게 그 말 아니냐고요? 사실 요즘은 관광과 여행을 크게 구분해서 쓰고 있진 않죠. 여행사나 관광사나 그게 그거니까요. 하지만 배낭여행이라는 말은 쓰지만 배낭관광이라고는 하지 않죠? 여행과 관광은 원래 다른 의미를 내포한 개념이에요.

관광에는 보고 즐긴다는 의미가 강하게 담겨 있어요. 여가와 레저를 목적으로 다른 지역이나 다른 나라의 자연, 경치, 풍속 등을 구경하고 즐기는 거죠. 관광은 산업화의 산물입니다. 19세기 산업화의 진전과 더불어 인간은 일과 여가시간을 구분 짓게 되었어요. 다른 한편으로는 자본과 노동에 종속되어 보다 힘든 시간을 보내게 되었죠. 고된 일상에 조금이라도 여유가 생기면 무언가를 즐겨야 했는데, 당시에는 여행이 가장 인기였대요. 이런 점에 착안해 토머스 쿡(Thomas Cook)이라는 영국 선교사가 여행사를 설립하고 값싼 표로 단체관광을 조직해 대성공을 거둬요. 이때부터 관광은 대중사업의 형태로 발전하게 됩니다. 사업이라는 속성상 관광객들의 수동적인 참여와 소비 지향적 형태를 띠게 되고요. 관광의 대상이 소비지라는 경제적 관계에 예속되어 문화주권 침탈, 자연환경 파괴, 경제적 수탈 등 많은 사회문제를 야기하곤 했고, 지금도 여전히 그렇지요.

반면 여행은 관광과는 달라요. 여행의 영어 단어인 트래블(travel)의 어원을 살펴보면 '고통, 고난'이라는 의미를 담고 있거든요. 여행의 방점은 이동 자체에 있는 것이고, 과거에는 이런 이동이 고통스러운 것이었죠. 주로 살기 위해, 종교 순례를 수행하기 위해, 자연과 자신의 한계에 맞서기 위해 한 곳에서 다른 곳으로 이동했으니까요. 그래서 여행은 생존, 자기성찰, 순례, 도전이라는 가치를 내포하게 된 거죠. 참여자가 보다 능동적이고 주체적일 수밖에 없었고, 관계를 만들고 사회와 문화를 존중하고 배움을 실천하는 자기 성장적인 활동이 되었던 거예요.

우리가 이 책에서 하려는 것은 바로 이런 '여행'입니다. 더 구체적으로 말하자면, 공정여행이에요. 공정여행은 관광산업의 확대로 나타난 여러 가지 사회적·경제적·생태적 문제들에 대한 반성으로 시작된 거예요. 나의 행복이 누군가에게 혹은 우리가 살고 있는 지구에게 불행이 되지 않기를 바라는 사람들이 시작한 거죠. 사실 내가 어떤 지역을 여행해서 즐거움을 누렸다면, 그곳을 삶터로 누리는 사람들도 행복해지는 게 바람직하지 않을까요? 관광업자는 배부르고 거대 기업들은 돈을 버는데, 정작 현지인들은 불편해지고 삶터의 자연환경은 파괴되고 공동체는 와해된다면 그게 올바른 일일 수는 없겠지요.

요즘 전국에 벽화마을이 많이 늘었죠? 그런데 밤낮 구분 없이 몰려와서는 유원지인 양 함부로 행동하는 관광객들 때문에 잠을 못 이루거나 사생활 노출로 스트레스를 받는 주민들이 많다고 해요. 관광객이 몰리니 상가 임대료가 높아져서 오랫동안 지역에서 살거나 장사를 하던 사람들이 동네를 떠나야 하는 경우도 많고요. 심지어는 오만한 관광객들이 현지인들의 생활환경을 무시하거나 지나친 소비행태로 자괴감을 느끼게 하는 경우도 생기고 있다고 해요.

그래서 등장한 것이 바로 공정여행입니다. 현지의 사람들과 관광객이 함께 즐거움과 의미를 공유하는 여행이지요. 여행은 공정한 일상으로, 윤리적인 일상으로, 삶과 생각이 전환된 일상으로 연결되어야 그 가치가 빛을 발하는 거예요. 이 책을 통해 단순히 구경거리와 추억만 남는 것이 아니라 우리의 삶을 돌아보고 일상의 세계관을 변모시키는 여행이 이루어졌으면 좋겠어요.

지리와 역사, 문화를 함께 배우는 도시 여행

자, 그럼 다음 키워드인 '도시'에 대해 간략히 알아볼까요? 우리나라 사람이 100명이라면 도시 사람은 몇 명쯤 될까요? 2013년 기준으로 91명이랍니다. 열에 아홉은 도시 사람인 셈이죠. 우리나라에서는 행정구역상 읍 단위 이상인 곳을 도시라고 해요. 읍은 인구 규모 2만 명 이상을 기준으로 지정되고요.

일본은 인구 5만 명 이상, 포르투갈은 1만 명, 미국은 2천5백 명, 네덜란드는 2천 명 이상인 곳을 도시라고 해요. 인구가 희박한 노르웨이와 아이슬란드는 200명 이상만 되면 도시라고 하고요. 인도 같은 경우는 인구가 5천 명이 넘어야 하는데, 비농업적 산업에 종사하는 성인 남자 비율이 4분의 3을 넘어야 한대요. 나라마다 문화와 상황에 따라 도시에 대한 정의가 달라지는 것이 재미있죠.

도시란 인구밀도가 상당히 높고, 1차 산업(농업, 임업, 수산업) 비율이 낮은 데 반해 2차, 3차의 도시적 산업(제조업, 건설업, 상업 등) 비율이 높고, 주변 지역에 재화와 용역을 제공해주는 중심지 역할을 한다는 특징을 지니고 있어요. 가장 중요한 것은 역시 인구이기 때문에, 정말 간단히 말하자면 결국 사람이 많이 사는 곳을 의미하는 셈이에요.

그럼 도시 여행은 어떻게 하면 좋을까요? 일단 도시를 면으로 볼 것인가, 점으로 볼 것인가, 하는 질문을 늘 염두에 두면 좋을 것 같아요. 면으로 본다는 것은 도시 내부가 어떻게 나뉘어 있고 어떤 기능을 하며 그 속에서 사람들은 어떻게 살아가는가를 보는 것이고, 점으로 본다는 것은 다른 도시와의 상호관계와 연결을 중시해서 보는 거죠. 이 책에서는 24곳의 도시들을 점과 면의 시점에서 고르게 들여다볼까 해요.

그렇게 도시를 들여다보면 많은 질문이 생겨날 거예요. 사람들은 왜 이곳으로 모인 걸까? 언제부터? 어떤 사람들이? 모여서 뭘 한 거지? 어떻게 먹고살았을까? 이 도시는 어떻게 성장 혹은 쇠퇴한 거지? 이 도시의 권력 공간과 소외 공간은 어디이고, 그 문제를 해결하기 위해 어떤 조치들을 취하고 있는 거지? 그 안에 사는 사람들은 행복한 걸까? 아니면 행복해지기 위해 어떤 노력을 계속하고 있을까? 내가 살고 있는 곳과는 어떤 점이 다르고 무엇을 배울 수 있지? 이런 질문들 말이에요. 그리고 그 답을 찾는 과정에서 우리는 지형과 생태환경 같은 자연적 요소는 물론, 우리 선조들이 살아온 역사와 문화까지 두루 배울 수 있게 될 거예요. 이처럼 공간을 입체적이고 종합적으로 이해하는 것이 지리 여행의 매력이랍니다.

도시는 마치 유기체 같은 속성이 있어서 태어나고 자라고 쇠퇴하다 죽기도 해요. 그런 도시의 변화는 그 도시 안에 터를 잡고 살아가는 사람들에게도 깊은 영향을 미쳐요. 우리는 이번 여행 내내 '도시재생'이라는 주제를 함께 갖고 갈 거예요. 도시재생이란 쇠퇴한 지역 또는 도심(보통 구도심이라고 해요)의 물리적 환경 및 경제, 사회, 문화까지도 개선해 도시와 도시민의 삶의 질을 높여나가는 과정을 말해요. 도시를 재건하는 과정에서 지역주민이 소외되거나 심지어 쫓겨나기까지 하는 재개발과는 질적으로 다른 개념이죠. 실제로 이 책에서 다루는 많은 도시에서 도시재생 과정이 이루어지고 있어요. 성공적으로 이루어진 곳도 있고 아직 미진한 곳도 있지만, 그 중심에는 '사람'이 있고 '삶의 행복'을 향한 의지가 담겨 있답니다. 공동체와 지역주민이 중심이 되는 도시의 재생, 그 현장을 목격하는 것 역시 이 책이 담고 있는 매우 중요한 주제 중 하나랍니다.

자, 이제 여행을 떠날 준비는 끝났습니다. 모두에게 멋지고 의미 있는 여행이 되기를 바라며, 출발해볼까요?

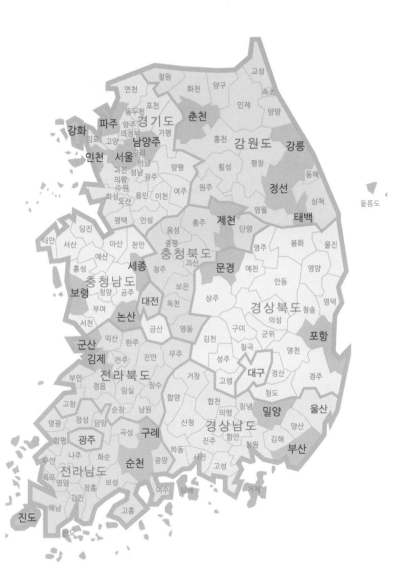

| 차례 |

프롤로그 • 4

1 부 서울

1. 공간 속에 펼쳐진 서울의 시간 • 16

조선, 한양을 도읍으로 정하다 | 한양, 동서남북을 돌아보다
일제강점기, 변형되는 서울 | 해방 후, 변화를 거듭하는 서울

2. 여유와 배려를 선택한 동네 창신동과 문래동 • 42

재개발 대신 재생을 택한 창신동 | 철공소와 예술공단의 공존, 문래동

3. 아낌없이 주는 서울의 공원들 • 68

맥주공장터에 자리 잡은 영등포공원 | 산업시설의 재활용, 선유도공원
쓰레기 매립지의 변신, 월드컵공원 | 시간을 기억하는 공간, 올림픽공원

2 부 인천·경기도

4. 근현대의 역사를 품고 국제도시로 비상하는 인천 • 94

근현대의 나이테, 인천 중구 | 급부상하는 신도시 송도

5. 지붕 없는 박물관 강화 • 108

항쟁과 평화의 흔적을 만나다 | 자연과 문화의 보고

6. 평화와 예술이 공존하는 문화도시 파주 • 128

분단의 상징에서 화합의 상징으로 | 새로운 도시 경관을 모색하다

7. 팔당에서 양수까지 자전거로 여행하는 남양주 • 142

남한강 자전거길과 슬로시티 조안 | 한강 수계의 생태학습장, 세미원과 두물머리

3부 강원도

8. 수도권이 되어버린 호반의 도시 춘천 • 158

하천과 호수가 만들어낸 자연 | 교통의 발달로 변해온 춘천

9. 고원도시의 매력을 품고 관광도시로 거듭나는 태백 • 174

여름엔 서늘한 기온, 겨울엔 눈 | 관광도시로 새롭게 태어나다

10. 탄광도시에서 관광도시로 역동적인 정선 • 188

새옹지마의 도시, 사북과 고한 | 자연친화적인 정선의 관광지

11. 천혜의 자연에 둘러싸인 커피도시 강릉 • 200

강릉의 커피 문화 경관 | 경포호를 중심으로 한 관광산업

4부 세종·충청도

12. 자연과의 조화를 추구하는 행정 중심 복합도시 세종 • 214

도시 발달의 역사를 간직한 연기군 | 대한민국의 새로운 중심이 된 행복도시

13. 이제 다시 시작을 외치는 도시 논산 • 232

강경의 번영과 근대문화유산 | 논산시와 연무읍의 성장

14. 머드축제와 화력발전의 도시 보령 • 244

세계적인 머드축제를 가다 | 보령 탄광의 변화와 화력발전의 성장

15. 역사문화와 자연치유의 한방도시 제천 • 258

내륙교통의 중심지이자 역사문화의 도시 | 자연치유의 슬로시티

5부 전라도

16. 역사의 탁류를 건너 서해안시대를 열어가는 군산 • 272

역사의 탁류를 건너온 도시 | 허브도시를 꿈꾸는 군산

17. 역사와 문화가 살아 숨 쉬는 벼고을 관광도시 김제 • 290

우리나라 농업과 농경문화의 중심 | 희망의 중심지 모악산과 주변 명소

18. 신비로운 조류와 예향의 도시 진도 • 306

신기한 조류가 휘몰아치는 보배섬 | 그림과 노래, 민속이 살아 있는 진도

19. 세계적인 명소로 발돋움하는 생태도시 순천 • 318

자연이 주는 아름다운 선물의 도시 | 생태관광과 함께 발달하는 생태수도

20. 자연으로 가는 우리 길과 산수유의 고장 구례 • 330

농촌과 관광, 구례 이해하기 | 지리산 둘레길, 구례 즐기기

6부 부산·경상도

21. 고갯길 넘어 관광도시로 나아가는 문경 • 346

선조들의 발자취 따라 문경새재를 넘다 | 교통의 발전, 뒤바뀐 도심지역

22. 환경과 사회문제를 생각하게 하는 햇빛도시 밀양 • 360

밀양 송전탑 문제는 현재 진행형 | 밀양강을 따라 보는 역사와 지형들

23. 공업도시에서 관광도시로 다시 도약하는 포항 • 376

시대에 따라 변화하는 도시 | 교통의 발전, 관광의 활성화

24. 21세기 선진 해양문화도시를 꿈꾸는 부산 • 390

오래된 경관을 단장하다 | 해양문화도시의 매력 속으로

7부 제주도

25. 탐라 천년의 역사와 문화를 간직한 전통문화도시 제주시 • 406

전통과 현대가 어우러진 도시 | 올레길이 가져온 관광산업의 변화

26. 미래 세대의 보고, 국제적인 관광휴양도시 서귀포시 • 422

기후도 마음씨도 따뜻한 국토 최남단 도시 | 제주의 주인은 자연과 미래 세대

참고자료 • 438

찾아보기 • 446

1부

서울

선유교
仙遊橋

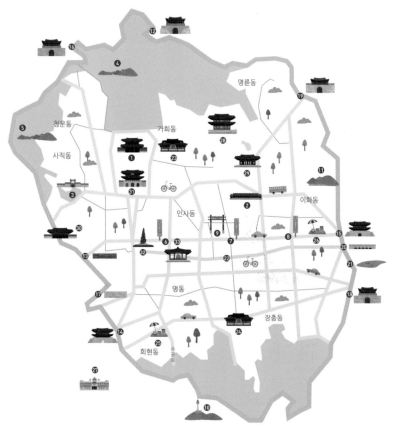

❶ 경복궁	⑪ 낙산
❷ 종묘	⑫ 숙정문
❸ 사직단	⑬ 돈의문 터
❹ 백악산	⑭ 숭례문(남대문)
❺ 인왕산	⑮ 흥인지문(동대문)
❻ 종각역	⑯ 창의문
❼ 종로3가역	⑰ 소의문 터
❽ 종로5가역	⑱ 광희문
❾ 피맛골	⑲ 혜화문
⑩ 남산	⑳ 오간수문 터

㉑ 동대문역사문화공원	㉘ 창덕궁
㉒ 청계천	㉙ 창경궁
㉓ 북촌한옥마을	㉚ 경희궁
㉔ 남산골한옥마을	㉛ 광화문
㉕ 남대문시장	㉜ 청계광장
㉖ 동대문종합시장	㉝ 보신각
㉗ 서울역	

공간 속에 펼쳐진 서울의 시간

대한민국의 수도 서울. 조선시대부터 600년 이상 우리나라의 수도 역할을 해온 곳이지요. 한성 백제 시절까지 거슬러 오르면 거의 천 년이 되지만, 현대 서울의 모습은 조선시대에 도읍으로 정해진 한양도성 안쪽과 도성에 인접한 성저십리 지역에 더 가깝다고 할 수 있어요. 그런 까닭에 최근엔 한양도성을 돌아볼 수 있는 다양한 프로그램이 만들어져 주말을 이용해 걸어보는 사람들이 많아졌다고 해요.

한양도성은 조선이 한양에 도읍을 정하며 세운 성곽으로 총길이가 18킬로미터 정도입니다. 조선시대에도 순성놀이라고 해서 실제로 하루에 한양도성 전체를 걷는 행사가 있었다고 해요. 하루에 18킬로미터를 온전히 걷는 게 힘들다면 구간을 나누어 걷는 한나절 코스도 있고, 영상으로 순성놀이를 즐길 수도 있어요. 자, 그럼 지금부터 한양도성을 걸으며 서울 속에 펼쳐진 시간의 역사를 훑어볼까요.

조선, 한양을 도읍으로 정하다

고려시대 한양은 남경이라 불렸어요. 개경, 서경과 함께 주요 도시로 여겨졌지요. 잇단 외침을 받는 와중에는, 개경의 지기(地氣)가 쇠한 까닭이라 여겨 상대적으로 지기가 왕성하다 싶은 남경으로 천도할 것을 고민하기도 했어요. 고려 초기만 해도 북진정책을 뒷받침한다는 명목으로 서경 길지설을 내세웠지만, 중기 이후 북진정책이 퇴조하면서 남경 길지설이 힘을 얻었죠. 그래서 한양을 남경으로 승격시키기까지 했고요.

하지만 결국 남경으로 도읍을 옮긴 건 조선 태조 이성계예요. 한양 외에도 몇 곳이 새 왕조의 도읍 후보지로 물망에 올랐었죠. 계룡산 부근으로 도읍을 옮기려고 어느 정도 공사를 진행하기까지 했으니까요. 하지만 부근의 하천 교통이 원활하지 못해 결국 한양으로 돌아오게 돼요. 당시 한양은 고려 수도였던 개성 못지않게 수륙교통이 모두 편리했고 물자도 풍부했으며 국토 중심부에 위치하고 있다는 유리한 입지요인을 지니고 있었죠. 게다가 주변이 산지로 둘러싸여 있으니 외적을 막아내기에도 더할 나위 없었고요.

한양도성은 현존하는 세계의 수도 성곽들 가운데 가장 규모가 크고, 또 오랜 기간 도성 역할을 했어요. 그런 까닭에 일제는 웅장한 규모의 한양도성을 이런저런 이유를 들어 철거하고 훼손하려 애썼죠. 사실 동대문과 남대문이라도 남은 게 거의 기적처럼 여겨질 정도예요. 속설에는 원래 두 대문도 모두 허물려고 했는데, 임진왜란 때 왜장이 한양에 입성하며 통과했던 문들이라 개선문의 성격을 지녔다고 보아 남겨두었다고도 해요. 살아남아 다행이긴 하지만, 씁쓸한 이야기죠.

조선시대는 수운이 무척 중요했는데 왜 한강을 경계로 도성을 짓지 않앉을까요? 사실 오늘날처럼 과학기술이 발달한 시대에도 큰 하천의 관리는 쉬운 일이 아니에요. 조선시대라면 더했겠죠. 청계천 규모의 하천 준설 공사도 쉬운 일이 아니었다고 해요. 국가 차원의 대규모 토목사업이기 때문에 신하들의 반대도 만만치 않았고요. 청계천 하천 준설공사는 여러 번 이루어졌는데, 영조는 신하들의 반대를 무릅쓰고 준설한 것을 자기 최대 치적 중 하나로 언급했을 정도로 대역사였어요. 그런 이유로 한양도성의 경계가 정해진 거예요. 그러다 일제강점기에 서울의 인구가 늘어나고 토지 수요도 늘자, 서울의 영역을 남쪽으로 확장하고 경인선 철도 주변 일부에 제방을 쌓아 영등포 일대도 서울에 포함하게 돼요.

어쨌든 한양도성에서 한강이 그리 멀지 않아서 한강 수운을 활용하는 데 큰 문제는 없었어요. 서해에서 마포까지는 감조(減潮) 구간이어서 밀물 때면 비교적 수월하게 서울까지 거슬러 오를 수 있었죠. 특히 마포나루는 한국전쟁 이전까지 기선도 운항했고, 한강 하구에서 해산물을 선적한 배들로 가득했다고 합니다. 용산에서 배를 타면 영월이나 충주까지도 갈 수 있었고요. 용산에서 남한강의 영월까지는 14일, 충주까지는 7일이면 닿았다고 해요. 서울로 내려오는 건 그보다 훨씬 빨라서 영월에서는 6~8일, 유량이 많을 땐 이틀이면 오기도 했답니다. 서해로 진출하는 것은 물론이고 상류를 거슬러 충주나 영월까지도 갈 수 있었으니, 서울은 그야말로 수상교통의 요지였던 셈입니다. 특히 조선시대에는 세곡(稅穀)을 받아야 했기 때문에 선박만 한 운송수단이 없었죠.

그럼 왜 한양은 도성이고 낙안이나 해미는 읍성이라 불리는 걸까요? 도(都)와 읍(邑)의 구분은 알고 있나요? 사실, 도나 읍 모두 오늘날의 시와 유사해요. 다만, 읍 중에 종묘가 있는 곳을 도읍이라 부르고, 그 도읍에 성

종묘 정전   사직단

을 쌓으면 도성이 되는 거예요. 그래서 한양도성이 되는 거죠. 낙안이나 해미는 읍성이 되고요. 당연히 한양도성에서 아주 핵심적인 곳이 바로 종묘입니다. 아마 사극에서 신하들이 중차대한 일이 생길 때마다 임금에게 종묘사직 운운하는 걸 들어봤을 거예요.

종묘(宗廟)는 역대 임금과 왕비의 위패를 모신 사당입니다. 사직(社稷)에서 '사'는 토지신이고 '직'은 곡식신을 말해요. 경복궁 서편에 사직단이 있어 이곳에서 토지신과 곡식신에게 제사를 지냈죠. 종묘사직은 동아시아 국가에서 도읍을 계획하는 데 있어서 기본요소예요. 《주례》의 〈고공기(考工記)〉에 나오는 좌묘우사(左廟右社)의 원칙에 따라 도시를 계획했기 때문이죠. 한양도 경복궁을 중심에 두고 좌우로 종묘와 사직을 배치했거든요. 이는 조선이라는 국가의 성격을 잘 보여주는 거예요. 종묘는 조상신을 모신 곳이니 유교적 전통에 입각한 국가이념을 보여주는 것이고, 사직은 조선이 농업을 생산기반으로 둔 나라라는 것을 의미한답니다.

또 하나 도읍 설계에 주요한 원칙은 제왕남면(帝王南面)입니다. 제왕은 남쪽을 바라보며 만백성을 굽어 살핀다는 뜻입니다. 그래서 경복궁은 백악산을 등지고 남쪽을 보고 입지하도록 지어진 거죠. 당시 무학대사와 정도전은 주산을 어디로 하느냐를 두고 첨예하게 대립했다고 해요. 인왕산을 주산으로 하면 불교가 흥할 거라는 속설을 우려한 신하들이 제왕은 남 면해야 한다고 강력히 주장했고, 그 결과 백악산을 주산으로 하게 되었어 요. 조선은 유교 국가이니 불교가 흥하게 할 수는 없었던 거죠.

그런데 또 재미있는 점이 있어요. 조선이 유교를 건국이념으로 세우긴 했지만, 건국의 설계자로 알려진 정도전을 비롯해 핵심인물들이 풍수에 아주 정통한 사람들이었다는 거예요. 그래서 무학대사와 정도전 사이에 한양 입지를 둘러싼 갈등도 더 첨예했을 거고요. 백성들의 삶에 있어서도 풍수는 무척 중요했죠. 한국이라는 나라를 이해하려면 유교적 시각에서 접근해야 하지만, 한국인의 기질을 이해하려면 민속신앙을 연구해야 한 다는 말도 있으니까요.

《주례》에는 전조후시(前朝後市)의 원칙도 나옵니다. 궁궐 앞에 정부, 즉 육조가 자리하고 궁궐 뒤에는 시장을 배치하라는 거죠. 그런데 한양은 궁 궐 바로 뒤에 백악산이 딱 붙어 있어 공간이 없었어요. 그래서 궁궐 앞쪽 에 시장을 조성하게 된 거죠. 중국은 넓은 평지에 건설되었기 때문에 《주 례》에 따를 수 있었지만, 산이 많고 들이 적은 우리나라에서는 원칙대로 딱 만들기가 쉽지 않았죠. 그러니까 한양은 자연조건에 맞춰 도시계획의 융통성을 발휘한 사례인 셈이에요. 조선 건국 세력이 그렇게 꽉 막힌 사람 들은 아니었던 모양입니다. 그 결과 육조 거리 앞쪽에 가로 방향으로 시장 이 형성되었답니다.

도시(都市)는 도읍과 시장이 합쳐진 말이에요. 정치적 중심지인 동시 에 경제적 중심지라는 의미지요. 한양의 시장은 지금의 종로 일대에 해당 하는 돈의문에서 흥인지문에 이르는 거리에 형성되었어요. 시장이 들어 섰으니 사람들이 구름처럼 몰려들었을 것이고, 그래서 지금의 종로 네거

리를 운종가(雲從街)라고 했어요. 조
선왕조는 남대문에서 종로에 이르
는 길에 2천여 칸이 넘는 행랑을 지
어 시전을 조성하고 정부에서 필요
한 물품과 도성 백성들이 필요로 하

운종가 유구 전시

는 물건을 조달하게끔 했습니다.

그런데 조선시대 지도를 보면, 현재와 달리 경복궁에서 서울역으로 연
결되는 도로가 없어요. 대신 종각에서 남대문으로 이어지는 정(丁) 자 모
양의 길이 나 있죠. 경복궁에서 시작된 길은 황토현이라는 언덕에서 끝이
나요. 도성에 화재가 날 경우 불이 궁궐로 확대되는 걸 막기 위해 길이 바
로 이어지지 않도록 한 거랍니다. 한양이 풍수적으로 불에 약하다는 약점
이 있어 다양한 대책이 마련되었고, 그런 점들이 도로 설계에도 반영되었
던 셈이죠.

화재 대책은 도로에만 있는 게 아니었어요. 경회루, 성균관의 연못, 숭
례문의 세로 현판, 근정전 앞에는 드무라고 해서 벽사의 의미를 담은 방화
수도 준비해두었고, 불을 먹는 상상의 동물인 해치 상을 광화문 앞에 세웠
죠. 한양에 부족한 물을 보충하려고 궁궐 입구에도 물길을 만들었고요. 그
외에도 사대문 근처에 동지, 서지, 남지, 북지 4곳의 인공 연못을 만들었
어요. 그럼에도 불구하고 한양은 불길을 완전히 피하진 못했습니다. 경복
궁은 왜란 중에 전소되기도 했었죠.

종각 근처에 가면 피맛골 입구에 종로 시전의 유구를 전시한 걸 볼 수 있
어요. 피맛골 이야기가 나왔으니 잠깐 짚고 넘어갈까요? 피맛골은 오늘날처
럼 모습이 바뀐 것이 참 아쉬운 곳 중 하나예요. 조선시대 백성들이 고관대작

의 행차 때마다 말을 피하느라 고생하느니 뒷골목으로 다니자 해서 생긴 피맛길이 골목을 이루어 피맛골이 되었어요. 싹 밀어버리고 현대식으로 깨끗하게 만드는 것만이 최선이 아닌데도 개발시대의 논리는 그런 이견을 용납하지 않았죠. 결국 옛 정취가 사라져버린 곳이 되고 말았어요.

600년이 넘는 역사를 지닌 서울이라고 하지만, 일제강점기의 무자비한 훼손과 해방 이후 근대화의 광풍으로 정작 서울에서 역사성을 지닌 옛 모습을 찾기란 여간 어려운 게 아닙니다. 정말 아쉬운 일이죠. 그래도 최근에는 옛 모습을 남기려 애쓰고 있고, 일제강점기에 훼손되고 철거된 한양도성도 복원되고 있어요. 2007년 백악산이 전면 개방되면서 이제는 조선시대에도 행해졌던 순성놀이를 다시 할 수 있게 되었죠.

한양도성은 내사산인 백악산 - 인왕산 - 남산 - 낙산을 중심으로 성곽을 쌓고 주요 출입구인 4개의 대문, 즉 숙정문 - 돈의문 - 숭례문 - 흥인지문과 4개의 소문, 창의문 - 소의문 - 광희문 - 혜화문을 만들어 완성되었습니다.

한양도성의 인왕산, 백악산, 남산 구간에는 각자성석도 남아 있어요. 각자성석이란 도성을 축성할 때 성돌에 그 구간의 책임자

**전국에 남산은
왜 이렇게 많은 걸까요?**

도시 앞산 중 남산이라 불린 곳이 전국에 31곳이나 된다고 해요. 실제 산림청에 등록된 곳만 그 정도니 등록되지 않은 작은 산까지 치면 더 될 거예요. 학자 중에는 남(南) 자를 '남녘 남' 자가 아닌 '앞 남' 자를 썼다고 말하는 사람도 있어요. 남산은 앞산을 한자로 쓴 것으로 마뫼, 목멱산이라고도 불렀는데, '마'는 '앞', '뫼'는 '산'의 우리말이라고 해요. 목(木)은 '마'를, 멱(覓)은 '뫼'를 적은 이두식 표기이고요. 즉 남산, 앞산, 마뫼, 목멱이 모두 같은 뜻인 셈이죠. 전국 어디나 앞산은 존재하고, 그러니 자연스레 남산이라는 이름이 많아진 게 아닐까요?

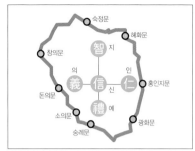
사대문 사소문

를 새겨놓은 것을 말해요. 책임의식을 가지고 축성에 참여하라는 거죠. 일종의 공사실명제를 시행한 셈이니 대충할 수 없었겠죠.

성벽을 한 번에 완성한 건 아니에요. 만리장성도 진나라 때부터 시작해 청나라 때까지 계속 쌓았잖아요. 물론 만리장성의 규모에 비할 바는 아니지만, 그만큼 축성이 쉬운 일은 아니라는 거죠. 또 한번 세워놓은 부분도 노후하거나 무너질 때마다 보수를 해야만 했을 테고요. 여러 시기의 보완이 있었기 때문에, 현재 성벽을 유심히 보면 크게 네 가지 모양의 다양한 성돌들을 볼 수 있어요. 후대로 갈수록 자연석을 다듬어 사용했고 크기도 커지죠. 성돌은 태조와 세종 대에는 남산과 낙산 일대에서, 숙종 대에는 정릉 주변에서 채취했답니다.

자료를 살펴보면 성문들 중 동대문 앞에만 치성(雉城)이 있어요. 평지에 만든 성이라 방어에 더 신경을 써야 했기 때문에 만들었겠지요. 도성 동쪽에 해당하는 동대문 부근은 지대가 낮아 도성 내의 하천이 빠져나갈 수문도 필요했어요. 오간수문과 이간수문이 그런 역할을 수행했죠. 오간수문은 성벽과 청계천이 만나는 곳에 위치했으니 오늘날 청계천 쪽에 복

다양한 성돌

각자성석

원하는 게 맞아요. 이간수문은 동대문운동장을 만들 때 일제가 흙으로 메워버렸어요. 복원 과정에서 드러나 그 존재가 알려지게 되었죠.

동대문의 원래 이름은 흥인지문(興仁之門)이에요. 사대문 중 유일하게 네 글자로 지어졌죠. 이 또한 풍수적으로 좌청룡에 해당하는 낙산의 산세가 약한 것을 보완하려고 산의 모양을 닮은 한자 지(之)를 넣은 것이라고 해요. 동대문이 낮은 곳에 위치하여 방어에 불리한 점을 극복하기 위해 사대문 중 유일하게 옹성(곡선 부분)을 두기도 했죠.

한양, 동서남북을 돌아보다

한양에 도성을 축조한 다음, 성안은 5개 지역으로 나누었습니다. 백악산 아래 북촌, 남산 아래 남촌, 낙산 아래 동촌, 경복궁 서쪽의 서촌, 청계천 장교와 수표교 일대의 중촌이 그것이죠. 동, 서, 남, 북 그리고 중부, 이렇게 오부(伍部)가 되는 거예요. 그래서 당시 한양을 그린 지도를 〈경조오부도〉라고 명명한 거고요. 하지만 한양이 오부로만 구성된 것은 아니에요.

조선시대 한양은 한성부라고 해서 도성 안과 밖 사방 10리에 해당하는 지역인 성저십리(城底十里)를 포함합니다. 서울의 강변북로-동부간선도로-내부순환도로를 연결한 범위, 또는 삼각산(북한산)-용마산-관악산-덕양산에 이르는 외사산 범위와 비슷하다고 해요. 외사산을 기준으로 보면 오늘날 서울의 범위와 거의 유사하다고 볼 수 있죠.

성저십리는 함부로 훼손하지 못하

내사산과 외사산

선농단

도록 관리되었던 지역이에요. 묘를 쓰거나 나무를 베는 것도 엄격히 제한
되었으니, 개발을 제한한다는 점에서 오늘날의 개발제한구역과 유사하다
고 보면 맞을 거예요. 그래서 조선 전기에는 사람이 얼마 살지 않았죠. 하
지만 후기가 되면 한양 인구의 절반 정도가 이곳에 거주하게 돼요.

　성저십리에 살았던 사람들은 주로 농사를 지어 도성에 내다 팔았어요.
오늘날 근교농업지역과 비슷하죠. 특히 동대문 밖의 청계천과 중랑천이
합류하는 지점에 위치한 성동구 지역은 토지가 비옥해서 농사짓기가 참
좋았다고 해요. 동대문 밖 왕십리나 살곶이벌 등지가 대표적인 농사지역
이었고요. 제기동에 제사지내던 터가 남은 것도 그런 연유예요. 전농동과
제기동은 임금이 직접 농사짓던 논과 제사지내던 선농단이 있던 곳이거
든요. 이 선농제에서 설렁탕이 유래되었다는 설이 있어요. 선농단에서 제
를 지낸 후 각 도에서 올라온 농부들의 점심으로 소를 잡아 곰국을 끓이고
뚝배기에 밥을 말아 내놓았다고 해서 선농탕(先農湯)으로 부르다가 지금
의 설렁탕이 되었다고 하네요. 실제로 서울 동부지역에는 농업과 관계된

지명들이 많습니다. 한양대와 건국대 일대는 풀이 잘 자라는 탓에 말을 키우던 곳이라 마장동이 되었고, 목장 안의 넓은 들은 장안평, 목장 맞은편에 있는 동네라서 면목동, 암말을 기르던 동네라 해서 자양동이라 불리게 되었죠. 논이 많았던 신답과 용답은 논 답(畓) 자를 지명에 넣게 되었고요. 이곳은 일제강점기에는 동양척식주식회사가 논으로 재정비했던 곳이기도 해요. 서쪽에도 홍제천과 창천 일대는 대표적인 농사지역이었어요. 임금이 직접 나와 농사가 잘되는지 살펴보던 망원정이 있었던 곳이죠. 지명만 잘 들여다보아도 그 공간에 켜켜이 쌓인 시간의 역사를 발견할 수 있답니다.

한강을 이용해 전국의 세곡과 상품이 한양으로 올라왔으니 성저십리의 한강 지역 역시 개성 있는 지리적 모양을 갖추게 됩니다. 특히 마포, 용산, 서강 등지는 전국에서 올라온 세곡과 상품이 몰려들어 17세기 이후에는 상업의 중심지로 번성하게 되죠. 일제는 조선이 농업국가에 머물러 있었던 것으로 왜곡하지만, 한양은 이미 상업도시로 변모하는 중이었어요. 한강에 수많은 포구가 있었던 것도 그런 활발한 상업활동을 보여주는 증거 중 하나랍니다.

자, 이제 도성 안으로 들어가볼까요? 조선시대는 대부분의 사람들이 도보로 이동하던 때라 오늘날과 같은 직업공간과 주거공간의 분리가 어려웠어요. 도시 발달 속도가 가장 빨랐던 서유럽도 20세기 전반까지는 직주분리가 이루어지지 않았다는 점을 참고하시면 될 것 같네요.

그래서 대부분의 양반들이 북촌에 모여 살았어요. 중대 사안이 생기면 언제든 입궐해야 하니 궁궐에서 멀리 떨어져 살 수가 없었던 거죠. 한성부는 청계천을 기준으로 북촌과 남촌으로 나뉘는데, 북촌에서도 남향이라

해가 잘 들고 화강암지역이라 물 빠짐도 좋은 인왕산 부근은 '상대'라 하여 양반 중에서도 세도가들이 살았습니다. 인왕산 부근이라면 임금의 등 뒤에서 궁궐을 내려다보는 형상이니 왕조시대에는 좀 저어할 법도 한데, 거기에 주거지가 생기는 데는 별 제약이 없었던 것 같아요.

북쪽에 비하면 자연조건이 좋지 않았던 청계천 남쪽의 동대문이나 왕십리 일대 같은 동촌은 평민이나 하급 군인 등이 살았어요. '천남'이나 '하대'라 불렸고요. 청계천은 여름철 집중호우가 내리면 홍수 피해가 큰 곳이라 살기에 좋지 않음에도 불구하고 왜란과 호란을 거치며 농촌지역 사람들이 대거 서울로 올라오면서 거주지가 만들어진 곳이에요. 그래서 복개되기 전의 청계천 부근에서 낙산 근처까지 판잣집이 많았던 거죠. 김승옥의 소설 《역사》나 박태원의 소설 《천변풍경》을 보면 창신동과 청계천 주변의 열악한 주거지역에 대해 묘사하는 장면이 나와요. 지금도 낙산 부근에는 낡은 집들이 꽤 남아 있어서 서울 도심에 위치한 달동네라 불리기도 해요. 그 때문에 재개발을 위한 뉴타운으로 지정된 적도 있었죠.

그대로 재개발이 진행되었더라면 옛 모습을 많이 잃었을 텐데, 낙산 일대는 뉴타운에서 해제된 후 도시재생 선도지역으로 지정되어 현재는 새로운 길을 모색하는 중이에요. 원 거주민 대부분이 떠나게 되는 재개발 대신, 현재 거주민의 주거환경을 개선하고 삶의 질을 높일 수 있는 방법을 개발하는 거죠. 그러면서 지역의 특성을 살릴 수 있는 방안도 함께 모색하고요. 지금은 공동체를 유지하면서 도시를 재개발하는 모델이 되고 있죠.

남산 방면이 남촌이 됩니다. 오늘날 남산동 일대인데 이곳은 양반의 자손이긴 하나 권문세가가 아니거나 현직에 있지 않은 사람들이 주로 살았어요. 남산골 샌님, 딸깍발이의 고향인 셈이죠. 남산의 북사면이라 음지이고 땅도 질어 거주조건이 좋은 곳은 아니었어요. 물론 남촌에도 꽤 이름 있는 집안이 있었죠. 12명의 정승을 배출한 동래 정씨 일가도 살았고, 지금의 인현동 일대에는 류성룡, 이순신, 원균, 허균, 정약용 등도 거주했었으니까요. 하지만 북촌에 비하면 그 세가 많이 약했어요.

그래서 일제강점기에 일본은 조선인의 중심지인 북촌 대신 상대적으로 세가 약한 남산 쪽으로 주로 진출해요. 남산 근처에 일제와 관련한 흔적들이 많이 남게 된 이유죠.

오늘날 종로에 해당하는 청계천 북쪽의 시전 부근은 물 빠짐이 좋은 편이라 상인이나 시전에 팔 물건을 만드는 중인들이 많이 거주했어요. 이곳이 바로 중촌이었는데, 여긴 수공업자들이 꽤 많이 모여 살았죠. 일제강점기에도 청계천 이남에서는 일본인의 주도로 공업이 발달하게 되거든요. 따지고 보면 청계천 부근의 공업도 역사가 상당한 셈이에요.

중촌과 운종가 근처에서 만들어진 물건들은 종로의 시전에서 판매했어요. 그런데 시전은 간판도 없고 물건도 상점 밖에 몇 개 진열하지 않았다고 해요. 조선시대를 배경으로 한 드라마나 영화에서 상점에 달린 간판이 나

운종가 모형

도성을 다녔던 전차

오는 건 다 오류인 셈이죠. 간판은 전차가 등장하는 1899년 이후에나 만들어지거든요.

시전이 2천 칸이 넘는 규모인데 간판도 없고 진열도 잘되어 있지 않았으니, 물건을 사러 오는 사람들이 헤매는 경우도 적지 않았다고 하네요. 그 틈새를 파고든 이들이 바로 여리꾼이에요. 여리꾼[列立軍]은 일종의 중개인이었죠. 물건을 사려는 사람을 해당 상점에 데려가 흥정을 붙여 거래하도록 하고 소개료를 받았어요. 근대 이후에는 '거짓말품'을 파는 사람으로 간주되어 퇴출되었지만요. 간판이 생긴 후에는 여리꾼이 필요 없어진 거죠.

국가가 관리하던 시전 외에도 다른 시장들이 있었습니다. 사사로운 시장[私商]이 허가 없이 어지럽게 좌판을 펼쳤다[亂廛]고 해서 사상난전(私商亂廛)이라고 해요. 국가가 허락한 시장이 아닌 사적인 시장들이죠. 그중 동대문 근처의 배오개시장은 임진왜란 후 재정이 열악해진 국가가 군인들에게 급료를 지급하지 못하게 되자, 군인들과 그 가족들이 군포와 포목 등을 팔기 시작하면서 형성된 시장이에요. 그러니 동대문 지역 의류상가 역시 역사가 참 오래된 셈이죠.

우리나라 최고의 역사를 가진 남대문시장도 19세기 말 남대문 밖에 형성된 난전인 칠패시장이 그 유래예요. 남대문 좌우에 있던 가건물들을 정리하고 남대문 밖에 있던 칠패시장을 선혜청 안으로 옮기면서 시작되었고, 남문 내 장시로 불렸답니다.

국가의 지원을 받던 종로의 시전은 그 세력이 많이 약해졌지만, 동대문시장과 남대문시장은 자생적으로 성장해서 우리나라 최대의 시장이 된 거죠. 사실 종로 시전이 쇠퇴하게 된 건 일제강점기와도 관련이 있어요. 일제가 남촌에 근대적 상업시설인 백화점을 도입하면서 종로 일대의 상권이 급격히 쇠퇴하게 된 거예요. 종로는 일제강점기 이후 남촌에 위치한 명동 때문에, 지금은 강남의 번성으로 인해 성장의 어려움을 겪고 있어요. 지하철 1호선이 개통되면서 반전의 계기가 생기나 싶었지만, 아쉽게도 역부족이었어요.

일제강점기, 변형되는 서울　　일제가 한반도에 상륙하면서 한양에도 많은 변화가 생겼습니다. 우선 한성부가 경기도에 편입되고 경성으로 명칭이 달라졌어요. 일제는 동경 외에는 다른 수도를 인정할 수 없다는 명목으로 한양을 경기도의 하위 행정구역으로 격하시켜 조선왕조의 위상을 약화시키려 했던 거예요. 조선왕조의 상징인 한양도성과 궁궐도 훼손하고 파괴해버렸죠. 조선왕조가 힘을 잃게 되자 북촌의 양반들도 가세가 기울게 되는 건 불 보듯 뻔한 일이었어요. 그래서 집안의 물건들을 하나둘 가지고 가까운 인사동에 나와 팔게 되고, 그렇게 골동품 판매상이 자리하게 된 겁니다.

　다른 지역들도 사정은 마찬가지였죠. 일제는 황토현을 없애버리고 일본 사신이 머물던 동평관 방면으로 길을 냈어요. 그러곤 태평로라는 이름을 붙였죠. 이 길이 남대문까지 연결돼요. 굳건히 버텼던 성곽 중 남대문 양쪽 성곽은 헤이그 밀사 사건이 빌미가 되어 철거되어버렸고요.

　한양도성은 세계에서 가장 오랜 기간 도성 역할을 수행한 세계 최장의 도성이었지만 일제에 의해 무참히 무너지고 훼손되어버렸습니다. 종각

역시 유명무실해졌고요. 도성이 철거되었으니 더 이상 종을 쳐서 성문을 열고 닫으라고 할 필요가 없어진 거죠. 조선시대까지 보신각은 단층건물이었는데, 해방 이후 복원 과정에서 2층으로 만든 거예요.

일제의 침략 통로였던 인천에서 남대문, 그리고 경복궁으로 연결되는 지역은 더 많이 훼손될 수밖에 없었어요. 특히 남산의 사연은 참으로 서글픈데요. 경성부청이 남촌에 만들어지면서 서울의 중심지가 이쪽으로 이동하게 돼요. 우리 조상들이 신성하게 여겼던 남산에 일본인들을 위한 한양공원을 만든 건 애교 수준이고, 아예 신궁을 건설해버리죠. 지금의 남산 팔각정 자리에 원래 목면산신을 모시는 국사당이 있었어요. 국사당은 가장 격이 높은 민속신앙의 장소였는데, 일제는 이 국사당을 인왕산으로 옮기고 자신들의 종교인 신도를 조선에 뿌리내리고자 신궁을 지어버렸죠. 신사보다도 격이 높은 신궁은 일본에도 몇 군데 없는데, 그걸 조선의 심장부인 남산에다 떡하니 세운 거예요. 참 가슴이 답답해지는 이야기죠.

조선의 군인들이 훈련하던 곳은 없애버리고 거기 동대문운동장을 짓습니다. 조선이 없어진 마당에 조선의 군인들이 훈련해야 할 이유가 없다는 거죠. 우리는 그렇게 조성된 동대문운동장에서 대회도 하고, 집회도 하면서 살아온 셈입니다.

일제는 신궁에 신체를 들여오는 날을 기념하여 동대문운동장에서 기념 이벤트도 하고, 배로 일본에서 건너온 신체를 철도로 서울에 들어오는 날에 맞춰 오늘날의 서울역에 해당하는 경성역의 문을 열었어요. 조선의 근대화가 모두 일제 덕분인 것처럼 포장하려는 속셈이었죠. 남산 신궁에서 북촌을 조망하는 것이 일제강점기의 대표적인 유람코스 중 하나였다고 해요. 남산에서 북촌을 향해 제국주의의 제물이 된 조선을 바라보는 것

신궁으로 연결되었던 계단 일부

경희궁 정문인 흥화문

이 일본 제국주의자들에게는 더없이 자랑스러운 일이었겠죠.

별생각 없이 오르내리던 계단이 신궁으로 올라가는 계단이었다는 걸 알고 나면 좀 달리 보이겠죠? 일제강점기 시절, 한 일본인이 고종황제가 황제국을 칭한 것을 기념하여 지은 기념비전의 담을 가져다 제 집 담으로 사용하기까지 했다니 더 무슨 말이 필요하겠어요.

그뿐만이 아니에요. 남산에 이토 히로부미를 기리는 사찰도 지었는데 그 사찰 또한 궁궐의 전각들을 가져다 지었어요. 심지어 정문은 경희궁의 정문인 흥화문을 가져다 사용하기까지 했죠. 안타까운 점은 해방 후에도 궁궐의 전각들이 제자리를 찾지 못하고 엉뚱한 곳에 방치된 경우가 많았다는 사실이에요. 한양도성의 성곽 돌도 개인 주택이나 알 만한 건물의 축대나 기초로 쓰인 경우가 많았어요. 광화문도 훼손했죠. 그 자리에 총독부를 세웠으니까요. 경복궁의 수많은 전각들도 허물었고, 심지어 궁궐을 동물원이나 공원으로 조성해 조선왕실을 무시했죠. 창덕궁 후원을 비원, 창경궁을 창경원으로 부르다 보니 너무 익숙해진 나머지 해방 이후에도 문제의식조차 가지지 못했던 걸 생각하면 부끄러운 일이 아닐 수 없어요.

일제강점기 때 청계천도 변하게 돼요. 조선시대에도 높아지는 하상으로 홍수가 발생하고 악취가 심해서 준설작업을 했었지만, 1930년대에는 일제가 군수물자의 빠른 운송을 위해 적극적으로 복개를 하게 되거든요. 도성 중앙을 흐르는 하천이다 보니 물자의 신속한 운송을 위한 도로 건설에 아주 요긴한 곳이었죠. 해방 후에도 우리 역시 개발 논리에 이끌려 아무런 비판의식 없이 복개를 계속해 도로를 만들었고, 그 위에 고가도로까지 설치하면서 청계천은 이름뿐인 하천으로 전락했었답니다.

궁궐과 하천만 수난을 당한 게 아니에요. 소들도 엄청난 수난을 겪었어요. 사실 조선은 농업국가라 소를 함부로 도축하지 않았어요. 1920년대 이후 일제가 군수식품으로 쇠고기 통조림을 만들면서 도축이 본격적으로 시작되죠. 살코기는 통조림을 만드는 데 사용했고, 나머지는 버려졌어요. 조선 사람들은 그 버려진 부산물인 소머리, 내장, 뼈, 꼬리 등으로 설렁탕 등의 음식을 만들게 되고요. 일제강점기에 설렁탕이 한국인의 외식사 첫 장을 장식하는 대표 음식이 된 거예요. 1920년 25곳이던 설렁탕집이 1924년에는 100곳을 넘게 되고, 급기야 1926년엔 설렁탕을 안 파는 음식점은 껄렁껄렁한 음식점이라는 신문 기사가 날 정도였죠. 갈비도 쇠고기 통조림을 만들고 남은 부산물 중 하나였어요. 1920년대 만주로 가는 길목에 위치한 평양에서 그 갈비를 이용한 것이 평양갈비의 탄생 배경입니다.

일제의 위세가 커져갈수록 남산 일대의 왜색은 점점 더 짙어지고 명동은 점점 더 번성하게 됩니다. 남촌에 근대식 백화점이 들어서는 등 날로 화려해지는 동안, 북촌과 종로는 쇠퇴일로를 걷게 되죠. 그나마 종로에 화신백화점이 있었다는 게 유일한 위안이었어요. 화신백화점은 조선인 자본으로 만들어진 조선인의 자랑거리였거든요. 안타깝게도 해방 이후 화신백화점이 도산하고 그 자리에 대기업 건물이 들어섰습니다. 동대문운동장 자리나 화신백화점 자리나, 서울의 역사성을 반영하는 건축물이 들어섰다면 더 좋지 않았을까 싶어요. 외국의 고도(古都)들이 역사성을 살리고자 옛 건물을 함부로 고치지 못하게 한 것과는 비교되는 부분이죠.

서울은 1910년 경술국치 이후 행정구역이 몇 차례 변하게 됩니다. 1914년 일제는 행정구역을 개편해 한성부를 경기도에 포함시키고 면적도 축소시켜 경성부라 부르게 되거든요. 경성부의 범위가 한강과 그 이남으로 확장된 것은 1936년 경기도 시흥이었던 영등포 일대가 경성부에 편입되면서부터예요. 지금의 관악구, 동작구, 영등포구가 한강 이남에서 가장 먼저 경성에 편입되었어요.

1943년 일제강점기 때 경성에 구(區)라는 명칭이 등장하게 돼요. 지리적으로나 상징적으로 종로 쪽이 중구가 되어야 할 터인데, 남산 쪽이 중구가 되죠. 일제가 청계천을 기준으로 북쪽은 종로구, 남쪽은 중구라고 이름 붙이거든요. 궁궐과 종묘사직이 있는 조선시대의 중심지가 아니라, 일본인이 다수 거주하던 지역이 중구가 된 거예요.

서울은 해방 후 서울특별시로 승격되면서 다시 경기도에서 분리되었어요. 1963년에도 서울의 행정구역이 크게 확장되면서 경기도였던 많은 지역이 서울로 편입되었고요.

일제강점기에는 하위 행정구역의 구분도 변하게 돼요. 조선시대 마을을 의미하던 방(坊)을 일제가 동(洞), 통(通), 정목(丁目), 정(町)으로 구분해 버리죠. 일본인이 많이 살았던 남촌은 정이 되고, 조선인 거주지역인 북촌은 동으로 편성되었어요. 얼마 전까지 아무렇지 않게 사용해왔던 '동' 개념 역시 일제강점기에 만들어졌던 거예요.

오늘날 명동 일대는 한성부 시절 명례방이었다가 일제강점기에 명치정 1정목으로 불리게 됩니다. 명치정 1정목과 2정목 근처의 진고개 일대를 일본인들은 본정(本町: 혼마치)이라 불렀고요. 이곳에 백화점이 들어서면서 근대적 상권으로 변모하게 된 거죠.

해방 후, 변화를 거듭하는 서울　　경성이라는 명칭은 언제 서울로 바뀌었을까요? 경성이 서울로 바뀐 것은 1946년 8월 14일 광복 1주년 기념으로 미군정이 서울을 경기도에서 분리해 특별시(영어 원문에서는 독립시)로 승격시키면서 같은 해 9월 28일을 기해 공식 지명이 되었어요. 일본식으로 바뀌었던 행정구역 명칭도 다시 바뀌었죠. 통은 로(路), 정목은 가(街), 정은 동(洞)으로요.

해방 후 서울도 도시 개편의 기회가 몇 차례 있었지만 이런저런 이유로 무산되고, 그 결과 1960년대 이후의 난개발로 이어지고 맙니다. 늘어나는 인구를 수용하기 위해 무분별하게 확장을 거듭하면서 서울의 지리적 중심이 인사동 근처에서 남산 방면으로 바뀌게 되었고요.

난개발은 도심, 외곽, 하천 주변을 가리지 않았어요. 무차별적인 난개발로 전 세계에서 유일하게 차이나타운까지 사라진 도시가 되어버렸죠. 원래는 소공동 지역이 화교 집단촌이었는데, 1973년 시작된 1차 도심 재개발 과정에서 사라지게 되었어요.

도심 재개발이 시작된 것은 1966년 미국 존슨 대통령의 방한이 원인이었어요. 미국 대통령의 방한 실황 중계로 서울이 전 세계에 방송되었는데, 당시 허름한 화교촌(지금의 플라자호텔 자리)과 근방의 판잣집 등이 화면에 비친 거죠. 방송을 본 재미교포들이 재개발 탄원서를 쏟아냈고, 대통령이 도심 재개발을 숙고하게 되었다고 해요. 이미 1960년대 말부터 서울은 인구과잉 상태였기 때문에 어떤 식으로든 재개발은 필요한 상황이기도 했습니다.

그래서 1973년 화교 집단촌인 소공동이 대대적으로 개발되기 시작해요. 1882년부터 서울에 들어온 화교는 1970년에는 서울 거주 외국인 중 4분의 3 이상을 차지하고 있었거든요. 소공동 지역의 재개발에 관해서는 계속 논의되어왔지만 지지부진한 상태였는데, 한국화약이 그 지역의 땅을 몽땅 사들이게 됩니다. 그 자리에 플라자호텔이 준공되면서 서울 도심 재개발 사업 1호가 된 거죠. 세계 유명 대도시에는 거의 대부분 차이나타운이 도심 가까이 형성되어 있는데, 서울은 도심 재개발 과정에서 소공동 일대 화교들이 도심에서 본거지를 잃게 된 독특한 사례입니다.

이후 서울 도심 재개발이 한화에 의해 본격적으로 시작되면서 삼성, 교보 등이 속속 뛰어들었고, 그러면서 서울 도심이 대기업으로 꽉 들어차게 돼요. 1981년에 아시안게임과 올림픽을 유치하면서 1982년에 또 대대적인 도심 재개발이 이루어지게 되고요. 김포공항에서 여의도, 마포, 서소문, 시청에 이르는 지역이 재개발되었죠. 서울 외곽 버스 종점이었던 마포는 증권·금융 거리로 변모하게 되었고요. 1990년대까지 도심 재개발 시행 주체는 80퍼센트 이상이 대기업이었어요.

2000년대에 들어와서도 도심 재개발은 계속돼요. 2004년 당시 서울 시장이 고도제한을 90미터에서 110미터로 완화했어요. 이로 인해 서울의 스카이라인은 더 높아지게 되었죠. 낙산의 높이 92미터를 뛰어넘게 된 거예요. 그리스 아테네의 경우 구도심 지역은 고도제한을 엄격하게 유지해서 시내 어디에서나 파르테논 신전을 볼 수 있도록 했는데, 서울은 이런 일련의 조치들로 인해 궁궐들이 마치 고층건물에 포위되어 있는 것 같은 형국이 되어버렸어요. 특히 낙산은 원래부터 낮은 산이라 사람들이 들어가 살면서 빠르게 산의 형태가 해체되고 있었는데, 2000년대 들어 서울 도심의 고도제한이 20미터나 높아지다 보니 이제 고층건물과 주택에 파묻혀 보이지도 않고 공원 정도로만 인식되게 되어버렸죠.

개발 논리로 망가진 곳은 한두 곳이 아니랍니다. 한강의 크고 작은 물줄기들도 복개하여 도로로 만들어버렸죠. 하천은 햇빛도 닿지 않는 어둠 속에서 점점 더 오염되었고요. 확장된 서울의 강남과 강북을 연결해야 하니 한강의 수많은 나루터에 다리가 놓이게 되고 나루는 더 이상 기능하지 못하게 되었습니다. 댐과 수중보의 건설로 이미 호수로 변해버린 한강이니 더 이상 물길로서의 의미도 없어진 거죠.

경제성장의 상징이었던 고가도로는 어느 순간부터 도시의 애물단지가 되고 있어요. 청계고가도로 또한 마찬가지였죠. 지하철 개통으로 교통량이 분산되자 2003년 죽었던 하천을 되살리고 조선의 역사를 살린다는 명분으로 청계천 복원이 이루어져요. 실상은 강북 도심의 낡은 건물과 노점상을 철거하고 고층건물을 지을 목적이었지만요.

복원 후 주변지역이 개발되고 수변환경이 조성되자 청계천은 도심의 랜드마크가 되었습니다. 연쇄적으로 다른 지역의 복개하천도 하나둘 복원되거나 복원에 관심을 가지게 되는 변화가 나타났어요. 하지만 청계천 복원에 대한 비판도 만만치 않아요. 상류로부터의 제대로 된 복원이 아니었기 때문에, 청계천을 흐르는 물은 인근 지하철역에서 나오는 지하수를 끌어다 쓰고 있어요. 2011년에는 청계천이 넘쳐 을지로나 광화문 일대가 물바다가 되기도 했고, 매달 세금으로 수천만 원의 전기요금을 지불하면서 현상유지를 하고 있으니 곱게 보이지만은 않는 거예요.

그뿐만이 아니에요. 청계천 부근의 상인들은 당초의 약속과는 달리 갈 곳을 잃게 되었어요. 구두로 약속한 이주대책은 제대로 실행되지 않았고, 이주 예정 건물의 높은 임대료와 대상 업체의 성격에 맞지 않는 입지로 이주 대상 6천여 업체 중 5천여 업체가 입주를 포기하고 말았죠. 단순히 복개되었던 하천을 복원하고 그 과정에서 출토된 유물을 전시하는 것으로 제대로 된 복원이라 할 수 있을지 의문이에요. 기존에 살던 주민들은 무시되었으니, 기껏해야 절반의 성공에 불과한 것 같아요. 좀 더 일관적인 정책을 가지고 긴 안목으로 도시 계획을 세우는 것이 얼마나 중요한지 반증하는 사례죠.

서울에서 가장 드라마틱한 변화를 보인 지역은 남산 일대일 거예요. 조선시대에는 북촌에 비해 낙후되었던 남촌이 일제의 등장과 함께 근대상업의 중심지가 되었고, 통감부와 총독부, 통감관저, 헌병대 본부까지 들

통감관저터

어서면서 일제강점기 권력의 중심지가 되었죠. 해방 이후에는 독재정권의 최대 협력자였던 중앙정보부가 자리하면서 민주화를 억압했던 곳이었고요. 그런 남산이 이제는 시민들의 품으로 돌아왔으니 정말 드라마틱하지 않나요?

서울은 땅만 힘들었던 게 아닙니다. 그 안에 터 잡았던 사람들도 힘들었죠. 청계천 복개 공사와 도심 재개발로 해당 지역 주민들을 허허벌판으로 내몰았고 산업화는 수많은 노동자와 농민들의 눈물 속에 이루어진 것이었습니다.

전태일 흉상

청계천에 놀러온 시민들이 버들다리 위의 전태일 흉상을 보며 그런 희생을 기억하고 함께 살아갈 방법을 고민할 수 있다면 참 좋겠어요. 그런 마음을 가진 미래 세대를 키웠으면 좋겠고요. 자녀가 있다면, '열심히 살지 않으면 너도 이렇게 고생한다'는 잘못된 생각 대신 함께 살아가는 미덕을 가르쳐주세요. 고도성장과 개발 광풍이 낳은 어두운 부분을 지금부터라도 함께 끌어안고 개선해가야 하지 않을까요?

실제로 그런 움직임도 분명 있어요. 서울시에서 이루어지는 도시재생 프로젝트들, 가령 선유도공원이나 하늘공원의 사례들은 참 바람직하죠. 두 공원의 사례는 3장에서 좀 더 자세히 만날 수 있어요.

하지만 이런 긍정적인 시도들도 시민들의 적극적인 참여 없이는 불가능해요. 사실 이런저런 프로젝트들이 너무 상업화되어버린 곳도 많거든요. 인사동도 그래요. 2002년 문화지구로 지정된 후 어디에서나 볼 수 있는 흔한 공예품과 상업화의 물결에 휩쓸려 원래의 모습을 잃어가고 있는 게 현실이죠. 대학로도 마찬가지고요. 서울대가 관악산 쪽으로 옮겨가면서 공연장과 소극장이 입주하게 되어 문화의 거리로 탈바꿈했지만, 공연 문화의 중심지로 많은 이들이 찾다 보니 어김없이 상업화의 물결이 들이닥치고 임대료가 상승하면서 정작 소극장과 공연장은 쫓겨나고 상업지구로 변모해가고 있는 상황이에요. 문화지구로 선정돼 지역 분위기가 특색을 띠게 되면 많은 이들이 찾게 되고, 그럼 어김없이 임대료가 올라 그 지역에 새로운 지역성을 부여했던 세입자들은 외려 견디지 못하고 떠나는 일이 반복되고 있어요.

다행스러운 것은 지방자치단체에서 이를 해소하기 위해 노력하고 나름의 지원책을 강구하려 애쓰고 있다는 점이에요. 아직까지는 자본의 힘을 거뜬히 이겨낼 것처럼 보이진 않아요. 이 막강한 힘을 이길 유일한 방법은 바로 깨어 있는 시민의식뿐이랍니다. 더 많은 시민의 참여와 관심이 필요한 대목이겠죠.

오랜 부침과 변화를 겪어온 서울이 미래 세대에게 더 긍정적인 이야기를 들려줄 수 있도록 모두가 더 깊은 관심을 가지고 서울 곳곳을 들여다보았으면 좋겠어요.

- 000간
- 청룡사
- 창신역
- 낙산공원
- 한땀한땀 한평공원
- 러닝투런(000간)
- 달커피
- 아트브릿지
- 당고개공원
- 창신2동주민센터
- 서울의류봉제 협동조합
- 동대문역

- 문래근린공원
- 문래역
- 문래창작촌 문래동철강거리
- 근로자회관 사거리
- 문래동 사거리
- 영단슈퍼
- 게스트하우스
- 문래소공인특화지원센터

2

여유와 배려를 선택한 동네
창신동과 문래동

1970년대 우리나라의 산업화를 선도한 것은 섬유산업이었어요. 동대문의 광장시장과 평화시장은 섬유산업이 활성화되었던 시절 활력이 넘치는 공간이었죠. 그러다 생산비를 낮추기 위해 생산과 판매가 분리되면서 작업장들이 동대문 근처 창신동과 숭인동 일대로 옮겨가요. 1970년대 이후 창신동 일대 소규모 봉제공장 수가 3천여 개가 넘었을 정도였죠.

하지만 우리나라보다 더 저렴한 생산비를 무기로 내세운 개발도상국들이 부상하면서 대부분의 섬유산업 공장이 해외로 이전하기 시작했어요. 1970년대 섬유산업의 산업역군이었던 20대 직공들은 이제 중장년층이 되었고, 그들이 나이 들어가는 것처럼 창신동도 쇠락해가기 시작했어요. 일제강점기 시절부터 대규모 방직공장이 있었고 이후 철공소가 밀집해 있었던 문래동도 사정은 다르지 않았죠.

그런데 최근 개발시대 산업화의 유산을 감싸 안고 가느다란 숨을 몰아쉬던 두 동네에 새로운 바람이 불기 시작했어요. 이번 장에서는 도시재생 과정에서 여유와 배려라는 신개념의 패러다임을 적용해 색다른 시각의 느린 재생을 선택한 창신동과 문래동을 만나보기로 해요. 도시재생이라는 패러다임을 이해하는 데 더없이 좋은 지역들이랍니다.

재개발 대신 재생을 택한 창신동

창신동 답사는 청룡사에 오르는 것으로 시작할까 해요. 도성의 동쪽에 위치한 낙산 지역은 풍수지리상 청룡에 해당하는 지역이에요. 그래서 청룡사라는 이름이 된 거죠. 경사지를 오르는 중간에 위치한 청룡사는 고려 태조 왕건이 한양의 지기를 억누르기 위한 비보사찰로 지은 절입니다. 결국 고려는 조선 건국으로 역사의 뒤안길로 사라졌고 한양은 수도가 되었으니 끝까지 비보의 기능을 달성하진 못했던 셈이죠. 하지만 풍수지리상 완벽한 땅이 아니더라도 비보라는 나름의 방법으로 보완하여 최적의 장소를 만들려 했던 노력은 새겨둘 만해요.

삼각산 청룡사

청룡사에서 바라본 동망봉

원래 풍수지리는 살아 있는 사람이 살 곳을 찾는 것이 주목적이었음에도 조선 후기로 가서는 묘지 선정 같은 일에만 활용되었어요. 그러다 보니 다소 부정적인 인식을 심어준 바가 없지 않죠. 하지만 최선의 땅을 찾으려는 노력이라는 측면에서 보자면 풍수지리를 무턱대고 비하할 건 아니지 않을까요.

청룡사는 비탈에 서 있어요. 거기서 보면 동망봉이 조망되죠. 단종의 비였던 정순왕후가 이 절에 머물며 영월 쪽을 바라보기 위해 올랐다는 곳이에요. 봉이라고는 하지만 낮은 언덕 정도랍니다. 도성 동쪽은 기본적으로 지대가 낮아요. 동대문은 사대문 중 유일하게 평지에 만든 문이라고 앞서도 말했죠?

절의 누각은 '우화루'라는 이름을 가지고 있어요. 아마 눈물이 꽃처럼 흩날리는 모습을 표현한 게 아닌가 싶어요. 바로 이곳이 단종과 정순왕후가 이별한 곳이거든요. 누각의 이름을 참 잘 지었다는 생각이 들지 않나요?

동망봉에서 바라보면 창신동이 훤히 보여요. 주변에 온통 고층건물인데

우화루 현관 글씨

비우당과 자주동샘

창신동 지역만 저층건물이 들어서 있어요. 그러니 재개발 이야기가 나오지 않을 수 없었겠죠. 주변은 하루가 다르게 변해가는데 창신동만 1970년대에 머물러 있으니 그럴 만도 하죠.

낙산 쪽으로 이동해볼까요? 조금 더 가면 비우당과 자주동샘이 나와요. 정순왕후가 이곳에서 옷감에 자줏물을 들여 시장에 내다 팔았다고 해요. 그래서 동네 이름도 자줏골이었다고 하죠. 이런 점까지 고려하면 창신동의 봉제 역사는 상당히 오래된 셈이에요.

비우당은 이수광이 《지봉유설》을 쓴 곳입니다. '비를 피할 만한 집'이란 뜻이죠. 비가 오면 집 안에서 우산을 들고 비를 피했다고 해요. 검소함과 자기관리라는 측면에서 오늘날 우리에게 시사하는 바가 큰 곳이기도 하죠.

낙산공원으로 오르는 길은 조금 가팔라요. 아무래도 산길이니 경사가 좀 있는 편이죠. 과거에는 방어기능도 했어야 했을 테고요. 서울 성곽길이

낙산공원

깨끗하게 정비되면서 낙산공원도 사람들이 더 많이 찾는 곳이 되었어요. 창신동의 도시재생사업 내용을 살펴보면 낙산의 서울 성곽길과 창신동 봉제산업을 연계한 탐방 프로그램을 만들어 지역 특성을 활용하려는 면모를 보이거든요. 바람직한 사례라 할 수 있겠죠.

조선시대 한성은 서쪽이 높고 동쪽이 낮아서 성안에 비가 오면 빗물이 동쪽으로 흘렀습니다. 그래서 동쪽에 홍수도 자주 났고, 홍수가 나면 도성 안의 물을 성 밖으로 배수해야 했으니 동대문 쪽에 수문도 만들었죠.

동대문 밖은 조선시대에 주로 채소를 재배했던 곳이에요. 그래서 동대문시장도 처음엔 도성 내의 채소를 공급하는 시장으로 시작되었다고 해요. 남의 이목이 두려워 대놓고 정순왕후를 돕지 못하는 상황에서 여자들만 드나들 수 있는 여인시장을 만들어 정순왕후를 도왔다고 하네요. 왕십리는 무, 훈련원 근처는 배추, 신당동은 미나리 밭이 있었어요. 미나리는 물이 많아야 재배하기 좋으니 저지대인 동대문 바깥쪽은 재배 적지였겠죠.

동대문
디자인플라자(DDP)

동대문운동장 자리에 지어진 문화공간이에요. 동대문운동장은 조선시대 하도감(치안 담당)과 훈련도감(군사훈련 담당)이 있던 곳이고요. 또 일부는 서울 성곽이 있던 곳으로 성곽을 통과하던 수문인 이간수문도 이 위치에 있었어요. 그러나 일제강점기에 이곳에 근대 스포츠의 상징적 공간인 운동장을 만들게 되었고, 이후 주요 대회나 체육행사를 개최하거나 대중 동원 및 국가적 행사를 열기도 하는 장소로 사용되어 왔죠. 동대문운동장은 재개발을 통해 철거되고 그 자리에 2009년 동대문역사문화공원이 개장하고 2014년 3월 동대문디자인플라자가 개관했어요.

절개지가 보이네요. 절벽 위의 집 좀 보세요. 높이 차가 상당하죠. 수직절벽 위라 아슬아슬하게 느껴집니다. 고도 차이가 100미터가 넘는다고 해요. 일제강점기에는 채석장으로 사용되었고요. 낙산은 원래 영험한 산신령이 있는 곳이라고 해서 점집도 많았지만, 채석장 때문에 산이 망가지면서 점집들이 미아리 방면으로 옮겨가게 된 거예요.

낙산은 서울 중심부에서 가까운 데다 질 좋은 화강암이 충분했기 때문에 일제는 이곳에서 화강암을 채석해 조선총독부, 경성역(서울역), 한국은행 본점, 경성부청(서울시청) 등을 지었어요. 채석한 돌은 당시 전차로 광화문까지 운반했다고 해요.

창신동은 한국전쟁 당시 양구에서 서울로 피난 온 화가 박수근이 그림을 팔아 마련한 첫 서울집이 있던 곳이기도 해요. 박화백은 10년 넘게 창신동에서 살았대요. 박수근 화백의 그림을 보면 울퉁불퉁한 질감이 두드러지는데, 화강암을 보고 영감을 받아 물감을 덕지덕지 바르는 기법을 사용했다고 하죠. 어쩌면 이곳 채석장에서 영감을 얻은 것일지도 모르겠어요. 참고로 박수근 화백 50주기를 맞아 동대문디자인플라자(DDP)에서 특별전도 열렸었죠. 채석장은 해방 후에도 계속 운영되다가

1. 절벽 위의 집
2. 〈건축학개론〉 촬영 계단
3. 창신동 절개지 위 집과 계단
4. 회오리길

1960년대 후반에야 폐쇄되었습니다.

창신동에는 복잡한 계단을 가진 특이한 모양의 집들이 많아요. 계획을 세워 집을 짓기보다는 좁은 땅과 입지적으로 불리한 여건 속에서 방을 두고 계단을 놓거나 올리는 방법을 구상하여 만들다 보니 그렇게 된 거죠. 앞에서 보면 단조롭게 보여도 집 안에서는 계단을 사이에 두고 복잡한 모양을 하고 있어요.

한평공원

종로구에는 한평공원이 6군데 있어요. 한땀 한땀 한평공원은 주차장 한구석에 버려진 공간을 주민, 기업, 공공기관이 협력해 꾸민 공원이에요. 버려진 공간에서 마을의 역사도 읽고, 마을 공동체도 꾸려가는 거죠. 주민들의 의견도 반영하고 마을의 특징도 잘 표현한 곳이라 주민은 물론 방문객들에게도 인기 만점의 포토존이 되고 있답니다. 🌸

영화 〈건축학개론〉에 나온 계단도 있어요. 남자 주인공과 그의 친구가 앉아서 얘기하던 곳, 기억나죠? 영화의 시대적 배경과 창신동의 모습이 잘 어울릴 수 있었던 건, 이곳이 1970년대 이후 크게 달라진 게 없기 때문일 거예요. 서울이 확장하는 과정에서 만들어진 달동네도 그대로 남아 있어요. 원래는 주거지로 적합하지 않아 비어 있던 경사지에 집을 짓고 살다 보니, 고개가 좁고 구불구불해서 마치 회오리가 치는 것 같다 하여 회오리길이라 불리는 곳도 있습니다.

'한땀 한땀 한평공원'도 있어요. 이름에서 느낌이 팍 오나요? 네, 봉제산업의 특징과 의미를 담아 만든 공간이랍니다. 시설들이 조금 낡아서 안타깝지만요. 그래도 쓰레기로 가득 차 있던 공간을 정비해 모두가

달커피 정면(위)
골목길 양쪽의 오토바이들(중간)
스팀 나오는 집(아래)

활용할 수 있는 공간이 되었다니 참 의미 있는 일이죠?

이곳의 카페 이름을 보세요. '달커피'랍니다. 언덕 위라서 달이 뜨면 잘 보이기 때문인 줄 알았는데, '달동네 커피공부방'이라고 간판에 적혀 있습니다. 낙산 꼭대기이니 달도 잘 보이고 야경도 꽤 멋있어요. 서울시에서는 해가 진 후 성곽 주변을 답사하는 달빛기행 프로그램도 운영하고 있지요. 당고개공원도 만날 수 있어요. 과거에 마을 제사를 지내던 당집도 있고 낙산 산신령의 기운을 받으려는 점집도 꽤 있었던 곳이죠.

창신동에는 오토바이가 참 많아요. 동대문 의류상가에서 주문받은 물건을 만들기 위해 필요한 부자재를 가져오거나 완제품을 동대문으로 옮기는 오토바이들이죠. 길이 좁고 교통 정체의 영향도 덜 받기 때문에 오토바이를 애용하거든요.

정작 봉제공장들은 잘 보이지 않는다고요? 자세히 살펴보면 스팀이 나오거나 재봉틀 소리가 들리는 집들이 많아요. 창신동에서는 집 하나하나가 봉제공장인 곳이 많답니다. 간판이 없는 집도 많고 다른 업종의 간판이 걸린 집들도 많죠. 낙산에 가까운 쪽은 동대문시장의 의류상가에서는 먼 편이라 원단을 재단하는 등 초기 작업이 주로 이루어져요. 평지의 동대문

동대문시장에 대하여

서울에 시장이 본격적으로 형성된 것은 조선 후기부터예요. 칠패나 이현 같은 민간시장이 들어서서 한강, 송파장시, 누원점 등 외곽지대 상권과 연계해 시전을 위협하며 상거래 주도권을 장악했죠. 개항 후 칠패는 선혜청 안으로 이전하여 남대문시장이 되고, 이현은 동대문시장으로 거듭나게 됩니다. 동대문 광장시장은 주로 채소를 취급하던 이현시장의 후신으로 동대문시장으로 불리다가 동대문 상권이 확장되면서 1960년대 광장시장이라 불리기 시작했고 1970년대 동대문종합시장이 등장하면서 구분되었죠. 광장시장은 1980년대에는 전국 포목 및 직물의 50퍼센트 이상을 공급했어요. 무허가 시장이던 평화시장은 청계천 복개공사로 철거 위협에 직면했지만 1962년 시

장 건물을 짓고 당국의 허가를 받아 본격적으로 성장하게 되었어요. 1960년대 이후 기성복이 보급되기 시작하면서 1층은 의류 판매상, 2-3층에는 봉제공장이 밀집해 있었죠. 1980년대 이후 임대료가 상승하자 상당수 봉제공장이 인근의 창신동과 숭인동으로 이전했어요. 평화시장에서 가까운 청계천 전태일다리는 산업화 시절 가혹한 노동환경에 처했던 노동자의 삶을 보여주는 현장이에요.

1970년 개장한 동대문종합시장은 원단 및 부자재 구입을 위해 가장 많이 찾는 곳으로, 특히 한복 매장은 국내 최대 규모를 자랑해요. 매장은 4천3백 개에 달하며 종사자는 5만여 명에 이른다고 하네요.

상가 쪽으로 내려갈수록 단추나 장식을 달고 다리미질을 하는 등의 마무리 작업을 하는 곳들이 많아지고요. 나름대로 철저한 분업이 이루어지는 셈이에요. 덕분에 창신동에서는 디자이너가 구상한 디자인이 24시간 이내에 제품으로 만들어질 수 있다고 하네요.

동대문 의류산업의 경우 내수용이다 보니 수출용을 만들던 구로와는 달리 소비자의 취향이 즉각 반영되어야 했어요. 그래서 소비지 가까이에 입지해야 했던 거죠. 시장 지향인 셈이에요. 처음에는 판매와 생산이 분리

되어 있지도 않았어요. 1980년대 후반에 들어서야 경기 변동에 따른 위험부담을 줄이고 단가와 생산량을 낮추기 위해 생산과 판매를 분리하게 되죠. 동대문시장 안에 있던 봉제공장들은 창신동과 숭인동 일대 주택가로 옮겨오게 되고요.

생산단가를 낮추려다 보니 주로 하청 형태로 생산이 이루어지게 되고 자연스레 이 지역의 생산업체는 가족노동, 가내공장 등 유지비용을 최소화하는 방향으로 변모하게 됩니다. 영세한 가내공장이다 보니 주거환경 개선에는 신경 쓸 여력조차 없었던 거죠.

그래서 이 지역이 뉴타운으로 지정되게 된 거예요. 하지만 창신동은 재개발 대신 재생을 택해요. 이 색다른 간판 사진을 보세요. 도시재생 프로젝트로 만들어진 간판이에요. 재개발 대신 재생을 선택한 결과물이라고 할 수 있죠. 일명 '거리의 이름들'이라는 프로젝트의 결실이랍니다.

도시재생 프로젝트로 만들어진 간판

재개발은 뭔지 알겠는데, 재생은 개념이 모호하다고요? 창신동의 모델을 보면 쉽게 이해할 수 있을 거예요. 종로구 창신·숭인동 지역에서는 주민 커뮤니티를 중심으로 옛 봉제산업의 명성을 다시 회복시키는 사업을 추진하고 있어요. 기존 봉제산업을 특화하기 위해 인근 동대문 패션상가와 연계해 버려진 공간이나 빈집을 청년 디자이너들의 작업공간으로 제공하는 거죠. 한양성곽을 활용한 마을 관광자원 개발도 진행 중이고요.

지역의 특성을 도외시하거나 저소득층에 대한 배려가 부족하여 개발 후 원 거주민의 재정착률이 낮았던 기존 재개발 방식과 달리, 도시재생은 지역의 고유한 특성을 살리면서 지역주민들의 실제적인 삶에도 도움을 주는 방식으로 진행되는 거예요.

2014년 도시재생 선도지역으로 선정된 곳들은 낙후된 도심지역을 개발할 뿐 아니라 그 지역의 역사적 의미와 유래를 살리며 지역주민과 공동체적 공생을 도모하는 새로운 도시 개발의 모델을 우리 사회에 제시할 것으로 기대하고 있어요. 특히 창신동과 숭인동은 도시재생 선도지역 중 유일한 대도시지역이기 때문에 앞으로의 결과에 따라 창신동의 도시재생 프로젝트 'H-빌리지'는 도시재생의 매우 구체적인 모델이 될 수도 있답니다.

유럽의 도시들에 가보면 옛 모습을 간직한 건물에서 여전히 사람들이 살고 있고, 그것이 도시의 매력이 되기도 하죠. 최근엔 우리나라에서도 한옥을 리모델링한 지역주민센터나 시설물들을 종종 만날 수 있습니다. 하지만 압축적인 근대화 과정에서 너무 많은 것들을 일방적으로 버려온 것도 사실이에요. 지금부터라도 기존의 것을 무작정 없애버리거나 밀어버리기보다는 잘 가꾸고 활용하는 방식으로, 박제된 과거가 아니라 살아 숨쉬는 과거를 만드는 작업들이 필요해요. 가장 바람직한 지역 발전의 방향은 다른 지역과 차별화되는 그 지역만의 특성을 강화하는 것일 테니까요.

이곳은 도시재생의 시작이라 할 수 있는 000간이에요. 어떻게 읽냐고요? 0은 '공'이라고 읽어요. 공공공간이 되는 거죠. 공감, 공유, 공생 그리고 참여의 공간이라는 의미예요. 000간은 창신동에 현재 2곳이 있어요. 차도 팔고 옷도 팔아요. 창신동 일대에서 나오는 자투리천을 이용한 제품을 만들어 파는 거예요. 봉제 과정에서 버려지는 천이 30퍼센트가 넘는다고 하거든요. 버려지는 천을 5퍼센트 선까지 줄이려는 노력의 일환으로 이를 재활용한 웨이스트 제품을 만들고 있는 거죠. 제품을 창신동 봉제

000간 사무소

공장에서 만드는 건 아니에요. 이곳의 봉제공장들은 하청이라 동대문에서 주문이 오면 바로 물건을 만들어 납품해야 하기 때문에 여력이 없죠.

000간이 하는 일 중 하나는 봉제산업의 명맥을 잇는 일이에요. 봉제산업이 사양산업이 되면서 젊은 층이 기피하는 일자리가 되고 있어서 창신동의 미래를 이어갈 인력이 부족하다고 해요. 그래서 창신동의 다음 세대를 이어줄 봉제사를 양성하는 일도 하고 있죠. 봉제기술도 가르치고 마케팅이나 경영도 수업내용에 포함시키고요. 봉제공장에 간판을 만드는 '거리의 이름들'이라는 프로젝트도 그런 과정의 일환인 셈이죠.

000간의 노력은 청년취업이 어려운 요즘 시대에 하나의 대안이 될 수도 있어요. 이탈리아의 경우 장인들이 그야말로 한 땀 한 땀 바느질해서 세계적인 명품을 만들고 있잖아요. 창신동의 봉제업체가 소규모인 것은 그런 면에서 오히려 장점이 될 수도 있지 않을까요. 창신동이야말로 탈산업사회가 필요로 하는 다품종 소량생산에 특화된 지역이니까요.

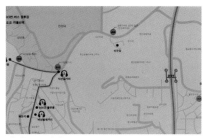

창신동 소리지도(도시의 산책자 프로그램)

종로구도 '메이드 인 창신동' 브랜드 개발을 위해 노력 중이에요. 이 프로젝트가 성공해서 우리나라뿐 아니라 전 세계가 찾는 제품을 내놓을 수 있다면 더할 나위 없겠죠. 실제로 봉제공장을 알리는 홍보물도 제작하고 온오프라인 판매도 대행하고 마을투어 프로그램도 만들었습니다. 투어 지도를 따라 걸으며 MP3플레이어로 창신동 이곳저곳의 이야기도 들을 수 있죠. 예술가의 상상력이 창신동에 새로운 활기를 불어넣고 있다고 해도 과언이 아니겠죠?

문화예술을 위한 사회적 기업인 아트브릿지도 있어요. 부모가 일하는 동안 아이들을 대상으로 연극교육을 하고 있죠. 창신동은 우리나라 최초의 전문배우 양성소인 '조선배우학교'가 있었던 곳이에요. 그러니 이 또한 역사와 의미가 있는 공간인 셈이죠.

세계 유일의 봉제 전용 방송도 있어요. 봉제작업 중엔 눈을 뗄 수가 없으니 봉제하는 사람들을 위해 라디오 방송을 하는 건데, 이 지역에만 특화된 것인 셈이죠. 실제 봉제공장에서 일하는 사람들은 하루 종일 라디오 방송을 들으며 작업을 한다고 해요. 옆에 도서관도 있어요. 지역 어린이와 주민들을 위한 공간이죠. 아이를 돌볼 여유가 없는 맞벌이 부모에게는 큰 도움이 되고 있답니다.

라디오방송국 덤과 아트브릿지

창신 1, 2, 3동의 모든 지역이
도시재생사업에 적극적인 건 아
니라고 해요. 뉴타운에서 해제
되고 도시재생 선도지역으로 선
정된 후에도 다시 재개발지역으
로 지정해줄 것을 요구하는 움직

작은 도서관 뭐든지

임도 있다는군요. 그래서 더더욱 지금의 작은 노력들이 중요해요. 이러한
작은 변화 하나하나가 제대로 자리 잡고 결실을 맺는다면 창신동은 단순
히 행정구역 창신동(昌信洞)이 아니라 변화를 만드는 창신동(創新洞)이 될
수 있을 거예요.

철공소와 예술공단의 공존, 문래동　　　문래근린공원에는 커다란 물레가
　　　　　　　　　　　　　　　　　　있어요. 문래동은 1930년대 큰 규
모의 방직공장지대가 있던 곳이라 사옥정(絲屋町)이라고 불렸답니다. 해
방 후 방직공장이 실을 잣는 물레와 비슷하다 하여 발음이 비슷한 문래동
으로 명명되었지요.

　일제강점기에는 남산 신궁 등 일제와 관련된 시설이 많은 남산에 가깝

문래근린공원의 물레

다 보니 1940년대까지는 밭으로 이용
되던 땅에 일본인들이 영단주택을 지었
어요. 한 500채쯤 지었다고 해서 마을
이름이 오백채였다고 해요. 지금도 영
단슈퍼가 있어서 그 위치를 가늠해볼
수 있죠.

영단주택

일제강점기에 건립된 최초의 계획도시라고 할 수 있어요. 일제는 남산 기슭에 조선신궁과 헌병대 등 식민통치를 위한 주요시설을 세우고 그 주변으로 일본식 주택을 집중적으로 건설했어요. 1941년 조선주택영단을 설립해 영등포 문래동, 대방동, 상도동에 영단주택을 공급했죠. 일본식 가옥 구조로 현관을 통해 복도로 진입하는 구조이며 일본식 목재 주택 구조에 추위에 대비하기 위해 온돌을 도입한 혼합구조였어요. 현재 문래동 4가 일대의 조선인들이 밭농사 짓던 터에 주택을 지었으며 그

수가 500채가량 되었다고 해요. 그래서 오백채라는 이름으로 불렸고요. 1960~70년대 산업화의 중심지로 공장 노동자들이 들어서면서 변형되어 오늘날에 이르게 되었답니다.

1960년대에 이르러 경제개발계획이 시작되면서 도심 부적격 시설로 지정되는 바람에 사대문 안에서 외곽으로 밀려난 공장들이 문래동에 입주하게 돼요. 그러다 1980년대 중반부터 영등포구와 구로구의 준공업지역과 그 주변의 중대형공장이 서울 외곽으로 이전하게 되죠. 서울의 제조업은 점차 소규모화되고요. 서울시의 산업구조를 보면 제조업의 비율은 1991년 정점에 이른 후 급격히 감소하기 시작합니다.

공장들이 서울 외곽으로 이전하기 전까지는 문래동 역시 영등포구와 구로구를 중심으로 형성된 중대형공장과 그와 연계된 영세 기계금속 공장들이 밀집한 지역이었어요. 그러다 방림방적 같은 대형공장이 지방이나 주변으로 이주하면서 문래동은 큰 변화를 맞게 돼요. 방림방적 부지는 필지가

아파트로 둘러싸인 문래동 소공장들

분할되어 아파트단지, 대형할인점, 각종 상가들이 들어서게 되었죠.

그 결과 대규모 개발에 불리한, 경부선 철로와 도림천 사이에 낀 영세공장들만 남게 되었어요. 이곳의 공장들도 개인 주택을 개조한 곳들이 많습니다.

2000년대 초반까지만 해도 비교적 활발하게 작업이 이루어졌지만 이후 문을 닫는 공장이 늘어났죠. 영등포 부도심 정비 계획에 의거해서 지역이 개발되기 시작하자 문래동의 소공장 주변은 교통이 편리한 황금상권에 위치하게 돼요. 철공소 등 소공장이 입지하고 있는 모습은 부도심에 맞지 않는 부적격 시설로 전락해 문젯거리가 되어버린 거죠.

2014년에 문래동의 소공인 지원을 위한 문래소공인특화지원센터가 개소했어요. 이걸 보면 아직도 꽤 많은 소공장이 여전히 이곳에 자리 잡고 있다는 걸 알 수 있죠. 사실 이 지역의 소공장들은 소음이나 오염 등으로 공장 주변 주민들의 민원이 끊이지 않는 데다 임대료마저 비싸니 머무는 것 자체가 부담일 거예요. 지역주민 입장에서는 시끄럽고 낡은 철공소들이 반가울 리 없고요. 지금도 문래동의 철공소와 작업장을 철거해달라는 주민들의 요구는 계속되고 있답니다.

그러다 보니 이 지역을 떠나는 소공장이 늘어나는 추세이고, 그에 따라 빈 건물들도 하나둘 생겨나게 되었죠. 전통적인 공업지역의 쇠퇴와 빈 공간의 등장인 셈이에요. 건물이 낡고 노후해 입주자도 찾기 힘들고 지역주민 간의 재개발을 둘러싼 이해관계도 상충되어 개발이 쉽지 않은 지역이에요.

임대료가 주수입인 건물주들 중에서도 재개발 기간 동안 수입이 사라지는 셈이니 재개발을 환영하지 않는 사람들이 많다고 해요. 중간 계층의 기대감은 큰 편이지만, 그 외에는 재개발에 대한 기대감이 별로 없는 거죠.

그러는 사이 대학로나 홍대 지역의 높은 임대료가 부담스러워진 가난한 예술가들이 하나둘 문래동으로 옮겨오기 시작하면서 또 새로운 변화가 시작되고 있어요. 2003년 무렵부터의 일이에요. 대학로나 홍대도 처음엔 임대료가 저렴해 예술가들이 모여들었었죠. 그러면서 상대적으로 낙후된 대학로나 홍대 지역이 활기를 띠고 문화적 분위기도 형성되어 서울시에서 문화구역으로 지정하게 되었고요. 하지만 찾는 사람이 많아지니 상권이 형성되고, 건물주 입장에선 장사가 좀 되겠다 싶으니 임대료를 올려 받기 시작해요. 그 때문에 가난한 예술가들이 자신들을 위해 지정된 문화구역에서 쫓겨나는 서글픈 상황이 발생하게 되었죠.

철재상과 철공소가 밀집한 문래동 지역에도 대학로와 홍대에서 옮겨온 창작공간이 약 100군데나 된다고 해요. 도심의 낡은 공장이 떠나면서 남기고 간 넓고 저렴한 공간에 가난한 예술가들이 들어와 새로운 문화지구가 형성되기 시작한 거죠. 철공소의 특성상 대개 열린 공간이다 보니 지나다니는 사람들이 예술가들의 작업을 들여다볼 수 있고, 예술가들 역시

문을 캔버스로 만든 작품

셔터를 캔버스로 만든 작품

그 점에 착안해 예술 커뮤니티를 조성한 거예요. 철공소 건물 자체를 캔버스로 활용하기도 하고요.

문래동은 최첨단 도시인 서울 안에 근대산업의 유산을 담고 있는 공간이에요. 그러다 보니 사람들에게 근대적인 정서를 유발하기도 하죠. 최근 정신없이 이루어진 산업화로 우리가 잃어버린 것에 대한 관심이 새로이 생겨나면서 옛것을 찾고 돌아보는 시대적 분위기가 형성되고 있는데, 그런 정서에 부합하는 공간인 거죠.

소공장이나 철공소는 소음과 분진이 많아서 일반인에게는 기피시설이에요. 하지만 악기 연습이나 작품 제작 과정에서 소음이 발생하는 예술가의 입장에서는 부담 없는 공간이기도 하죠. 건물이 상대적으로 낡아서 서울에서 유일하게 건물 내부 구조를 변경하고 색칠하는 것이 허용되는 지역이기도 해서, 예술가의 창의력을 북돋워주기도 합니다. 지하철역에서도 가깝고 임대료도 저렴하며 대형 쇼핑센터도 가까이 있어 예술가에게는 최적의 예술 공간인 셈이랍니다.

다만 이곳도 대학로나 홍대의 사례와 같은 전철을 밟게 될지도 모른다는 우려가 남아요. 재개발이 이루어지게 되면 원주민의 상당수가 도시 외곽으로 밀려나듯이 가난한 예술가들도 도시 변두리로 옮겨가야 하는 상황이 찾아올지도 몰라요. 그러니 예술가들이 모여 예술창작촌을 만들고 활성화한다 해도 여전히 우려의 시선은 남는 거죠.

문래동 앞 커다란 망치

영등포구청과 문화예술단체 보노보C가 운영하는 문래창작촌 투어 프로그램이에요. 역사문화 해설사가 동행해 영등포의 역사부터 차근차근 설명해주고 창작촌에서 활동 중인 예술작가와 곳곳의 벽화, 예술작품을 함께 감상할 수 있는 골목길 투어라고 할 수 있죠. 매월 첫째 주, 셋째 주 토요일 오후 3시부터 두 시간 동안 진행됩니다. 🌸

문래동에는 망치 조형물이 있는데, 이건 이곳의 작업 특성상 기계작업과 수작업이 병행되다 보니 망치질 소리가 끊이지 않는 것을 상징하는 거라고 해요. 최근 할리우드 블록버스터 영화에 우리나라 이곳저곳이 등장해서 화제가 되었는데 문래동도 촬영지 중 한 곳이었어요. 그래서 문래동의 영화 촬영 장소를 찾는 이들도 하나둘씩 늘어나고 있답니다. 그 밖에도 방문객의 시선을 사로잡을 흥미로운 조형물들이 곳곳에 존재해요. 문래동에는 문화창작촌 문화투어도 가능하고요. 보노보C라는 단체에 연락하면 일일투어를 할 수 있어요.

보노보C가 입주한 건물 옥상에는 지역 공동 텃밭도 조성되어 있어요. 봄이면 시농제도 지내고요. 도시의 버려진 공간을 활용한다는 측면에서도 바람직하고 지역주민들이 함께 농사를 지으며 교류도 하게 되니 일석이조인 셈이겠죠.

문래동을 견학하다 보면 여기저기 숨겨진 예술작품도 많아서 찾아보는 재미가 쏠쏠하답니다. 허름한 주택을 돈을 들여 수리할 수 없는 경우, 벽화나 블록장난감을 이용해

옥상 텃밭 전경

1. 문래동 벽화
2. 레고블록으로 장식된 벽
3. 벽 속에 박힌 물고기
4. 문래사거리 용접마스크 조형물
5. 철로 만든 솟대

작품을 만들기도 하고, 벽 속으로 숨다가 꼬리만 남긴 물고기처럼 낡은 건물의 외벽을 활용한 예술품들이 여기저기서 눈에 띄어요. 무엇보다 건축 자재로만 여겨지던 철이 예술작품으로 변모해 사람들과 만나게 되니 철이 지닌 느낌도 많이 달라지는 듯합니다. 용접용 마스크 조형물이나 철로 만든 솟대도 인상적이에요. 솟대가 위치한 곳이 고가가 철거된 문래 사거리라 더 상징적인 의미가 있는 것 같아요.

이 지역은 출퇴근 시간 교통 정체가 엄청났던 곳이라 고가 철거에 반대하는 의견도 많았다고 해요. 그럼에도 도시 미관과 교통 흐름 개선을 위해 철거되었죠. 서울 시내의 고가도로 존폐에 대해서는 갈등이 많지만, 꾸준히 철거가 이루어지는 추세입니다.

한때 고가도로는 산업화의 상징과 같았어요. 그러던 것이 청계천 복원을 즈음해 생각이 바뀌게 돼요. 일제강점기부터 복개가 시작된 청계천은 1970년대 완전히 복개되어 청계천로와 청계고가도로가 만들어졌습니다. 하지만 우여곡절 끝에 청계천이 복원되면서 주변이 관광지역으로 각광받게 되자 인식이 바뀐 거예요. 다른 지역에서도 고가도로가 도시 미관을 해치는 애물단지로 취급되기 시작했어요. 고질적인 불법주차 차량이 즐비하던 고가 아래로 도로가 뚫리고 버스전용차로가 개통되는 등 주변 환경이 개선되면서 아파트 시세는 물론 인근 상점까지 가치가 올라가다 보니 고가 주변 주민들은 긍정적일 수밖에 없죠. 문래고가도로도 철거되고 나자 근처 아파트 시세가 많이 올랐다고 해요. 시내 고가도로가 사라지면 주거여건이 좋아지는 현상이 반복적으로 발생하자 학습효과가 생겨 시내 고가 철거 현장은 더 늘어나고 있어요. 서울역 고가도로도 공원화를 추진하고 있고요.

유럽 같은 경우에는 승용차의 도심 진입을 아예 막는 사례도 있어요. 우리나라도 지금의 교통체계를 재고해볼 필요가 있어 보이고요. 더욱이 우리나라는 기름 한 방울 나지 않는 상황이잖아요.

신도림동과 문래동은 경인선 복선전철 철로를 사이에 두고 갈라지는데, 신도림역에서 문래동 쪽으로 걸어오다 보면 마치 타임머신을 타고 과거로 이동하는 것 같은 느낌이 들어요. 아무래도 근대화 시절의 산업시설이 남아 있기 때문일 거예요. 신도림역 앞의 복합쇼핑몰도 옛날 공장지역에 지어진 거예요. 이 지역은 일제강점기부터 지금까지 참 많이 변모한 것 같아요. 대규모 방직공장이 있다가 중화학 공업지대가 되고, 공장이 떠난 후 그 빈자리에 대규모 아파트가 지어지거나 소규모 공장이 들어오고 예술창작촌이 형성되는 그야말로 상전벽해와 같은 변화가 일어난 거죠.

문래동에는 게스트하우스도 있어요. 바로 앞에 버스정류장이 있어 찾아오기도 쉽죠. 버스정류장 이름이 문래예술공단 정거장이에요. 좋은 이름이긴 한데, 오랫동안 이곳을 지켜온 철공소나 소규모 공장에서 일하는 사람들은 허탈감도 느낀다고 해요. 30년 넘게 이곳을 지켜왔는데, 입주한 지 2~3년도 지나지 않은 문래예술공단은 버스정류장의 이름이 되기까지 했으니까요.

문래동에 이주한 예술가들은 지역사회의 철공소와 공존할 수 있는 방안을 모색하고 있다고 해요. 하지만 생각보다 두 집단 간의 간극이 쉽게 메워지지 않는다고 하네

게스트하우스 입구

문래예술공단 버스정류장

요. 관광객이 많아지면서 철공소를 하는 사람이나 지역주민들의 사생활이 침해받고 불편해질 수밖에 없었죠. 낡고 허름한 동네에 사는 불쌍한 사람 보듯 하는 관광객들의 시선이나 작업을 방해하는 것도 아랑곳하지 않는 관광객들 때문에 예술인에 대해 불편하게 생각하는 사람들도 제법 있다고 해요.

거주지이면서 동시에 관광지로 각광받는 지역들이 그런 문제에 많이 봉착하는 것 같아요. 괭이부리말로 알려진 동네에서도 일부 몰지각한 부모들이 아이들을 데리고 와서는 "열심히 공부하지 않으면 이렇게 된다"고 해서 지역주민들이 마음의 상처를 입었다는 기사를 본 적 있어요. 그래서 '사진촬영 자제'와 같은 안내문까지 등장했겠죠.

일상의 삶터가 관광지가 되어버린 주민들의 고충을 생각하지 않는 몰

사진촬영 자제 표지판

지각한 사람들 때문에 예의를 갖춘 관광객들까지 다니기 힘들게 되면 문래동의 철공소나 예술창작촌은 빨리 사라지게 될지도 몰라요. 재생을 통한 도시의 새로운 모습 찾기가 시작조차 못하고 실패할까봐 걱정되네요.

이제 막 도시재생사업이 본격화

된 문래동이나 창신동이 주민들과 서울시가 긴밀하게 협조하는 가운데, 그리고 수준 높은 시민의식의 지원 아래 성공적인 결실을 맺을 수 있기를 바라봅니다.

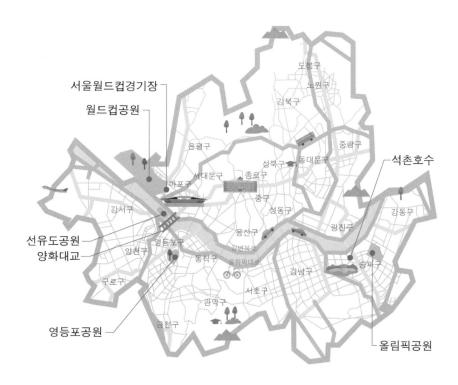

서울월드컵경기장
월드컵공원
석촌호수
선유도공원
양화대교
영등포공원
올림픽공원

아낌없이 주는 서울의 공원들

　4월은 벚꽃이 전국을 화려하게 수놓는 계절이에요. 요즘엔 아파트 단지 안에 벚꽃길을 조성해서 흥취를 만끽하기도 하죠. 아스팔트 도로와 콘크리트 건물들로 가득한 도심에서 푸른 나무와 하얗게 내리는 꽃을 보는 것은 더없는 휴식과 힐링이 되기 때문일 거예요. 그런 소소한 위안이 필요하기에 주말이 되면 사람들은 도심을 벗어나 자연의 멋이 살아 있는 교외로 나가려고 계획하는 거겠죠. 하지만 그런 사람들이 적지 않아서인지 매번 교통 체증이라는 골치 아픈 문제에 직면하기도 하죠. 사실 조금만 돌아보면 서울 도심 안에도 교통 체증 없이 마음의 평안을 누릴 수 있는 공간들이 많이 있는데 말이에요. 대표적인 곳이 바로 서울의 공원들이죠. 그럼, 지금부터 도시를 재생하는 과정에서 새롭게 탄생한 서울의 대표 공원들의 역사와 매력에 대해 알아볼까요?

맥주공장터에 자리 잡은 영등포공원   영등포역 1번 출구로 나와 조금만 걸으면 영등포공원이 나와요. 우선 야트막한 벽에 그려진 그림들이 공원을 찾은 사람들을 맞아주죠. 산책하는 할아버지, 유모차를 끄는 엄마, 운동하는 사람들, 출근하는 직장인들처럼 평범한 일상들이 그려져 있습니다. 그림만 봐도 공원의 성격이 선명하게 드러나죠?

영등포공원의 랜드마크는 공원 중앙에 조형된 담금솥이에요. "1933년에 제작하여 1996년까지 맥주 제조용으로 사용한 담금솥입니다"라는 설명이 아래에 붙어 있어요. 네, 원래 이곳은 맥주를 제조하던 공장터였어요. 역사의 흐름 속에 번창하던 맥주공장은 이전하고, 그곳에 소박한 공원이 자리 잡게 된 거죠.

우리나라에 맥주가 처음 들어온 것은 1876년 구한말이었어요. 당연히 당시에는 무척 귀한 술이었죠. 1933년에 '소화기린맥주' 회사가 현재의 영등포공원 터에 공장을 지었습니다. 이후 '동양맥주주식회사'로 이어지며 오늘날의 'OB맥주' 회사가 되었어요. 1930년대 당시 맥주가 얼마나 귀했는가 하면, 맥주 3상자 반이 쌀 1석(144킬로그램) 값이었다고 해요. 당

영등포공원의 풍경들

영등포공원의 담금솥

연히 아무나 쉽게 마시는 술은 아니었겠죠.

그런데 1996년까지도 기계가 아니라 담금솥이 사용되었다는 점이 의아할 수도 있을 거예요. 맥주 회사의 인터넷 역사관을 찾아보면 이런 글이 나옵니다.

일제강점기보다 나아지긴 했지만, 80년대에도 여전히 맥주의 제조 과정은 대부분 수공업으로 이루어졌습니다.

수백 명의 여직원들은 컨테이너벨트 앞에 서서 일일이 병에 이물질이 있는지를 검사하고 생맥주 통을 한 통씩 부여잡고 거대한 주사기처럼 생긴 주입기를 들어 맥주를 담기도 했습니다. 1989년이 되어서야 자동주입기계가 도입되어 자동으로 맥주를 주입하게 됩니다.

– 출처: 오비맥주(주) 홈페이지

글만 읽어도 당시 노동자들의 삶을 머릿속에 그려볼 수 있을 것 같지 않나요? 이토록 흥미로운 역사를 가진 공간을 공원으로 바꾸면서 달랑 담금솥 하나만 남긴 건 아쉽기 그지없는 일이에요.

71

맥주공장터였다는 표지판

 는 건너뛰고

영등포는 철도 교통의 요지로 과거 서울의 대표적인 공업지역이었어요. 그러던 것이 1980년대부터 90년대에 이르기까지 서울이 확장되고 땅값이 천정부지로 뛰었죠. 도심 환경에 대한 요구도 높아졌고요. 결국 많은 공장들이 지방으로 이전하게 돼요. 공해 시설인 공장들이 새로운 터를 찾아 지방이나 도시 외곽으로 이전하게 된 거죠. 그리고 공장이 비워준 자리에 아파트, 대형마트, 오피스텔, 쇼핑몰 등이 들어서게 되었고요. 하지만 아직도 소규모 철강공장이나 쪽방촌, 전통시장, 집창촌 등이 남아 그 흔적을 보여주고 있어요.

아래 사진을 보면 대선제분 공장 뒤로 2009년에 개관한 복합쇼핑몰 타임스퀘어 건물이 보이죠? 타임스퀘어가 들어선 터 역시 일제강점기 때부터 운영되던 경성방직공장이 있던 곳이랍니다. 영등포공원에 있었던 맥주공장도 1997년 경기도 이천으로 이전했는데, 이때 담금솥 하나를 남겨두고 간 거죠. 그리고 그것이 이 공간의 거의 유일한 상징물로 남아 있습니다. 사실 원형광장에 공장의 굴뚝도 남겨두려 했었는데, 안전상의 문제

대선제분 공장 뒤로 보이는 타임스퀘어

로 철거되었답니다.

당시 이 터를 사들인 서울시의 관심은 공원 녹지 확보에 치중되어 있었어요. 경부선 철길과 신길로 사이에 위치한 공간이라 주거 및 공업지역이 대부분이었기 때문에

와인 창고를 재활용한 베르시공원

녹지의 필요성이 절실했거든요. 이해는 되지만 그래도 공간을 바라보는 당시의 상상력이 아쉬운 건 어쩔 수 없어요. 공장을 완전히 철거하는 대신 일부 공간을 살렸더라면 어땠을까, 하는 생각이 드는 것도 사실이죠.

수백 년간 와인 무역을 담당했던 프랑스 베르시 지역은 도시 확장 과정에서 와인 창고가 이전하게 되었을 때, 기존 창고와 포도주 레일을 재활용해 공원을 만들었어요. 이 특별한 공원은 파리 시민의 사랑을 받는 복합문화공간이 되었죠.

영등포공원도 맥주공장의 일부분을 살려두는 방식으로 개발했더라면, 지역주민은 물론이고 서울 여행객에게도 특별히 찾아볼 만한 독특한 공간이 되었을지도 몰라요. 사실 지금은 다소 평범한 공원이 되어버렸기 때문에 더더욱 아쉬운 마음이 들죠. 녹지 공간을 확보하면서도 지역 특유의 역사와 공간의 개성을 살릴 수 있었다면 이야기를 품은 매력적인 공원이 되었을 텐데 말이에요.

하지만 아쉬움은 여기서 접고, 그런 이야기와 개성을 가진 서울 속 공원들을 살펴볼까요?

산업시설의 재활용, 선유도공원

선유도역에서 700미터 정도만 걸으면 선유도공원이 나옵니다. 진입 계단을 올라가면 한강을 가로지르는 나무다리가 나오고요. 이 다리가 바로 선유교예요. 선유교만 건너면 바로 선유도죠. 한강 한복판, 양화대교 중간에 놓인 섬이라니 정말 매력적이지 않나요?

선유도의 매력은 비단 위치 때문만은 아니에요. 선유도공원은 독특한 테마를 가진 멋진 공간이거든요. 그렇게 된 데는 시대마다 다른 모습으로 변천해온 섬의 역사와 관련이 깊어요. '신선이 노닐던 섬'이라는 의미의 선유도를 옛 지도 속에서 한번 찾아보세요. 선유도가 아니라 선유봉이라고 표기되어 있을 거예요. 네, 선유도는 원래 해발 40미터 정도의 산봉우리였어요. 겸재 정선의 진경산수화에도 선유봉이 등장하죠. 이곳은 조선시대 양반들이 한강의 남쪽에서 강북을 조망하기에 적절한 장소였어요. 그래서 당시 몇몇 선비들은 이곳에다 별장을 지었다고 해요. 신선이 노닐만큼 매력적인 봉우리로 여겨졌던 거죠. 이곳의 경관이 얼마나 수려했을지 상상이 되나요?

그런 선유봉이 어쩌다 이렇게 평평한 섬이 되어버렸냐고요? 육지랑 연결되어 있었을 지형이 왜 지금은 한강에 둘러싸인 걸까요? 1861년에 그려진 〈대동여지도〉에는 선유봉이라는 이름이 선명하게 나와 있는데 말이죠.

선유봉에 큰 변화가 생긴 건 일제강점기 때부터예요. 1925년 을축년에 대홍수가 났거든요. 그야말로 엄청난 물난리였죠. 이후 대비책으로 한강변에 둑을 쌓기 시작했는데, 이곳 선유봉에서 골재를 채취했어요. 그렇게 시작된 거예요. 그 후 일제가 여의도 비행장을 건설하면서 또 빼어다 쓰고, 해방 이후에는 미군정이 도로를 건설하면서 또 깎아낸 거죠. 1960년

1. 선유도공원
2. 선유교
3. 선유봉이라 표기된 서울의 옛지도
4. 겸재 정선의 〈선유봉〉
5. 〈대동여지도〉에 나온 선유봉
6. 양화대교 중간에 놓인 섬

대에는 한강의 남북을 연결하는 다리 건설이 이어지게 돼요. 이때 평평해진 선유봉이 양화대교를 떠받치는 지지대 역할을 하게 된 거예요. 강변북로를 만들면서 선유봉과 한강 남단 사이의 모래를 또 가져다 쓰게 되고, 이로써 선유봉은 선유도로, 스스로는 절대 원치 않았을 변모를 겪게 된 거랍니다.

이게 끝이 아닙니다. 1970년대 영등포공단을 비롯해 서울 서남부에 인구가 늘어나자 수돗물을 대는 정수장이 필요해졌어요. 그래서 1978년 선유도에 정수장을 만들고는 사람들의 출입을 통제했죠. 그렇게 선유도는 시민들의 관심에서 사라져버렸어요.

그처럼 오랜 시간 잊혔던 선유도가 20여 년이 흘러 기적처럼 시민들의 품으로 돌아온 거예요. 경기도 남양주시에 강북 정수장이 들어서고, 노량진 정수장이 선유 정수장의 기능을 흡수하면서 1999년 정수장 기능이 끝나게 되었거든요. 2002년 월드컵을 앞두고 마침내 생태공원으로 변모해 다시 문을 열게 된 거죠.

선유도공원은 그냥 생태공원이 아니에요. 이곳은 '물의 공원'이에요. 정수장 시절 구축된 물의 이미지를 그대로 살리고 정수장 시설의 골격도 고스란히 남겼어요. 앞서 이야기한 베르시공원 기억하고 있죠? 프랑스의 와인 창고를 재활용한 그 공원 말이에요. 선유도공원의 설계에 참여한 전은경 조경포레 소장은 선유도공원을 설계하면서 베르시공원을 벤치마킹했다고 밝혔죠. 과거의 길 위에 새로운 길을 중첩하는 베르시공원의 설계 전략

정수장 시설의 골격이 남은 선유도공원

을 본떠, 낡은 정수장 시설을 모두 철거하지 않고 재활용해서 과거의 기억을 간직하면서 물의 소중함을 느낄 수 있는 공간으로 설계한 거예요.

선유도공원의 주제 정원과 시설들을 한번 둘러볼까요?

정수장의 약품침전지를 재활용한 수질정화원이에요. 수생식물들이 오염된 물을 깨끗하게 해주는 역

수질정화원

할을 해요. 이 물은 환경 물놀이터로 흘러가고, 공원을 돌고 돌아 다시 수질정화원으로 들어와요. 선유도공원 전체가 물이 순환하는 길인 셈이죠.

송수펌프실이었던 곳은 선유도 이야기관이 되었어요. 그 옆으로 녹색 기둥의 정원이 있고요. 정수장 구조물들 중 상판을 걷어내고 남은 기둥들이에요. 담쟁이덩굴이 뒤덮은 모습이 상당히 인상적이죠.

이어지는 곳은 여과지 터에 만든 수생식물원이에요. 건물의 지붕을 없애고 구역마다 다양한 수생식물들을 심어놓았어요.

이어서 시간의 정원으로 가볼까요. 이곳은 정수장의 구조물을 가장 잘 살렸다는 평을 듣는 곳이죠. 격자 형태의 콘크리트 구조물이 위와 아래로 연결되어 시간의 층위를 보여주고 있어요. 물이 도수로를 따라 흐르다가 벽을 타고 흐르기도 하죠. 물의 순환을 생생하게 느낄 수 있답니다. 이곳에 오게 된다면 꼭 가만히 물소리를 들어보세요.

선유도 이야기관과 녹색 기둥의 정원(위)
수생식물원(아래)

77

시간의 정원   과거 선유정 자리에 들어선 카페 나루

정수 찌꺼기를 재처리하던 농축조와 조정조는 재활용되어 4개의 원형 공간으로 변신했어요. 각각 원형극장, 환경놀이마당, 환경교실, 원형화장실이죠. 사람들의 적극적인 참여가 필요한 공간들이에요.

펌프장을 개조해 만든 카페 나루는 전망이 무척 좋아요. 바로 이 자리가 과거 선비들이 강북을 조망하곤 했다는 선유정이 있던 곳이니 말할 것도 없죠. 재축조한 선유정은 옆으로 조금 이동하면 나옵니다. 시민들의 사랑을 독차지하는 공간이에요. 양화대교 쪽과 성산대교 쪽 전망이 한눈에 들어오는 곳이거든요.

경관을 감상하기에 또 좋은 곳은 선유교 전망데크입니다. 날씨가 좋고 밝을 때도 그렇지만, 선유도에서 보는 야경도 상당히 멋지답니다. 선유도가 옛 조선시대 선유봉만큼은 아닐지 몰라도 도시의 지친 시민들에게 감흥을 줄 수 있는 공간인 건 분명해요. 이곳에서 다양한 사람들이 걷고 이야기를 나누고 삶을 즐기는 모습, 바로 그것이 '선유(仙遊)'가 아닐까요?

선유도공원은 마치 동화《아낌없이 주는 나무》에서 밑동까지 내어주던 나무 같아요. 솟아 있던 봉을 깎아 납작해지기까지 자신을 아낌없이 내어줬으니까요. 깎이고 깎인 끝에 결국 사람들이 신선이 된 것처럼 물의 공원

78

을 거닐 수 있게 되었잖아요. 하지만 만드는 것 못지않게 중요한 것이 바로 지키고 유지하는 일이에요. 선유도공원이 물의 공원이라는 주제의식을 잃지 않도록 많은 관심과 지원이 필요하겠죠.

쓰레기 매립지의 변신, 월드컵공원

월드컵공원이라서 공원 테마가 스포츠일 거라고 생각했다면 그건 성급한 판단이에요. 2002 월드컵과 새 천년을 기념하기 위해 조성된 공원이지만 테마는 색다르답니다. 월드컵경기장역에 내리면 얼마 못 가 나타나는 곳인데, 역 주변에 공원이 많아서 놀랄 수도 있어요. 월드컵공원은 5개의 공원으로 조성되어 있기 때문이죠.

평화의 공원, 하늘공원, 노을공원, 난지천공원, 난지한강공원. 이 모두가 월드컵공원이에요. 이곳은 과거 난지도로 불리던 한강변의 아름다운 모래섬이었죠. 난초(蘭草)와 지초(芝草)가 무성한 향기 나는 곳이었다고 하는군요. 이중환의《택리지》는 난지도를 굵고 단단한 모래로 다져진, 사람

월드컵공원 홈페이지의 조감도

79

이 살기 좋은 터로 기록하고 있습니다. 〈대동여지도〉에서는 난지도를 중초도(中草島)로 표기하고 있고요. 온갖 꽃들이 만발하는 섬이라서 꽃섬 또는 중초도라고도 불렸던 거죠. 그런가 하면 오리가 물에 떠 있는 모양이라 하여 오리섬, 압도(鴨島)라고도 했고, 겨울이면 철새 수십만 마리가 이곳으로 날아들었다 해서 문도(門島)라고도 했대요.

한강 건너편에서 보면 공원이 꽤 높은 두 개의 산처럼 보이기도 해요. 아름다운 강변의 난지도에 쓰레기가 쌓이면서 높다란 두 개의 산처럼 변모한 거죠. 그 쓰레기 산이 하늘공원과 노을공원이 된 거예요. 쓰레기 매립지의 대변신이라 할 수 있겠죠.

가장 대표적이고 상징적인 하늘공원을 한번 올라가볼까요? 난지도에서 가장 높은 곳에 위치한 공원인데, 이곳으로 오르는 계단이 하늘계단이에요. 계단 수가 291개로 조금 많긴 하지만, 그다지 힘든 길은 아니랍니다. 지그재그로 오르며 보는 서울 풍광이 너무 멋지기 때문에 잠시 멈춰 사진도 찍고 풍경도 감상하다 보면 금방 오르게 되거든요. 하늘공원은 해

하늘계단

하늘공원에서 조망한 풍경

발고도 98미터에 위치하고 있어서 계단을 끝까지 오르면 멋진 전망을 만날 수 있어요. 가까이는 월드컵경기장부터 멀리 남산과 한강, 여의도가 한눈에 조망되죠. 동서남북 사방이 다 전망대인 셈이에요.

이렇게 멋진 전망대는 난지도의 희생을 딛고 탄생한 거예요. 1978년부터 1993년까지 무려 15년 동안이나 이곳은 서울시민들의 쓰레기를 쌓아 올리던 매립지로 사용되었으니까요. 지대가 낮은 범람원인지라 홍수라도 나면 한강 물이 흘러넘쳐 쓰레기와 뒤섞였기 때문에 그야말로 더러운 공간일 수밖에 없었어요. 서울시민들의 오물을 받아내기 위해 꼭 필요한 공간이었지만, 악취와 먼지, 파리가 들끓는 버림받은 장소라 해도 과언이 아니었죠. 탐방객 안내소에 적혀 있는 "난지도는 서울이라는 대도시가 뱉어내는 과용과 허영의 산물을 꾸역꾸역 받아냈습니다"라는 문구만 봐도 이 장소가 겪은 역사를 잘 알 수 있어요.

이렇게 더러운 곳임에도 불구하고 당시 이곳에 사람이 살았습니다. 조립식 주택을 짓고 폐품을 수집하거나 폐가전제품을 분해해서 가공·조립하는 이들이 난지천 주변에 모여 살았죠. 조립식 주택은 방 하나, 부엌 하나의 단출한 구조라서 공중화장실을 써야만 하는 등 생활환경이 아주 열악했어요. 그럼에도 그들에겐 일감을 품은 소중한 터전이었겠죠. 15년 동안 9천2백만 톤의 폐기물이 쌓여 95미터가 넘는 거대한 쓰레기 산이 두 개나 생긴 거예요. 그 아래 거주하던 사람들의 삶이 어땠을지는 충분히 상상할 수 있겠죠.

이런 난지도가 변신을 시작한 것은 쓰레기 매립지가 김포 수도권 매립지로 이전하면서부터예요. 생태공원으로 바꾸기로 했는데, 그러자면 거대한 쓰레기 산이 내뿜는 메탄가스와 침출수를 처리해야만 했답니다. 난지도는 메탄가스 때문에 수시로 화재가 발생하던 곳이기도 했죠. 어느 정도였느냐면, 15년 동안 무려 1,390회나 불이 났다고 하니 나흘에 한 번꼴로 화재가 발생했던 셈이에요. 불이 났을 때도 불도저로 흙을 덮어버려야 겨우 진화되곤 했다니, 위험한 가스를 처리하는 일이 가장 큰 관건이었을 거예요.

실제로 하늘공원을 둘러보면 메탄가스를 처리하는 시설들을 곳곳에서 만날 수 있습니다. 여기저기 매립가스를 뽑아내는 포집정이 있는데, 이렇게 모은 가스를 열생산 공장으로 이송해서 인근 지역의 아파트와 건물 난방에 사용하고 있어요. 쓰레기에서 나오는 침출수 역시 안전하게 처리해

포집정과 이동관로

난지도의 과거와 현재

한강으로 방류하고 있고요. 동식물들이 서식할 수 있도록 상부에는 두껍게 흙을 덮고 배수를 위해 엑스 자 형태의 능선을 조성하기도 했어요. 남북으로는 높은 키의 억새와 띠를, 동서로는 키 낮은 풀들을 심어 초지를 조성했고요.

쓰레기 산을 청정한 자연으로 되돌렸다는 것을 상징하듯 5개의 바람개비가 인상적으로 돌아가고 있네요. 바람을 이용한 청정에너지를 생산해서 가로등과 탐방객 안내소에 전력 공급을 하고 있는 거예요. 생산된 에너지는 소량이지만 생태공원으로서의 상징적인 측면은 아주 크죠.

굴뚝도 보이죠? 자원회수시설과 지역난방공사가 함께 쓰고 있는 굴뚝이에요. 마포자원회수시설은 1,000°C가 넘는 고열로 쓰레기를 소각해서 전기를 생산하는 시설입니다. 미리 신청하면 견학도 가능해요. 서울 중심부의 쓰레기

자원회수시설의 굴뚝

환경생태공원의 바람개비

일부가 여기서 소각돼 새로운 에너지를 창출하죠. 굴뚝으로 보이는 연기는 정화된 수증기입니다.

폐품들을 모아 만든 조형물, 반딧불이 체험관, 수소 주유소, 전기차 충전소, 맹꽁이 전기차, 동물을 배려한 통나무 경사로 등등 관심을 기울이면 보이는 것들도 참 많아요. 모두 환경 친화적인 장치들이라 남녀노소 누구에게나 흥미로운 공부가 되죠. 특히 아이를 가진 부모님이라면 꼭 한번 아이 손을 잡고 둘러보기를 추천합니다. 짧은 구간이긴 하지만 메타세쿼이아길도 조성되어 있어서 나무 사이로 난 흙길을 따라 걷다 보면 자연적으로 힐링이 되거든요.

하늘공원은 특히 가을 경치가 장관이에요. 10월 억새축제 때는 하얀 억새로 뒤덮인 이곳에 방문객들이 북적거리죠. 광활한 초지를 한눈에 보려면 억새가 자라기 전에 와야 해요. 억새와 노을로 유명한 하늘공원은 이제 수많은 탐방객을 맞는 명소가 되었습니다. 하지만 가스와 침출수를 내보

하늘공원의 아름다운 경치

폐품을 모아 만든 조형물

내는 거대한 쓰레기 산인 것은 여전하고, 그래서 안정화 공사는 계속 진행형이랍니다. 난지도가 완전한 자연으로 돌아올 수 있도록 지속적인 관리와 노력이 필요하겠죠.

하늘공원, 노을공원, 난지한강공원을 한 바퀴 둘러보는 코스는 6킬로미터 정도라고 해요. 계절마다 다른 모습을 보여주는 환경생태공원이니, 철마다 여유로운 시간에 둘러보면 참 좋을 것 같아요.

시간을 기억하는 공간, 올림픽공원

이번에는 올림픽공원으로 가 볼까요? 올림픽공원을 떠올리면 우선 각종 경기장들과 잘 꾸며놓은 호수와 정원이 생각나죠. 월드컵공원을 환경 재생의 시각에서 접근했다면, 올림픽공원은 '시간을 기억하는 공간'으로서 제 개성을 드러낸다고 할까요. 기억상실증에 걸린 영화 속 주인공이 옛 기억의 조각들을 모아서 자신의 정체성을 찾아가듯, 올림픽공

올림픽공원

원이 자리한 이 공간도 과거의 기억을 되살리는 중이지요.

　몽촌토성 일대가 올림픽공원으로 지정되면서 1983년부터 1989년까지 복원 발굴 작업이 진행되었어요. 움집터, 저장구덩이, 백제 토기 등의 유물이 출토되면서 백제 왕성으로 주목받게 된 거예요. 영화 속 주인공이 기억을 하나씩 되살리기 시작한 것과 마찬가지인 셈이죠.

　이 공간의 잊혀진 과거를 기억해내기 위해 곰말다리부터 건너보는 게 좋겠어요. 곰말다리를 건너면 성이 나타나요. 몽촌(夢村)은 꿈마을이란 뜻이고요, 꿈마을의 옛말이 '곰말'이에요. 즉 곰말과 몽촌은 같은 의미인 거죠. 토성 안에 곰말이라는 마을이 있었던 겁니다. 백제인들이 살았고요. 남북으로 다소 긴 타원형의 자연지형을

곰말다리

그대로 이용해 진흙을 쌓아올려 토성을 만들었어요. 방어에 유리하도록 북쪽은 성벽을 좀 더 높이 쌓았고 나무 울타리도 세웠습니다.

　몽촌토성은 백제 초기인 4～5세기경의 토성으로 추정돼요. 해발 30～40미터 내외의 야트막한 구릉을 따라가며 축조된 토성인데, 둘레가 약 2.7킬로미터에 달하죠. 토성 북벽 위에 세운 목책성도 재현해놓았습니다. 1.8미터 간격으로 30～90센티미터 깊이의 구멍을 파고 큰 나무를 박

몽촌토성 조형

은 후 사이에 보조 기둥을 채워 높이 2미터가량의 나무 울타리를 만들었다고 하네요.

　몽촌토성은 풍납토성과 함께 백제 초기인 한성시대 위례성의 일부였어요. 풍납토성이 한강변의 평지에 세워져 서해로부터 들어오는 문물을 교류하는 해상교통의 요지로 기능했다면, 몽촌토성은 그 남쪽 구릉지에 방어를 목적으로 세워진 것으로 추정하고 있어요. 그렇다면 남서쪽에 자리한 몽촌

몽촌토성

몽촌토성의 목책

호수는 토성을 지을 당시 방어용으로 만든 해자가 아니었을까요.

몽촌역사관에 들러보면 한강 이남에 살았던 백제인의 삶을 엿볼 수 있어요. 백제 문화의 대표적인 유적과 유물들이 전시되어 있고 참여할 수 있는 활동도 많아서 아이들이나 학생들의 체험학습장으로도 제격이죠. 백제에 대한 관심이 동한다면 한성백제박물관도 들러보세요. 풍납토성을 쌓는 백제인들, 바다로 진출하려는 백제인들의 생생한 모습을 만날 수 있으니까요.

박물관으로 가는 길에는 수많은 조각품들이 눈길을 끕니다. 올림픽을 기념하기 위해 국내외 유명 작가들이 참여해 다양한 조각품을 설치해놓았거든요. 덕분에 곰말은 오늘날까지도 여전히 꿈을 꾸고 있는 듯한 인상을 줍니다. 사람들은 부드러운 능선을 따라 걷기도 하고 물가에 앉아 이야기를 나누기도 하죠. 가까이 다가가도 꿈쩍 않는 토끼들을 보면, 이 공간은 과거와 현재 그리고 미래를 살아가는 인간과 자연, 모두의 것이로구나 하는 생각이 절로 들어요.

올림픽공원의 풍경들

빌딩 숲에 에워싸인 몽촌토성의 생태계가 살아 있으려면, 물그릇이 중요해요. 성내천과 몽촌해자, 88호수를 하나의 수계로 연결하는 생태적 네트워크가 잘 이루어진다면 생태적으로도 더욱 풍성한 공간으로 살아날 것 같아요.

몽촌토성은 예나 지금이나 여전히 꿈을 꾸는 우리의 소중한 공간이랍니다.

2부

인천·경기도

① 차이나타운　　⑥ 송도고등학교
② 자유공원　　　⑦ 연세대국제캠퍼스
③ 홍예문　　　　⑧ 한국뉴욕주립대
④ 신포국제시장　⑨ 동북아무역센터
⑤ 배다리마을　　⑩ 송도컨벤시아

4

근현대의 역사를 품고
국제도시로 비상하는 인천

불과 10여 년 전만 해도 우리나라에서 제일 높은 건물은 63빌딩이었죠. 1985년에 완공되어 2002년까지 우리나라 최고층 빌딩이었으니까요. 그럼 2015년 현재 가장 높은 건물은 무엇일까요? 서울 잠실에 있는 롯데월드타워가 가장 높은 건물이 되겠지만 아직 완공된 건물이 아니니 열외로 한다면, 현재 완공된 건물로는 인천에 있는 동북아무역센터가 최고(最高)입니다. 동북아무역센터는 2014년에 완공된 것으로, 현재 인천 송도의 상징적인 건물이에요. 인천 송도는 경제자유무역지역으로 지정되어 활발하게 개발이 이루어지는 곳이죠. 동북아무역센터 외에도 높은 건물이 많이 들어설 예정이랍니다.

예전에는 인천이라고 하면 인천역 근처의 차이나타운이나 신포시장, 주안역 근처 대학가 같은 곳이 유명했는데, 불과 몇 년 사이 송도가 인천의 중심지가 되었고 인천에 대한 인식도 많이 달라졌어요. 단기간에 바닷가였던 경관마저 변해버렸으니 신기하다면 신기하기도 하죠. 자, 그럼 차이나타운부터 송도까지, 인천의 구도심과 신도심을 한번 둘러보기로 해요.

근현대의 나이테, 인천 중구

서울에서 지하철을 타고 가다 인천역에 내리면 기차역 표지판이 세워져 있어요. 인천역에는 기차가 없지 않느냐고요? 네, 맞습니다. 기관차가 끌고 가는 기차는 없어요. 하지만 인천역은 노량진과 인천 사이의 경인선이 개통된, 한국 철도 최초의 역이랍니다. 그 역사를 새겨놓은 셈이죠.

인천역의 부역명이 차이나타운이에요. 바로 근처에 차이나타운이 있거든요. 입구부터 뭔가 중국스러운 느낌이 강하죠. 마치 중국 성문처럼 말이에요. 패루라는 거예요. 우리나라뿐 아니라 다른 나라의 차이나타운에도 입구에는 항상 이 패루가 세워져 있다고 해요. 이 패루만 지나면 느낌이 확연히 달라지는 공간이 나오는데, 음식점 간판에다 가로등, 건물 벽까지 온통 빨개서 눈이 아플 정도죠. 중국 사람들은 붉은색이 귀신을 쫓고 액운을 막아준다고 생각해요. 그래서 세뱃돈 봉투도 붉은색, 속옷이나 양말도 붉은색이 인기랍니다. 인천의 차이나타운도 마찬가지죠.

인천역(위)
차이나타운의 패루(중간)
붉은색이 가득한 차이나타운(아래)

역시 중화요리 전문점이 많아요. 이곳 차이나타운에서 짜장면이 탄생했죠. 최초의 짜장면 가게인 공화춘 건물은 지금도 짜장면박물관으로 운영되고

짜장면의 유래

짜장면은 명실상부 대한민국 1순위 배달음식 중 하나죠. 면장에 간을 해서 볶은 후 면을 찍어먹는 중국 작장면에서 유래했다고 알려져 있어요. 개항기 중국에서 인천으로 들어온 화교들이 만들어 판매하기 시작했죠. 정확한 시초가 누구인지는 알 수 없지만 짜장면이라는 음식으로 유명해진 최초의 가게는 공화춘이에요. 작장면의 중국식 발음이 '짜장미엔'이기 때문에 짜장면으로 불렸다고 해요. 🌸

있습니다.

벽에 그림이 쭉 늘어서 있는 곳은 삼국지 벽화거리예요. 중국인들이 가장 좋아하는 이야기 중 하나가 바로 《삼국지》잖아요. 이야기의 장면들을 그림으로 표현한 거죠. 이야기도 적혀 있기 때문에 《삼국지》를 읽어보지 않은 학생과 와보는 것도 의미 있겠죠. 차이나타운에서는 관광 오는 한국인에게 중국 문화를 알리기 위해 다양한 방법을 활용해 노력하고 있어요.

차이나타운에는 화교중산학교도 있습니다. 화교 자녀들을 교육하기 위해 지어졌어요. 초·중·고교가 함께 있죠. 학생 수가 많을 때는 1천5백 명까지

갔었는데, 지금은 500명이 채 안 되고, 그중엔 한국 학생도 꽤 포함되어 있다고 해요. 화교들의 숫자가 지금은 좀 줄어든 거죠.

동상으로 세워진 인물은 공자랍니다. 유교 문화를 대표하기도 하고, 중국인들이 존경하는 위인 중 하나이기도 하죠. 공자의 동상은 길 한가운데 있지 않고 왼쪽으로 약간 치우쳐 있는데요, 이게 다 이유가 있어요. 이 길이 개항기 시대 일본과 청나라 조계지의 경계였다고 해요. 왼쪽은

삼국지 벽화거리(위)
공자 동상(아래)

중국 양식(좌), 일본 양식(우)의 석등   일본 조계지 거리

청나라, 오른쪽은 일본 사람들이 들어와 살았던 거죠. 그래서 중국 사람인 공자의 동상이 왼쪽으로 치우쳐 서 있는 거예요. 길 양쪽에 세워진 석등을 보면 모양이 달라요. 왼쪽은 중국, 오른쪽은 일본 양식으로 만들어진 거죠. 디테일하게 들여다보면 그 지역의 역사와 정서를 더 깊이 느낄 수 있는 법이죠.

당연히 이 길의 오른쪽으로 가면 일본풍 거리가 나와요. 흥미로운 구조이긴 하지만, 한편으로는 기분이 썩 좋지는 않죠. 침입하다시피 우리나라에 들어온 두 나라가 반 강제적으로 조계지 구역을 설정했던 흔적들이니까요.

조계지의 경계를 넘어서서 일본 쪽 거리로 가면 분위기가 확 달라집니다. 일본풍의 목조 건축물들이 남아 있는 일본 조계지 거리예요. 관광지로 개발되면서 인위적으로 강화된 부분도 없지 않겠지만, 서로 다른 나라의 흔적이 길 하나를 사이에 두고 남아 있다는 건 신기한 일이기도 해요. 이 개항장 문화지구에는 이국적 풍경이 가득하죠.

자유공원의 맥아더 장군 동상

인천에는 중국과 일본의 흔적만 있는 게 아니

자유공원의 이름 변천사

개항기에 만들어진 자유공원은 인천으로 들어온 외국인들을 위해 조성된 최초의 서구식 공원이에요. 중국인과 일본인뿐 아니라 서구인들도 자주 이용한 이 공원의 원래 이름은 '만국공원'이었어요. 하지만 일제강점기에 서쪽에 위치했다는 의미로 서공원이라는 범상한 이름으로 전락하죠. 광복 이후 다시 만국공원이라고 불리다가 인천상륙작전을 주도한 맥아더 장군의 동상이 세워진 후로는 자유공원이라 불리게 된 거랍니다. 결국 이 지역에 영향을 미친 국가가 어디였느냐에 따라 공원 이름도 변천을 거듭해온 셈이죠. ✤

에요. 우리나라에 들어와 조계지를 형성했던 나라들은 한둘이 아니지만 지금은 그 흔적이 대부분 옅어지거나 사라졌어요. 하지만 종종 그 나라를 떠올릴 수 있는 공간들이 마련되어 있기도 합니다.

대표적인 곳이 자유공원이죠. 미군들이 우리나라에 오면 꼭 한 번씩 들러본다는 곳이에요. 왜 자유공원이냐고요? 인천상륙작전을 통해 '자유민주주의를 지켜냈다'는 의미를 담아 자유공원이라 변경한 거죠. 맥아더 장군의 동상도 있어요. 공원 위쪽에는 한미 수교 100주년을 기념해서 세운 탑도 있고요. 그러니 미국과의 관계라는 측면에서 인천, 특히 이 자유공원은 의미가 깊은 곳인 셈입니다.

이곳은 그냥 길처럼 보이지만 홍예문이라 불리는 곳입니다. 정확히는 터널 위에 서 있는 곳이죠. 조계지를 확장하려던 일본이 인천 내륙 쪽으로 들어가는 과정에서 교통의 편리를 위해 뚫은 터널이에요. 일제강점기의 흔적이 강하게 배어 있는 곳이죠.

홍예문(위)
홍예문 위(아래)

개항기의 조계지, 일제강점기의 홍예문, 인천상륙작전을 상징하는 자유공원까지, 인천은 뭔가 시대별로 공간이 정리된 느낌이에요. 인천 중구는 그야말로 근현대의 나이테를 품은 공간이라고 해도 과언이 아닐 거예요.

홍예문 쪽 도로는 차가 다니기에는 좀 좁아 보여요. 사실 이쪽부터 이 아래로 펼쳐질 동인천 주변 지역이 인천 도심이었어요. 항구 주변을 중심으로, 내륙 쪽으로 발전해나간 거죠. 예전부터 지역 중심지였던 까닭에 차가 다니기 전에 만들어진 도로도 많습니다. 그래서 길이 좁고 구불구불한 편이죠.

홍예문에서는 인천항까지 바로 다 보이는데요, 말인즉슨 그만큼 고층빌딩이 없다는 거예요. 여러모로 개발이 덜 된 지역이라고 할 수 있어요. 뒤에서 다룰 인천의 새로운 중심지 송도와 비교해보면 그 격차가 더 놀라울 정도입니다.

아래쪽으로 쭉 내려가면 신포국제시장, 중앙시장 등의 재래시장이 나와요. 과거 인천의 핫플레이스가 바로 이곳이었죠. 신포시장이라고 하면 닭강정이 유명한 곳으로 잘 알려져 있죠. 하지만 먹거리로만 유명한 곳은 아니고 백화점이 들어서기 전까지만 해도 옷이나 음식을 사러 이쪽으로 많이 왔다고 하네요. 먹거리도 닭강정뿐 아니라 만두나 분식도 유명해요.

다음으로 들러볼 곳은 배다리마을이에요. 정식 행정구역명은 아닌데, 다들 배다리마을이라고 부르죠. 뭔가 전통을 유지하려고 노력하는 느낌이 물씬 나지 않나요? 입구에 안내지도가 서 있는데 지도 뒤로 좀 생뚱맞게 공터가 있습니다. 도시 한복판에 이

신포국제시장(위)
신포시장의 대표 먹거리(아래)

배다리마을

런 공간은 좀 의아하죠. 원래는 여기 넓은 도로가 뚫릴 예정이었어요. 청라경제자유구역에서 구도심을 지나 송도로 연결될 거였죠. 그런데 도로를 만드는 과정에서 주민들을 소외시킨 채 도시재생사업이란 이름으로 개발을 추진했던 거예요. 이에 반발한 문화예술 활동가들이나 시민사회단체, 지역주민들이 협력해서 반대운동을 전개해 결국 도로 건설을 막아냈어요. 그리고 도로 부지는 이렇게 마을 주민들이 공동으로 이용하는 텃밭으로 쓰기로 했답니다. 효율성을 중시하는 하향식 개발을 주민들이 직접 막아낸 사례예요.

여전히 낙후된 느낌을 자아내지만, 지금은 지역주민들과 활동가들이 연합해서 이 마을을 역사문화공간으로 만들려고 애쓰고 있어요. 높은 건물들은 없고 낡고 허름해 보이는 곳이 많지만 깊숙이 들어가보면 아기자기한 벽화도 많고 전통적인 느낌을 자아내는 책방이나 문구점들이 관광객들을 불러 모으고 있답니다. 지역주민의 생활터전을 해치지 않으면서 지역을 개발하려는 노력의 흔적들을 곳곳에서 볼 수 있으니 기분 좋은 일이지요.

배다리마을의 풍경들

사실 인천 지역에서는 동북아 관문도시를 표방하면서 인천공항이나 송도국제도시를 만들었고, 그 과정에서 경제적 효율성을 중시하는 도시 개발 방식을 활용했어요. 이런 상황에서 주민들의 힘으로 살아남은 배다리마을의 모습은, 고층 주상복합건물만을 개발의 척도로 보는 우리의 시각에 어떤 메시지를 전달한다고도 볼 수 있죠.

배다리마을은 완성된 느낌은 아니지만, 뭔가 아기자기하고 따뜻한 느낌이 살아 있어 힐링 장소로도 손색이 없답니다.

급부상하는 신도시 송도

이제 인천의 새롭게 떠오른 핫플레이스를 방문할 차례예요. 바로 송도입니다. 배다리마을이 지역주민들의 의사에 의해 개발되고 있는 곳이라면, 송도는 전형적인 하향식 개발이 이루어진 곳이에요. 많은 자본이 투입되었고 그만큼 빠르고 멋지게 개발되고 있죠. 구도심과 비교해보자면 같은 인천이 맞나 싶을 정도로 분위기와 경관이 달라요.

사실 구도심에서 송도 쪽으로 한 번에 연결되는 대중교통이 많지 않아요. 현재 인천 지역 교통의 주요 문제점으로 언급되고 있죠. 구도심과 서울, 송도와 서울을 연결하는 교통로는 잘 발달되어 있는데, 구도심과 송도 사이에는 대중교통이나 도로가 더 확산되어야 할 것 같아요. 이렇게 된 이유 중 하나는 경인선을 중심으로 동서방향의 교통은 원활한 편인데, 지상으로 나 있는 철로들 때문에 남북방향의 교통여건은 다소 어렵기 때문이래요. 철로 때문에 소음 문제도 심하고, 철로 주변의 주민들이 도보 이동을 할 때면 항상 육교나 지하도를 이용해야 해서 불편한 면도 있죠. 경인선뿐 아니라 서울-수원을 연결하는 1호선 지역들이 같은 불편을 호소하고 있어서, 지하철 1호선의 지하화를 추진하려는 움직임도 있습니다.

지하철 수인선 송도역과 흔히 송도라고 하면 떠올리는 간척된 송도국제도시의 위치가 조금 다르다는 건 알고 있나요? 지하철 송도역이 있는 현재의 옥련동 쪽이 예전에 송도로 불렸기 때문이죠. 그 지역에 인접한 간척지에 세운 국제도시를 송도국제도시라 부르게 된 거고요.

옥련동 쪽에 송도고등학교가 있어요. 인천에는 송도고도 있고 송도중도 있는데, 송도중은 인천 중구에 있죠. 사실 송도고와 송도중은 북한 개성의 송도라는 곳에 있던 학교였다고 해요. 한국전쟁 발발 이후 피난을 오면서 이전해와 송도고는 옥련동 쪽에, 송도중은 인천 중구 쪽에 자리 잡은 거죠. 이런 사연을 모르면 중구에 위치한 송도중이라는 이름이 좀 생뚱맞아 보일 수도 있겠죠.

송도국제도시로 가는 입구 부분의 역명은 캠퍼스타운역이에요. 송도국제도시 방면 인천 1호선의 역명만 봐도 국제도시의 느낌이 확 드러나죠. 국제업무지구역, 지식정보단지역, 테크노파크역, 캠퍼스타운역 등등. 인천대입구역도 있어요. 인천대는 원래 제물포역 근처에 있었는데, 이쪽으로 이전해와서 멋진 캠퍼스를 지었습니다.

보통 대학교가 이전해버리면 주변 상권의 타격이 클 수밖에 없거든요. 특히 유흥 관련 상권이 큰 타격을 입죠. 다행히 인천대 일부는 남아 있고, 인천대가 이전한 건물에 곧 청운대 인천 캠퍼스가 열린다고 해요. 인천시 상수도사업본부도 그 주변으로 이전해왔기 때문에 다시 상권이 살아날 거란 기대감을 가지고 있다고 하네요. 인천대와 청운대는 같은 재단의 학교도 아닌데, 이

같은 입구를 사용하는
인천대와 청운대

런 사정으로 입구를 같이 사용한다고 해요. 특이하고 흥미로운 사례죠.

캠퍼스타운역 근처에는 인천대 말고도 대학이 많이 있어요. 우선 연세대학교 국제캠퍼스부터 소개할게요. 서울캠퍼스의 공간적 연장이라고 하는데, 음대, 체대를 제외한 서울캠퍼스 모든 학과의 1학년 학생들이 국제캠퍼스에서 생활하게 된다는 기사를 본 적 있어요. 신촌의 트레이드마크 같은 학교인데 송도에 있다니 신기하죠. 잠깐 옆길로 새자면, 신촌 지역이 홍대 쪽 상권에 밀린 데다 연세대 학생 일부가 송도로 빠져나오게 되면서 상권이 침체되고 있다는 이야기가 나오고 있어요. 송도국제도시가 생긴 지 얼마 되지 않았기 때문에 어떤 변화들이 추가로 발생할지는 좀 더 두고 봐야 할 것 같아요.

그 외에도 인천 가톨릭대학교의 캠퍼스 일부도 이쪽에 있고, 몇 군데

인천대(위)
뉴욕주립대학교(아래)

외국대학도 들어와 있습니다. 독립적 캠퍼스를 가진 뉴욕주립대학교를 비롯해 송도 글로벌캠퍼스를 함께 사용하고 있는 조지메이슨대학교, 유타대학교 아시아캠퍼스, 겐트대학교 글로벌캠퍼스 등이 이미 송도에서 신입생을 받았다고 하네요. 이름만 들어도 알 법한 명문대들이죠.

송도국제도시 추진 과정에서 중요하게 논의했던 부분 중 하나가 글로벌한 교육 중심지를 만들겠다는 목표였다고 해요. 세계 명문대 중 송도국제도시로 캠퍼스를 확장하는 외국대학에게는 전폭적인 지원을 약

속했고, 그 결과가 하나둘 나타나고 있는 거예요. 캠퍼스타운이라는 역명이 전혀 민망하지 않은 곳이 되겠죠.

국제업무지구 쪽으로 가면 동북아무역센터가 나옵니다. 완공된 건물로는 현재 가장 높은 고층빌딩이지만, 생각보다 높아 보이진 않을 수도 있어요. 주변 건물들도 다 높기 때문에 그런 거죠. 모양도 독특해요. 그 바로 옆에는 굉장히 넓어 보이는 건물이 있는데요, 송도컨벤시아라는 컨벤션센터예요. 서울 강남의 코엑스, 일산의 킨텍스, 부산의 벡스코와 비슷한 기능을 하는 곳이죠. 이곳의 건물들은 대부분 높고 현대적이라, 건설 중인 건물들의 공사까지 완료되면 서울 도심과 비교해도 손색이 없을 거예요.

주변 조경에도 굉장히 신경을 많이 쓴 흔적이 보입니다. 동북아무역센터 주변만 해도 센트럴파크, 미추홀공원, 해돋이공원 같은 큰 공원이 셋이나 있습니다. 공원들도 예쁘게 잘 꾸며져 있어요. 인공하천에 보트도 있고, 센트럴파크의 경우 상업시설은 전부 기와지붕으로 만들어놓았죠. 주변 고층건물들과도 잘 어우러지는 느낌이 들어요. 사슴농장도 있고요.

이곳에서는 문화체육행사들도 활발하게 기획되고 있어요. 작년에는 아시안게임의 일부가 진행되었고, 도심 서킷이 조성되어 코리아 스피드 페스티벌이 열리기도 했죠. 2013년부터

국제도시의 고층빌딩들(위)
동북아무역센터(아래)

인천의 문화행사들

달빛축제공원에서 열리는 펜타포트 록페스티벌도 마니아들에게 엄청난 인기 행사입니다. 레이싱이나 록페스티벌 같은 행사는 우리나라 전체를 통틀어도 체험할 수 있는 곳이 많지 않기 때문에 그 가치가 더 높아지겠죠.

2014년 가을부터는 지역축제들도 열리고 있습니다. 만들어진 지 얼마 되지 않은 송도국제도시이지만, 글로벌 이미지를 살려 축제를 만들었어요. 작년 가을엔 공원들을 활용해서 불꽃축제, 맥주축제가 열렸죠. 앞으로도 계속될 예정이고요. 그야말로 볼거리, 놀 거리, 즐길 거리가 풍성한 공간입니다. 도로가 넓어서 교통난도 없을 것처럼 보여요. 송도 쪽으로 인구가 많이 유입될 상황을 대비해 크게 만든 거죠. 신도심 쪽은 정말이지 사람이 살기 좋은 공간임에는 틀림없어요.

하지만 부작용이 없는 것은 아닙니다. 지금 송도를 둘러싼 가장 큰 이슈 중 하나는, 인천시 예산의 굉장히 큰 부분을 들여 송도국제도시를 비롯한 신도시를 만들고 있는데 그 혜택이 누구에게 돌아갈 것인가 하는 문제죠. 예산이 송도에 집중되는 만큼 인천의 다른 지역들은 소외를 당하는 셈이고요.

멋진 랜드마크가 만들어지고 있는 것이라 해도, 그 과정이 모두에게 행복한 상황은 아닌 셈입니다. 사실 구도심은 개항장 관광지 쪽과 신포시장

변화한 신도심(위), 낙후된 구도심(아래)

같은 일부 지역을 제외하면 굉장히 낙후되어 있거든요. 인구도 계속해서 줄고 노령화도 심해지고 있죠.

모든 지역이 배다리마을 지역주민처럼 힘을 모아 새로운 것을 이뤄내기는 현실적으로 어려운 일인 것 같아요. 기본적으로 예산의 지원도 어느 정도는 필수적이고요. 구도심에는 지금 학생들이 다닐 학교가 없다고 해요. 중구나 동구에서 송도 쪽으로 이전한 학교들이 아주 많거든요. 이번에 이전한 박명여고를 마지막으로, 인천 동구에는 아예 여중·여고가 없는 상태라고 해요. 동구에는 중학교가 2~3개인 반면 송도가 위치한 연수구에는 15개가 넘는다고 하죠. 남아 있는 학교 중에도 이전을 추진하고 있는 곳이 있고요.

아이러니가 아닐 수 없어요. 세계적으로 알려진 인천은 국제도시 송도를 중심으로 업무기능, 연구기능뿐 아니라 휴양시설까지 갖춘 곳이지만, 정작 인천 시민들 중 누군가는 더 악화된 환경에 처하게 되었으니까요. 아직 시작하는 단계의 신도시라 섣부른 판단은 금물이겠지만, 송도와 구도심, 그 외 모든 인천 지역이 더불어 잘사는 도시가 될 수 있도록 다각도의 모색이 필요한 건 분명해 보여요.

❶ 초지진 ❼ 강화갯벌센터
❷ 덕진진 ❽ 동막해변
❸ 광성보 ❾ 마니산
❹ 강화평화전망대 ❿ 강화 5일장
❺ 장화리갯벌 ⓫ 강화풍물시장
❻ 선수포구(밴댕이마을)

지붕 없는 박물관 강화

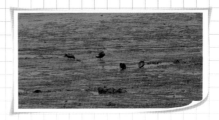

강화도는 한국의 지리와 역사를 한눈에 볼 수 있는 곳 중 하나예요. '지붕 없는 박물관'이라 해도 과언이 아닐 만큼 볼거리가 풍성하답니다. 세계 5대 갯벌 중 하나인 강화갯벌과 외세의 침략에 맞서 싸운 항쟁의 흔적이 담긴 유물이 많이 있어요. 유네스코 세계문화유산으로 지정된 고인돌도 있고, 철마다 다양한 축제도 열리죠. 강화평화전망대에서는 날이 좋으면 북한을 조망할 수도 있어요. 강화도가 아니면 할 수 없는 독특한 체험거리가 많아서 최근 강화도를 찾는 외국인들도 늘어나고 있습니다.

축제가 얼마나 많은가 하면, 진달래꽃이 만발하는 봄에 분홍빛으로 물든 고려산에서 열리는 고려산진달래축제를 비롯해 고인돌 제작을 재현하는 강화고인돌문화축제, 강화약쑥축제, 그리고 가을이면 강화새우젓축제, 강화고려인삼축제, 강화개천대축제 등 그야말로 다양한 축제가 개최되죠. 겨울에는 마니산 일출과 동막해변의 일몰을 보러 사람들이 몰려들고요.

고려산진달래축제

끝자리가 2와 7인 날에는 강화 5일 장이 열려 전통시장도 경험해볼 수 있어요. 밴댕이 요리나 인삼막걸리처럼 지역 특유의 먹거리도 풍성하죠.

날 좋은 주말, 강화도로 출발해보는 건 어떨까요? 후회 없는 시간들이 될 거예요.

항쟁과 평화의 흔적을 만나다

강화도 나들이를 시작하기 전에 여권 챙기는 거 잊지 마세요. 강화도 가는데 웬 여권이냐고요? 해외여행에 필요한 여권 말고, 강화 도보여권 말이에요. 강화 도보여권은 강화군청 문화관광과, 한옥관광안내소, 터미널 관광안내소, 갑곶돈대 관광안내소, 초지진 관광안내소 등에서 무료 배포하고 있어요. 관광안내소까지 가기가 번거롭다면 '강화나들길'이란 앱을 다운받으셔도 돼요. 관광정보와 나들길 정보는 물론이고 GPS와 연동되어 자동으로 스탬프도 찍어주죠.

이 여권을 가지고 강화나들길 곳곳을 다니며 도장을 찍어오면 완주증과 완주기념품을 받을 수 있답니다. 기념품이 뭔지 궁금하죠? 강화섬쌀, 강화나들길 손수건, 휴대용 방석, 강화도 관광사전이에요. 의외로 푸짐하지 않나요? 이처럼 강화도는 방문객을 배려하기 위해 굉장히 노력하고 있답니다.

강화나들길은 강화도 출신 선비인 화남 고재형 선생이 강화도 전역의 명소를 둘러보고 노래한 〈심도기행(沁都紀行)〉에 등장하는 길을 복원하고 재현한 것이랍니다. '나들이하듯 즐겁게 걷는 길'이라는 문자 그대로의 의미도 예쁘지만, 이 길을 따라 강화도의 유구한 역사와 수려한 자연을 만날 수 있다는 점에서 더 의미가 있죠.

강화나들길은 총 19개 코스가 있어요. 그중 두 번째 코스인 호국돈대길을 따라 초지진에서 광성보까지 걸어보며 강화에 숨겨진 역사와 지리를 만나보려 합니다.

이 돌담벽이 초지진이에요. 강화도는 한강 하구에 위치해 있어서 수도인 서울로 가는 시작점이었죠. 그래서 호시탐탐 이곳을 노리는 외세와 많은 전쟁을 치러야만 했어요. 그래서 초지진, 덕진진 같은 군사기지를 군데군데 설치하고 항상 방어에 신경을 썼죠. 초지진은 신미양요와 운요호 사건이 발발했던 곳이에요. 신미양요 당시의 상황을 보여주는 사진도 걸려 있는데 처참하기가 이루 말할 수 없을 정도예요.

초지진

1866년 7월 미국의 제너럴셔먼호가 비단, 유리그릇, 자명종 등의 물건을 싣고 대동강을 통해 평양까지 올라왔어요. 놀란 평안도 관찰사 박규수가 관리를 파견해 평양에 온 목적을 알아보려 했죠. 이들은 단지 물건을 팔러 왔다고 했지만, 당시 조선은 외국과의 통상이 금지되어 있었기 때문에 돌아갈 것을 요구했어요. 하지만 제너럴셔먼호는 돌아가는 대신 그들을 감시하던 관리를 붙잡아 감금해버립니다. 화가 난 평양 관민들이 강변으로 몰려들었고, 제너럴셔먼호는 총과 대포로 대응했죠. 그 후 며칠간 비가 많이 내리자, 아예 평양에 정박해 강도와 약탈을 자행했어요. 주민들도 공격해 사상자가 발생했고요. 결국 화가 난 박규수가 제너럴셔먼호를 불태워버리죠.

이 일로 이번엔 서양에서 조선에 대한 적개심이 높아지게 돼요. 1871년 미국은 제너럴셔먼호 사건에 대한 책임을 질 것과 통상을 요구하며 조선을 찾아와 이곳 초지진을 공격했어요. 처음에는 강화도 해협에 대한 측량을 위해 찾아왔다고 했고, 조선에서는 즉시 철수할 것을 요구했죠. 그런데도 미군은 계속 다가왔고 조선군은 경고용 포격을 가했어요.

미군은 기다렸다는 듯이 이를 빌미 삼아 조선 정부에 사과와 손해배상을 요구했고, 이를 거부당하자 초지진을 공격해 점령했어요. 뒤이어 덕진진과 광성보까지도 미군의 수중에 들어갔죠. 광성보 전투는 매우 격렬하게 치러졌고, 이후 미군은 다시 초지진에 머물게 됐어요. 이때 조선군이 야습을 시도했답니다. 광성보 전투와 초지진 야습으로 조선인들의 끈질긴 호국정신을 깨달은 미군은 다음 날 강화도에서 철수했어요.

당시 미군은 최신식 무기로 무장하고 들어왔는데, 조선의 대포는 사거리가 불과 700미터밖에 되지 않았다고 하니 얼마나 힘든 싸움이었을지 짐작할 수 있겠죠? 그러니 무기의 열세를 끈기로 극복할 수밖에 없었어요. 한반도의 마지막 보루가 강화도라면, 이곳 강화의 마지막 보루가 바로 초지진이었어요.

일본도 조선 해안 측량을 빌미로 운요호를 이용해 초지진에 왔어요. 몇 차례 서구 열강과 전쟁을 치르고 척화비를 세우며 쇄국정책을 더욱 굳건히 하던 조선에서는 또다시 침략의 공포가 떠올랐겠죠. 예고 없이 찾아온 운요호에 조선 수병이 포격을 가하자 일본군은 함포로 응수하더니 마침내 영종도에 상륙해 약탈을 자행했어요. 일본은 이 사건에 대한 책임을 물으며 수교통상을 강요했고, 1876년 대표적 불평등조약인 강화도조약을 체결

초지진의 피탄 흔적(위, 중간)
초지진의 갯벌과 초지대교(아래)

하게 되죠.

　미국과 일본처럼 강대국이 무력을 사용해 약소국에 압력을 가하고 이득을 취하는 것을 '포함외교'라고 해요. 초지진에는 신미양요와 운요호 사건 때 포탄을 맞은 흔적이 아직도 남아 있어요. 나무에도 성벽에도 말이죠. 두 사건을 거치며 초지진은 완전히 폐허가 되었지만, 1973년 수리하고 복원해서 지금처럼 개방하게 되었답니다. 이곳에서 나라를 지키려 필사적으로 싸웠을 선조들을 생각하면 숙연해지죠.

　이곳은 수심이 얕고 갯벌이 많아요. 원래 강화도는 김포와 붙어 있었는데 오랫동안 침식을 받아 분리되었다가 다시 한강의 토사물이 쌓여 육지와 연결되었죠. 그 후 한강에서 분류한 염하가 김포와 강화 사이로 흐르게 되면서 강화도는 섬이 되었고 갯벌이 발달하게 된 거예요. 수심이 얕은 데 비해 물살은 보기보다 빨라서 여기서 전쟁을 치른 외국 군대들도 상당히 애를 먹었다고 해요.

　길을 따라 올라가면 덕진진이 나옵니다. 덕진진도 군사시설이라고 하기에는 너무나 아름다워요. 높게 솟아 펄럭이는 깃발들이 우리 군사들의 사기를 보여주고 있죠. 이곳은 병인양요가 일어났던 곳이에요.

덕진진

병인양요는 1866년 천주교 신자를 박해한 것에 대한 보복을 구실로 통상을 요구하기 위해 프랑스 함대가 강화도를 찾아온 사건이에요. 처음엔 프랑스군이 이기는 듯했지만, 양헌수 장군이 이곳 덕진진을 교두보로 삼아 프랑스군이 있는 정족산성을 야간 기습하는 데 성공해 승리를 거뒀죠. 하지만 프랑스군은 철수하면서 외규장각에 있던 많은 유적들을 약탈해갔어요. 흥선대원군은 그 후 이곳에 경고비를 세웠어요. '해문방수타국선신물과(海門防守他國船愼勿過).' 어떤 외국 선박도 이곳을 함부로 지나갈 수 없다는 군건한 척화의지를 담은 거죠.

병인양요를 치르고 얼마 뒤, 1871년에는 초지진을 점령하고 올라온 미국 군사들과 전투를 치러야 했어요. 사거리가 짧고 조악한 무기를 가지고 신식무기로 무장한 미군에 대항하기 어렵다는 걸 알면서도 조선군은 맹렬하게 싸웠다고 해요.

덕진진 경고비

덕진진은 반달 모양의 남장포대와 덕진돈대로 구성되어 있어요. 반달 모양으로 만든 이유는 적에게 쉽게 노출되지 않기 때문이에요. 남장포대는 강화도 진영들 중 가장 많은 포문이 있던 곳 중 하나예요. 이 포문에서 적군의 배가 지나가는 걸 보고 있다가 포탄을 발사해 공격하는 건데, 사거리가 긴 무기를 가진 미군을 상대하기에는 역부족이었을 거

남장포대(위), 덕진돈대(아래)

예요. 덕진진은 결국 점령당했고 폐허가 되었지만, 조선군이 치열하게 저항한 까닭에 미국 함대도 무사하지는 못했다고 해요.

자, 이제 광성보입니다. 신미양요 때 치른 전투들 중 가장 크고 격렬한 전투가 치러진 곳이죠. 입구는 덕진진과 비슷하게 생겼어요. 광성보 역시 무척 아름답죠. 강화도의 돈대들 중 가장 멋진 풍경을 자랑한답니다. 손돌목돈대와 용두돈대로 구성되어 있어요. 가지고 있는 무기는 미군에 비해 턱없이 약했고 배도 구식이었으며 포구의 크기도 작았죠. 포구가 작아 대포의 방향을 틀기가 어려웠고 정해진 각도로만 던질 수 있었대요. 이를 간파한 미국은 일정 거리를 유지한 채 사거리가 긴 신식무기로 공격했고요. 객관적으로는 비교조차 되지 않는 전투였죠.

하지만 조선군은 포탄을 던지고 싸우다, 포탄이 떨어지면 칼과 창으로 싸우고 이마저 부러지면 돌과 흙을 던지며 싸우고, 심지어는 맨주먹으로 싸우면서도 한 명도 물러서지 않았다고 해요. 가슴 아프게도 조선군은 모두 순국하고 광성보마저 함락되고 말았지만 그 과정은 결코 만만치 않았

광성보

손돌목돈대

용두돈대

강화평화전망대(위)
〈그리운 금강산〉 노래비(아래)

죠. 미군 장교들이 "이렇게 좁은 지역에서 이토록 치열한 전투를 48시간 동안 겪은 적이 없다"라든가 "남북전쟁 때도 이렇게 포화를 당해본 적이 없다" 또는 "전투에서는 이겼지만 전쟁에서는 이기지 못했다"라고 기록했을 정도니까요. 그 후 미군은 무력으로 조선을 점령하는 것을 포기하고 돌아갔어요.

치열했던 전투 현장을 생각해보면 나라를 지키기 위해 흘린 셀 수 없는 피와 땀에 감사한 마음이 들어요. 아직도 한반도에서 민족 간의 전쟁이 끝나지 않은 현실을 고려하면 더욱 그렇죠.

강화평화전망대에서는 북한 땅을 조망할 수 있습니다. 민간인 출입 통제선 안쪽에 있는데, 이 통제선은 군사시설을 보호하고 보안을 유지하기 위해 설정된 거예요. 그래서 전망대에 오르려면 신분증을 꼭 준비해야 하고 필요시에는 군인들의 통제에 따라야 한답니다.

전망대를 올라보면 〈그리운 금강산〉 노래비가 있어요. 언제쯤 금강산을 마음껏 밟을 수 있을지 그날이 빨리 왔으면 좋겠어요. 노래비 뒤편으로 북한 땅이 보여요. 북한과 가장 가까운 곳의 폭이 고작 1.6킬로미터밖에 되지 않거든요. 이렇게 북한과 가까이 있다 보니 한강에 하굿둑을 설치할 수도 없었어요. 하굿둑은 밀물 때 바닷물이 강을 거슬러 올라가는 것을 막아주지만, 그 자체가 교통로로 활용될 수도 있거든요. 그 덕에 지금도 갯

전망대에서 본 북한 땅

벌이 만들어질 수 있었던 거죠.

눈으로 보면 당장이라도 건너갈 수 있을 듯한데 그럴 수 없는 현실이 참 안타까워요. 북한 쪽을 조망해보면 집들이 많은 것에 비해 주민들은 거의 보이지 않아요. 이곳에서 보이는 가옥들은 '선전용 마을'이라고 불리는 위장용 집들이 대부분이거든요. 실제로는 사람이 살지 않는 빈집이거나 잘사는 것처럼 보이려고 위장한 집들이라는 거죠. 선전용 마을이 이 정도에 불과하니, 일반 주민들의 삶은 오죽할까 싶어요.

이곳에 서보면 분단의 현실이 생생하게 느껴져요. 육지에서는 위도 38도 부근을 기준으로 한 군사분계선이 있잖아요. 거기서 북쪽으로 2킬로미터 위는 북방한계선, 남쪽으로 2킬로미터 아래는 남방한계선으로 경계선이 뚜렷하게 설정되어 있는 데 반해, 바다에는 그런 경계선이 보이질 않죠. 물론 바다에도 북방한계선이 있어요. 하지만 육지의 북방한계선과는 다른 개념이지요. 한국전쟁 당시 북한은 중공군의 지원을 받았고, 남한은 유엔군의 지원을 받았습니다. 중공군 때문에 북진이 어려워진 유엔군은 서해안을 장악해 중국이 북한으로 물자를 보내는 걸 원천봉쇄하기 위한 작전을 펼치게 됩니다. 그 시작으로 교동도를 점령하고, 많은 피란민들이 거주하고 있던 백령도까지 진출했죠. 그 후 백령도를 거점으로 초도와 석도까지 장악하게 되고요.

초도와 석도는 지금은 북한의 영역이에요. 당시 이 초도와 석도가 중요했던 건 평양에서 가까운 섬이기 때문이었죠. 초도와 석도를 차지한 유엔군은 대동강 하구까지 올라갈 수 있었어요. 뒤늦게 서해안 수비의 중요성

강화

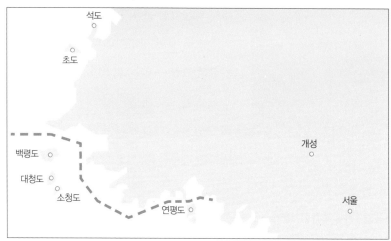

NLL

을 깨달은 북한은 더 많은 병력을 투입했고 유엔군도 병력을 증강해 첨예
하게 대치했죠. 그러다 1953년 휴전협정이 체결되고 군사분계선이 설정
됩니다. 그러면서 바다에서는 어디를 경계로 할 것인가가 문제가 됐어요.
유엔군 사령관 마크 클라크는 군사분계선을 서해안까지 연장한 가상의
선을 설정하고 이보다 북쪽에 위치한 병력을 철수시켰답니다. 이 가상의
선이 바로 바다의 북방한계선(NLL)이 된 거죠.

  하지만 백령도 부근에서는 북방한계선이 보다 북쪽으로 올라가 있어
요. 북한이 이의를 제기하지 않았느냐고요? 사실 북방한계선 자체가 애초
에 북한과 협의해 설정된 게 아니었어요. 마크 클라크 사령관이 임의로 설
정해 북한에 통보했고, 당시 북한은 이의를 제기하지 않았죠. 북한 입장에
서는 초도와 석도에 주둔하고 있던 군사가 철수한 것만으로도 이익이었
을 테니까요. 그 후 남북기본합의서에 '북방한계선에 대해 규정된 군사분
계선과 지금까지 쌍방이 관할하여온 구역으로 규정한다'는 사실을 명기

녹슨 철모

함으로써 근거가 마련되었죠.

생각 없이 바라보면 참 아름답고 평온한 바다이고, 북한 땅도 고요하고 평화로워 보일 뿐입니다. 여전히 휴전 상태라는 것이 믿기지 않을 정도예요. 녹슨 철모에 풀이 돋아나고 나비가 앉은 것처럼 상처로 뒤덮인 한반도에도 새로운 희망이 돋아날 날이 곧 올 거라 믿어요.

자연과 문화의 보고　　　이제 세계 5대 갯벌 중 하나인 강화갯벌을 보러 갈까요? 강화도는 한강, 임진강, 예성강, 이 세 강의 하구가 모두 모이는 지점이에요. 강화도의 심벌마크를 보면 세 줄의 물결무늬가 있는데, 바로 이 세 강을 의미하는 거죠. 이 강들로부터 유입된 토사가 많았던 데다, 섬이 낮은 지형과 조수간만의 차가 큰 서해안의 특성이 더해져 갯벌이 넓게 발달한 거예요.

강화갯벌에서만 맛볼 수 있는 먹거리로는 밴댕이가 유명해요. 강화의 밴댕이는 한강, 임진강, 예성강에서 흘러나온 퇴적물에 있는 영양분을 먹고 살죠. 토사의 퇴적량이 많았으니 밴댕이들도 맛난 걸 많이 먹고 살이 잘 오른 거예요. 특히 5월부터 7월 사이에 잡히는 밴댕이는 지방이 많아서 부드럽고 맛있답니다.

속이 좁은 사람을 일컬어 흔히 밴댕이 소갈머리라고 하죠. 밴댕이는 성질이 급해 물 밖으로 나오는 순간 몸을 파르르 떨며 죽어버려요. 그래서 성질 급하고 속이 좁은 사람을 일컫게 된 거죠. 밴댕이의

강화의 심벌마크
(출처: 강화군청)

119

밴댕이마을(위), 밴댕이 요리(아래)

이런 속성 때문에 잡히는 곳에서 거리가 멀어지면 회로 먹기 어려워요. 그러니 강화도가 밴댕이를 먹을 수 있는 곳으로 유명할 수밖에요.

밴댕이마을은 지금은 후포항으로 불리지만, 강화도 사람들은 아직도 옛날 이름인 선수포구로 부르곤 해요. 사실 이곳은 조선시대까지만 해도 밴댕이보다는 새우가 더 유명했다고 하더라고요. 물론 밴댕이도 유명했지만요. 이곳에서 나는 새우와 밴댕이는 둘 다 임금님께 올리던 진미였습니다. 그러다 한 20여 년 전부터 타지에서 이곳 포구로 일하러 온 인부

순무

유럽이 원산지인 순무는 중국을 통해 우리나라에 전파되었는데, 현재 우리나라에서는 강화도에서만 재배되고 있어요. 강화도의 많은 지역이 갯벌을 간척한 토양이라 플랑크톤과 같은 미생물이 풍부하고 영양분이 많거든요. 게다가 해풍으로 인한 서늘한 기후와 염분이 있는 토양 덕분에 맛있는 강화 순무를 재배할 수 있는 거죠. 실제 다른 지역에서 순무 재배를 시도해보았는데, 순무 특유의 쌉쌀한 맛과 보랏빛이 없어져 실패했다고 해요. 《동의보감》에 따르면 순무

는 오장을 이롭게 하고, 간 기능을 증진시키고, 숙취를 해소시키며, 눈을 맑게 하고, 비만을 해결하고, 환자의 영양 보충에 좋다고 해요. '밭의 화장품'이라고 불릴 정도로 피부에도 좋은 음식이랍니다.

들에게 밴댕이 요리를 대접했는데 반응이 좋았답니다. 강화도 밴댕이가 맛이 좋다는 소문이 나기 시작한 거예요.

밴댕이는 칼슘과 철분이 풍부하고 피부 미용에도 좋은 음식이에요. 회, 구이, 무침 등 다양한 방식으로 조리가 가능하고요. 강화도는 김치의 생김새도 좀 독특해요. 이곳에서는 순무가 가장 인기 있는 김장 재료거든요. 대부분의 강화도 식당에서는 순무에 밴댕이젓갈을 넣어 만든 순무김치를 먹을 수 있답니다. 이 순무김치와 밴댕이 요리를 같이 먹으면 더할 나위 없죠.

맛난 음식을 먹었으니, 강화나들길 7번 코스를 따라 갯벌센터로 가볼까요.

갯벌센터에 들어서면 새 조형물을 만날 수 있는데, 바로 저어새예요. 강화도를 상징하는 새이자, 세계적인 희귀종이죠. 이름이 참 독특하죠? 숟가락처럼 생긴 부리로 먹이를 먹는 모습 때문에 지어진 이름이랍니다.

이런 희귀종 조류가 어떻게 강화도 갯벌을 찾아오는 걸까요? 강화도의 갯벌은 시베리아나 알래스카와 같이 추운 지역에서 번식하는 철새가 일본이나 호주, 뉴질랜드 등으로 이동하는 중에 쉬어가는 장소예요. 강화도 남부의 갯벌만 해도 여의도 면적의 50배가 넘는 크기거든요. 이렇게 넓은 갯벌이 펼쳐진 덕분에 새들은 풍부한 먹이를 얻을 수 있는 거죠. 게다가 강화

저어새 조형물

도에는 민간인 통제구역이 많아 사람들의 출입이 적었기 때문에 새들의 서식지가 더 잘 보호될 수 있었어요.

갯벌의 가치는 이토록 무궁무진하답니다. 바닷물을 정화시켜주기도 하고, 다양한 해양생물이 살 수 있는 터전을 제공하고 철새들의 쉼터도 되

어주니까요.

갯벌센터는 갯벌을 조망하기 좋은 위치에 세워져서 망원경으로 갯벌을 내려다볼 수 있습니다. 물론 갯벌을 만나는 더 좋은 방법은 탐방로를 따라 내려가 직접 갯벌을 밟아보는 거겠죠. 갯벌이 얼마나 넓은지 끝이 안보일 거예요. 저어새뿐만 아니라 다양한 생물들을 만날 수도 있고요.

우리나라 갯벌은 간척된 데가 많아 이렇게 개발되지 않은 갯벌의 모습을 볼 수 있는 곳이 별로 없어요. 하지만 최근 갯벌의 중요성에 대한 인식이 높아졌기 때문에, 강화갯벌은 오래도록 지금의 모습으로 남아 있을 거라고 생각해요.

갯벌을 충분히 즐겼다면 동막해변의 일몰을 보러 가볼까요. 조금 서둘러야 할 거예요. 강화나들길은 하절기에는 오후 6시, 동절기에는 오후 5시까지만 이용하기를 권장하고 있거든요. 일몰 후에는 아예 다닐 수 없는 길도 있고요.

강화도의 많은 해변들 중에서도 동막해변은 강력 추천하는 해변이에요. 물이 빠지면 4킬로미터까지 이어지는 갯벌과 모래사장이 있고, 그 모래사장 뒤로는 울창한 소나무숲이 우거져 있거든요. 갯벌에는 갯골이라 부르는 골짜기가 있어서 이 골짜기를 따라 바닷물이 올라오고(밀물) 빠져나가죠(썰물). 동막해변에서는 밀물 때는 해수욕을 즐길 수 있고 썰물 때는 고둥이나 게와 같은 다양한 생물을 만날 수 있어요. 하지만 잡는 건 안 돼요. 잡는 걸 허락하기 시작하면 어느새 갯벌은 어떤 생명도 존재하지 않는 황폐한 곳으로 바뀔 테니까요.

일몰은 놀랍도록 아름다워요. 서울의 가장 동쪽이라는 정동진에서 뜬 해가 이곳 정서진 강화도에서 지는 게 신기하죠. 장화리 낙조마을의 낙조도 멋

1. 강화갯벌센터
2~4. 동막해변
5. 동막해변 일몰
6. 마니산 일출

마니산 참성단(위)
참성단 중수비(중간)
개천대축제(아래)

지지만, 동막해변의 일몰도 정말 장관이랍니다. 일몰을 보았다면 일출도 볼 수 있을까요?

강화도에서 일출을 만나기 가장 좋은 곳은 마니산입니다. 마니산은 한라산과 백두산의 중간에 위치한 산이에요. 지도상에서도 중간이죠. 마니산은 머리산, 마리산, 마루산, 두악산이라고도 불려요. 모두 '머리'라는 뜻을 가지고 있죠. 강화도에서 가장 높은 머리였기 때문이에요.

머리치고는 그다지 높은 느낌이 들지 않는다고요? 네, 맞아요. 사실 마니산의 높이는 470미터 정도거든요. 하지만 섬 대부분이 간척한 평야로 이루어져 있고 땅이 낮고 평평한 강화도에서는 마니산이 가장 높은 위치가 되는 셈이죠.

새해 첫날에는 정동진 못지않게 정서진의 마니산도 엄청 붐벼요. 추위를 견디며 지켜볼 만한 가치가 충분한 일출을 만날 수 있거든요.

마니산에는 단군왕검이 하늘에 제사를 올렸다는 참성단이 있습니다. 《고려사》와 《세종실록지리지》에 그런 내용이 나오죠. 1717년 강화유수 최석항이 경사진 바위에 새긴 '참성단 중수비(重修碑)'에도 등장하고요. 참성단은 한반도에서 가장 오래된 단군 유적이자, 남한의 다른 지역에서는 찾아볼 수 없는 유적이랍니다. 기저부는 하늘을 상징하는 원형으로 둥글게 쌓고, 제사를 올리는 단은 땅을 상징하는 네모로 쌓았죠. 동양의 전통적인 세계관을 담은 거예요. 하늘은 둥글고 땅은 네모라는 '천원지방(天圓地方)'을 표현한 거죠. 이곳에서 매년 가을 개천대축제를 열고, 칠선녀를 재현해 전국체전의 성화를 채화하기도 해요.

'기 받는 계단'도 있어요. 실제로 마니산은 풍수지리학자들 사이에서 가장 기가 세기로 유명한 곳이랍니다. 마니산을 찾는 사람들 중에는 이곳의 기를 받으려고 정기적으로 들르는 사람도 있다더군요. 기를 받아가며 마니산에 오르면 강화도 땅이 다 내려다보여요. 전망대가 따로 필요 없죠.

강화도를 조망해보면, 섬마을인데도 논과 밭이 꽤 많다는 걸 알 수 있어요. 간척을 통해 만들어진 땅이 많고 계획적으로 조성된 경지들이 많거든요. 여기저기 농업용수를 확보하기 위해 만든 저수지들도 많죠. 그래서 섬지역인데도 불구하고 '강화섬쌀'이라는 특산물이 있

강화의 논과 밭

을 정도로 농사가 잘된대요. 강화 속노랑고구마도 유명하고요. 이렇게 재배된 작물들은 5일장에서 만날 수 있습니다.

장터로 가볼까요? 강화 5일장은 강화도에서 제일 큰 5일장이에요. 직접 키운 농산물을 가지고 나온 농부들, 산과 들에서 캔 나물과 꽃들을 들고 나온 할머니들, 직접 잡은 수산물을 가지고 온 어부들로 시장은 활력이 넘치죠. 강화도뿐 아니라 가까운 인천과 서울은 물론이고 전국에서도 장을 보러 온다고 해요. 순무도 있고, 순무김치와 인삼막걸리도 만날 수 있어요. 몇몇 종류는 정기시장이 아니라 상설시장에서 살 수도 있어요. 가령 인삼은 5일장 바로 옆에 자리한 강화인삼센터에서, 화문석은 강화풍물시장에서 살 수 있죠.

강화 5일장   강화인삼센터

   상권이 서로 겹치는 것 아니냐고요? 원래는 이 5일장이 강화군민들이 유일하게 물건을 사고팔며 장을 볼 수 있는 시장이었어요. 과거에는 지금처럼 교통이 발달되지 않았기 때문에 사람들이 물건을 사러 이동하는 거리가 짧았지만, 인구가 적고 사람들의 소득이 낮았기 때문에 상인들로서는 손해를 보지 않으려면 더 멀리까지 이동하며 물건을 팔아야만 했죠. 그래서 닷새를 주기로 다른 지역을 돌아다니며 물건을 파는 정기시장이 탄생한 거예요. 하지만 지금은 교통이 발달해서 사람들이 멀리까지 이동할 수 있게 됐고, 또 인구가 늘어나고 사람들의 소득도 높아져 상인들이 더 좁은 범위에서 물건을 팔아도 이익이 남게 되었죠. 그래서 대부분의 정기시장이 상설시장으로 바뀐 거랍니다.

   강화도에서도 이렇게 강화풍물시장이 생겨난 거예요. 하지만 군민들과 관광객들에게 강화군민들이 직접 생산한 특산품을 저렴하게 제공할 수 있도록 5일장도 계속 운영하고 있답니다. 5일장을 통해 도시와 농촌이 더 많은 교류를 할 수 있다는 장점도 있고요. 강화의 5일장 중에는 강화장(끝자리가 2와 7로 끝나는 날)이 가장

강화풍물시장

강화 지석묘

크긴 하지만, 길상장(4와 9로 끝나는 날)과 화도장(1과 6으로 끝나는 날) 같은 다른 5일장도 있답니다.

강화도를 둘러보면 박물관이 많습니다. 화문석문화관, 전쟁박물관, 역사박물관, 농경문화관 등등. 하지만 이런 박물관만이 아니더라도 강화도는 정말 그 자체가 '지붕 없는 박물관'이에요. 5일장은 상업박물관, 풍물시장은 특산물박물관이나 마찬가지이고, 유네스코 문화유산으로 지정된 고인돌은 청동기시대의 박물관이고 단군이 제사를 지내던 참성단이 있는 마니산은 고조선시대의 박물관, 또 고려궁지와 수많은 돈대들을 비롯한 고려시대와 조선시대 유적들도 그대로가 역사박물관이자 전쟁박물관이죠. 강화 해안을 두르고 있는 갯벌들은 말할 것도 없는 자연사박물관이고요. 강화도는 정말 볼거리, 먹거리, 배울 거리가 풍부한 멋진 곳이랍니다.

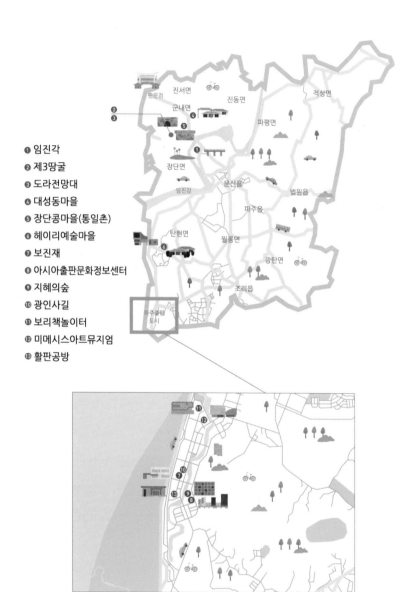

❶ 임진각
❷ 제3땅굴
❸ 도라전망대
❹ 대성동마을
❺ 장단콩마을(통일촌)
❻ 헤이리예술마을
❼ 보진재
❽ 아시아출판문화정보센터
❾ 지혜의숲
❿ 광인사길
⓫ 보리책놀이터
⓬ 미메시스아트뮤지엄
⓭ 활판공방

평화와 예술이 공존하는 문화도시 파주

혹시 'DMZ 평화콘서트'에 가본 적 있나요? 파주시와 MBC의 후원으로 개최되는 콘서트인데, 클래식과 K-POP 장르의 최정상 아티스트들이 참여한답니다. 콘서트 명칭에 'DMZ'와 '평화'라는 단어가 들어가는 것만 봐도 의미가 가볍지 않다는 걸 알 수 있겠죠? 평화콘서트는 한반도와 세계의 평화를 기원하고 비무장지대(DMZ)를 널리 알릴 목적으로 2011년부터 광복절 즈음하여 개최하고 있습니다. 콘서트가 열리는 곳이 분단의 장소인 임진각이라는 것도 의미심장하죠. 임진각이 분단의 상징에서 화합의 상징이 되는 셈이니까요. 이처럼 우리 국토의 최북단 중 한 곳인 파주는 평화와 공존을 도모하는 도시랍니다.

하지만 그뿐이 아니에요. 새로운 도시 경관을 모색하며 만들어진 테마 도시의 면모도 갖추고 있죠. 출판과 예술을 위해 조성된 공간들이 많은 방문객을 불러들이고 있어요. 자, 그럼 분단의 현장에서 평화를 노래하고,

출판도시와 예술인마을을 통해 문화의 도시로 나아가는 파주의 모습을 들여다볼까요?

분단의 상징에서 화합의 상징으로

예전에는 임진각이 단순한 3층 건물이었던 때도 있었어요. 하지만 이제는 현대적인 건물로 새 단장을 했죠. 임진각 전망대에 올라가보면 북한 땅이 훤히 보여요. 이곳에서 7킬로미터 떨어진 곳에 군사분계선이 있고 그 너머부터는 북한 땅이 되는 거죠. 자유의 다리 너머로는 따로 관광 신청을 해서 신분증을 확인해야만 입장이 가능하답니다. 그러니 여기 임진각까지가 민간인이 제약 없이 자유롭게 올 수 있는 최북단 지점인 셈이에요.

그래서 실향민들이 이곳 임진각에 와서 북한 땅을 바라보며 실향과 이산의 아픔을 달래는 거죠. 이곳에 있는 망배단에서 북쪽에 두고 온 가족과 친지들을 그리며 연초에는 연시제를, 추석에는 망향제를 올린다고 해요. 그런 사람들을 생각하면 임진각을 단순한 관광시설이라 생각하기는 어렵죠.

강 쪽을 향해 걷다 보면 곧 쓰러질 것 같은 느낌의 기차가 놓여 있어요. 바로 경의선을 달리던 기차예요. 한국전쟁 당시 군수물자를 운반하기 위해 개성역에서 평양역으로 향하던 기차인데, 중공군의 폭격을 받고 되돌아오다가 황해도 장단역에서 멈춰선 거라고 해요. 그걸 2009년 이리로 옮겨와 전시하고 있는 거죠.

기차를 살펴보면 총탄 자국이 보일 거예요. 무려 1,020개의 자국이 남아 있다고 하네요. 바퀴도 파손되

임진각

피폭 흔적이 남은 기차, 자유의 다리, 도라산역, 통일 기원 메시지(시계 방향으로)

어 있고요. 그날의 처참했던 현장을 실감할 수 있을 만큼 생생한 모양이죠. 그 아픈 역사를 증거물로 보존하기 위해 2004년 등록문화재 제78호로 지정되었어요.

그 앞에 자유의 다리가 보이죠? 1953년 한국전쟁 포로 12,773명이 자유를 찾아 걸어서 귀환했기 때문에 붙은 이름이에요. 그 다리가 막혀 있는 모습이 참 안타까워요. 실향민과 방문객들이 통일 기원 메시지를 가득 달아놓았죠. 이곳에 있으면 숙연해지지 않을 수 없답니다.

DMZ를 보려면, 관광안내소에 가서 'DMZ안보관광'을 신청하면 돼요. 북한 땅을 좀 더 가까이 볼 수 있죠. 표를 사서 셔틀버스를 타면 오케이. 가장 먼저 볼 수 있는 곳은 도라산역이에요. 서울과 신의주를 연결하는 경의선 역 중 남한에서 내릴 수 있는 마지막 역입니다. 2000년에 시작된 경의선 복원사업의 일환으로 남쪽 임진강역까지 4킬로미터 구간을 연

제3땅굴 관람 입구(위)
도라전망대에서 본 북한(중간)
비무장지대의 마을(아래)

결하는 공사가 2002년 2월 초에 완료되었어요. 역 이름은 인근의 도라산에서 따온 것이고요.

이런 문구가 적혀 있어요. "남쪽의 마지막 역이 아니라 북쪽으로 가는 첫 번째 역입니다." '타는 곳'에는 평양 방면이라고 쓰여 있고요. 기차가 여기서 멈추지 않고 계속 달릴 수 있는 날이 어서 왔으면 좋겠어요.

이어 제3땅굴을 만나게 됩니다. 1978년에 발견된 땅굴이에요. 폭과 높이는 각각 2미터, 총길이는 1,635미터라고 해요. 분단의 생생한 현실을 보여주는 장소 중 하나죠. 모노레일을 타고 갈 수도 있고 걸어서 다녀오는 코스도 있습니다. 걸어서 가면 진입로의 경사가 꽤 급한 편이에요. 올라갈 때는 좀 힘들죠. 진입로를 올라가면 거기서부터 북한이 파놓은 땅굴이 시작됩니다.

도라전망대에 가면 북한 땅을 눈앞에서 볼 수 있습니다. 마을도 보이고 농토도 보이죠. 개성공단도 보이고요. 그런데 가만히 보면 태극기가 나부끼는 곳도 있고 북한 쪽 방향으로 인공기가 펄럭이는 곳도 있어요. 비무장지대에 있는 남한 측 대성동마을과 북한 측 기정동마을이랍니다.

대성동마을은 남한에서 유일하게 비무장지대 내에 있는 특수 마을이에요. 1953년 정전협정을 체결할 때, '남북 비무장지대에 각각 한 곳씩 마을을 둔다'는 규정에 따라 북한에는 기정동마을이, 남한에는 대성동마을이 남게 된 거죠. 휴전 당시 마을(행정구역상 파주시 군내면 조산리)에 주소지를 둔 사람의 직계만 거주할 수 있었어요. 며느리는 주민이 될 수 있지만, 결혼한 딸은 떠나야 했고요. 이 마을은 '자유의 마을'이라 불리는데 세금도 내지 않고 남자들은 군대를 가지 않습니다. 거주권 심사가 까다로워 60년 전이나 지금이나 주민 수에는 큰 변화가 없다고 해요.

이곳엔 외국인 관광객도 꽤 많이 찾고 있어요. 그들이 보기엔 세계 유일의 민족 분단 현장이니 신기할 법도 하겠죠. 관광객들도 그 역사적 의미를 이해하고 보면 뭉클한 곳인데, 실향민들은 어떤 마음일까요? 하루빨리 통일이 되어 국토가 하나 되면 좋겠어요. 더 많은 사람들이 그런 소망을 품게끔 이런 장소를 관광지로 조성한 것이겠죠.

도라전망대는 1986년 국방부가 사업비 약 3억 원을 들여 설치한 통일안보관광지이기도 해요. 이곳을 방문하는 사람들에게 바로 눈앞에 놓여 있으나 갈 수 없는 북한 땅을 하루속히 밟아보고 싶다는 마음을 심어주었죠. 실제로 전망대에서 북한 땅을 바라보다 보면 통일에 대해 좀 더 진지한 자세를 가지게 됩니다.

이제 통일촌을 들러보기로 해요. 일명 장단콩마을이라고도 불려요. 장단콩은 파주에서 재배하는 유명한 콩입니다. 파주시 장단 지역에서 생산되던 콩이 품질이 좋아 예로부터 명성이 높았대요. 그 명성을 되찾고자 통일촌 입주와 더불어 100만 제곱미터의 재배 면적을 확보해 콩 농사를 짓도록 했죠.

통일촌은 1970년대 초 민통선 북방지역

장단콩마을

개발의 일환으로 조성된 마을이에요. 지금은 125가구 466명이 거주하고 있는데 콩 농사를 짓고 전통장류 가공시설을 운영하며 살아가고 있어요. 1년에 장단콩 수확량이 70킬로그램 단위로 1천5백 가마나 된다고 하네요. 마을 입구에 농산물직판장도 있어요.

아쉽게도 마을 안으로의 입장은 불가능해요. 다만 마을에서 계절에 맞춰 체험 프로그램을 진행하는데 그때 미리 신청하면 마을 체험이 가능하죠. 봄에는 장담그기축제, 여름에는 농촌체험축제, 매년 11월 넷째 주 금~일(3일간)은 임진각 광장에서 파주장단콩축제를 개최해요. 메주도 만들고 콩 타작도 하고 문화예술공연도 관람할 수 있죠.

민통선 지역에 통일촌 같은 마을이 많이 조성된다면, 그 자체로 분단 상황이 완화되는 느낌도 줄 수 있고 마을을 방문해 비무장지대의 청정자연을 감상할 수도 있겠죠. 통일 후 이 지역의 미래를 생각해볼 수도 있겠고요. 존재 자체로 충분한 의미가 될 거예요.

경기평화센터

이제 DMZ안보관광을 마쳤습니다. 하지만 임진각에는 아직 볼거리가 남아 있어요. 건물 모양이 피라미드 형태로 생긴 경기평화센터도 그중 하나죠. 이곳은 국제사회에 평화의 메시지를 전하고 그 중요성을 알리는 교육의 장으로 활용되고 있어요. 다양한 전시와 교육 프로그램을 진행하고 있죠. 평화의 종도 있어요. 인류 평화와 민족 통일을 염원하는 900만 경기도민의 의지를 담아 만들었다고 해요. 21세기를 상징하기 위해 21톤의 무게로 만들었고요. 곳곳에서 '평화와 통일'이라는 화두가 반복되고 있죠.

〈통일 부르기〉

임진각 옆의 평화누리공원에는 커다란 조형물도 있습니다. 〈통일 부르기〉라는 작품이에요. 2007년 최평곤 작가가 대나무와 철근을 이용해 만들었죠. 넓은 초원에 우뚝 선 모습이 참 이색적이에요. 재료도 독특하고요. 통일을 향한 나지막하지만 강렬한 호소를 표현하고 있는 것 같지 않나요?

공원 다른 쪽에서는 바람개비가 수없이 돌아가고 있어요. 바람의 언덕이랍니다. 분단된 땅을 자유롭게 오가는 바람의 노래를 표현한 거죠. 바람은 남북을 자유롭게 오갈 수 있으니 실향민의 간절한 바람과 소망이 담긴 곳이라 할 수 있어요. 또 다른 쪽에는 통일기원돌무지도 있습니다.

바람의 언덕

평화와 통일이라는 주제로 이토록 멋진 공원이 조성되었으니 독특하기도 하고 흥미롭기도 하죠. 분단의 현장에서 통일을 생각하고, 갈등의 현장에서 평화를 생각해볼 기회를 제공하는 곳, 그곳이 바로 파주 임진각입니다.

새로운 도시 경관을 모색하다

파주에는 100년 된 인쇄소가 있다는 사실 알고 있나요? 1912년에 세워진 보진재라는 곳이에요. 원래는 서울 종로1가에 있었는데 지금은 파주로 이전해왔죠. 근대사박물관 같은 곳에서나 볼 수 있는 초등학생용 교과서를 여기서 인쇄했다고 해요. 이 역사적인 인쇄소가 위치한 곳이 바로 파

보진재

파주출판도시

주출판도시입니다.

파주출판도시는 파주시 문발동 일대에 조성된 출판 관련 업체들의 공간이에요. 열악한 출판문화사업을 개선하기 위해 출판인들이 협동조합인 '출판도시입주기업협의회'를 만들고 출판, 인쇄, 유통이 한 번에 이루어지는 출판도시를 기획한 거죠. 책을 기획하고 제작하는 출판사, 인쇄를 하는 인쇄소, 종이를 공급하는 지업사, 유통을 담당하는 물류유통업체가 모두 모여 있는 곳이 된 거예요.

이렇게 모여 있다 보니 가까운 곳에서 필요한 시설을 이용할 수 있어 편리하고 유통을 함께 하니 물류비용도 절약할 수 있죠. 이른바 집적이익을 창출한 거예요. 하지만 단순히 집적이익만 추구한 건 아니랍니다. 직접 가보면 알겠지만, 도시가 무척 예쁘고 쾌적해요. 건물들도 특이하고 나무도 많고 잘 가꿔져 있죠.

파주출판도시는 인터넷과 전자책의 등장으로 종이책의 입지가 위협을 받으며 쇠락해가던 국내 출판 관련 산업을 되살리려는

파주출판도시의 길과 건물들

취지에서 출판산업 관계자들이 기획한 공간입니다. 하지만 거기서 한 걸음 더 나아가 자연과 호흡하는 친환경적이고 아름다운 문화공간으로, 건축미가 뛰어난 예술적인 도시로 조성하기로 뜻을 모았죠.

서울대학교 환경대학원의 황기원 교수팀이 전체적인 도시 디자인을 설계하고 국내 저명 건축가들과 영국 건축가가 함께 출판도시 건축 지침을 작성하게 돼요. 그 지침에 따라 도시를 섹터로 나눠 치밀한 계획을 세운 후 세부 환경이 조성되도록 한 거죠. 많은 공을 들여 조성한 공간인 셈입니다.

파주출판도시의 중심지라 할 수 있는 아시아출판문화정보센터도 있고, 게스트하우스도 있어요. '지혜의 숲'이라는 도서관 겸 북카페도 있는데, 이곳은 영화에나 나올 법한 멋진 도서관이랍니다. 천장까지 서가가 꽉 들어차 있는 모습이 정말 매력적이죠. 기증받은 도서들도 굉장히 많고요. 자유롭게 책을 읽을 수 있는 공간도 있습니다. 차를 마시며 가족끼리 독서하는 모습도 심심찮게 볼 수 있어요. 이런 공간이 무료로 제공되니 복지시설이 따로 없는 셈이죠.

출판도시 안내도(위)
지혜의 숲(아래)

광인사길을 걸어볼까요? 절 이름으로 많이들 오해하는데, 1884년에 세워진 우리나라 최초의 근대적 출판사였던 광인사를 기념하여 붙인 이름이랍니다. 이 길에 열화당, 한길사, 살림, 국민서관 등 40여 개의 출판사들이 들어서 있습니다. 국내 최대 서점인 교보문고의 본사도 이 길에 있죠.

최근에는 출판사들도 단순히 책을 제작하는 것을 넘어 독자들을 위한

보리 책놀이터(위)
미메시스 아트뮤지엄(아래)

문화휴식공간을 조성하고 있답니다. 도서관이나 북카페, 책방, 어린이 책놀이터, 체험공간 등을 건물 1층이나 지하에 만들어 독자들이 이용할 수 있도록 하고 있죠. 특히 보리출판사에서 만든 '보리 책놀이터'나 열린책들에서 만든 '미메시스 아트뮤지엄'은 방문객들에게 인기가 많은 편입니다.

출판도시를 거닐다 보면, 글자들이 인쇄되는 모습을 표현한 독특한 조형물을 볼 수 있을 거예요. 조형물이 세워진 이곳이 바로 활판공방입니다. 무척 의미 있는 곳이죠. 디지털 인쇄방식에 밀려 사라져가는 활판 인쇄 기술을 보존하기 위해 박한수 대표 개인의 노력으로 만들어진 인쇄소랍니다. 박 대표가 10여 년간 전국을 뒤져 활판 인쇄기를 사 모으고 현역에서 물러난 사람들을 데려와 옛 방식대로 책을 찍어내고 있어요. 옛것을 보존하려는 노력과 소명감을 엿볼 수 있는 곳이죠. 좋은 시들을 모아 책으로 엮어 팔고 있고요. 활판 인쇄 기술을 알리기 위해 여러 가지 체험 프로그램도 진행 중이고, 활자를 판매하기도 하죠. 자기 이름 활자를 사가는 사람들도 많다고 해요.

활판공방

보진재

보진재는 1912년 8월 15일 서울 종로1가에서 처음 인쇄를 시작한 우리나라 최고(最古)의 인쇄소입니다. 100여 년을 회사 명칭을 유지한 채 영업해왔죠. 창업주 김진환 씨의 증손자인 김정선 씨가 4대째 가업을 이어가고 있다고 해요. 파주출판도시 입주 1호 기업이라네요. 보진재는 1930년대 크리스마스 실을 국내에서 최초로 찍어냈고 1950~60년대 철수와 영희, 바둑이가 등장했던 초등학교 교과서를 인쇄하기도 했어요. 특히 얇은 종이에 인쇄하는 성경 인쇄에는 독보적인 기술을 가지고 있어 한때는 전 세계 성경의 30퍼센트를 인쇄하기도 했었다는군요.

매년 10월에는 '파주북소리축제'가, 5월에는 '파주어린이책잔치'가 열리니, 꼭 기억해두었다 들러보면 좋을 거예요.

이제 헤이리예술마을을 가볼까 합니다. 문자 그대로 예술인들이 모여 사는 마을이죠. 딱 들어서면 보이는 건물들의 외관에서 예술마을에 왔다는 느낌이 팍 들어요. 영화 〈죠스〉의 주인공이 매달린 건물도 있고, 카페 하나하나도 예술적으로 디자인되어 있죠.

헤이리마을은 미술가, 음악가, 작가, 건축가 등 380여 명의 예술인들

헤이리마을의 세계광물보석박물관

Time & Blade박물관

전시장과 카페를 함께
운영하는 곳(위)
헤이리마을의 낮은 건물들(중간)
세자매하우스(아래)

이 회원으로 참여해 집과 작업실, 미술관, 박물관, 갤러리, 공연장 등 문화예술공간을 만들어가고 있어요. 특이한 박물관들도 많고요. 광물박물관, 장난감박물관, 시계와 칼을 전시하는 Time&Blade박물관 등등 말이죠. Time&Blade박물관에는 100년 이상 된 시계와 세계 여러 지역의 오래된 검을 전시하고 있답니다.

한국적인 박물관도 있어요. 한향림옹기박물관이나 장신구박물관 같은 곳이 대표적이죠. 기능전승자의 집이라는 표시가 달려 있기도 해요. 작은 미술관이나 갤러리들도 쉽게 만날 수 있죠. 맑은 마음으로 산책을 하다 어디서든 미술작품을 감상할 수 있는 낭만적인 공간이랍니다.

전시장과 카페를 함께 운영하는 곳도 많아요. 예술과 휴식의 만남을 지향한다, 그렇게 볼 수도 있겠죠. 카페 1층에는 미술품을, 2층에는 음반을 전시하는 곳도 있고, 지하에는 현대도자미술관이, 지상에는 카페가 있는 곳도 있어요.

무엇보다 헤이리마을은 건물 자체가 하나의 예술작품들이랍니다. 이곳의 건물들은 지상 3층 높이 이상으로 지어서는 안 되고 페인트를 사용해서도 안 된대요. 자연과 어울리게끔 건물을 설계하다 보니 건물 모양이나 자재도 다양해져서 각양각색의 건축물들이 개성 있게 들어선 거죠. 일반 주거용 건물들도 마찬가지예요. 가령 세자매하우스라는 주거 건물도 인상적인 외관을 선보이고 있어요.

길들은 또 어떻고요. 녹음과 어우러진 길들이 마음을 편안하게 해주고 마냥 걷고 싶게 만들죠. 종종 페스티벌도 열립니다. 5월에는 판 아트(PAN Art) 페스티벌도 열렸어요. 다채로운 공연도 하고 아트 1일장도 열리고 사진작가들의 전시회도 열리는 등 다양한 행사들이 진행되었죠.

헤이리라는 이름은 무슨 의미일까요? 외국어처럼 들리지만 사실 헤이리는 순우리말입니다. 파주 지역에서 전해져오는 전래 농요 〈헤이리 소리〉에서 따온 거래요. 이곳은 색다른 건물들과 예술적인 분위기를 따라 걷는 것만으로도 충분히 즐거운 곳이지만, 문화예술이 생성되고 전시되면서 거주도 함께 이루어지는 통합적인 개념의 공동체마을이라는 점에서도 큰 의미가 있어요. 예술인들이 함께 모여 뜻을 같이할 회원을 모집하고 토지를 공동으로 매입해 꿈을 현실로 만들어온 거죠. 그렇다 보니 관광객들이 꾸준히 방문하면서 입소문이 퍼졌고 2009년에는 국내에서 세 번째, 경기도에서는 최초로 문화지구로 지정되었답니다.

아쉬운 점이 아주 없는 건 아니에요. 길가에 주차된 차들이 많고 차가 자주 지나가서 걷기에 불편한 면도 있고, 카페나 레스토랑이 이색적이긴 하나 다소 비싼 경향이 있어요. 편의점이나 가게가 없어서 불편한 점도 있고요. 마을이 더 발전하기 위해 긍정적인 방향의 해법을 모색해야 하는 부분이겠죠.

파주라는 도시는 현대사의 비극을 품은 곳이지만 그걸 초월해 평화와 예술이 공존하는 문화도시로 성장해왔습니다. 알면 알수록 매력이 넘치는 도시인 셈이죠. 앞으로가 더욱 기대되는 도시이기도 하고요.

❶ 덕소역
❷ 팔당역
❸ 남양주역사박물관
❹ 봉안터널
❺ 능내리연꽃마을
❻ 능내역
❼ 실학박물관
❽ 다산유적지
❾ 다산생태공원
❿ 팔당호
⓫ 양수리환경생태공원
⓬ 양수역
⓭ 세미원
⓮ 두물머리

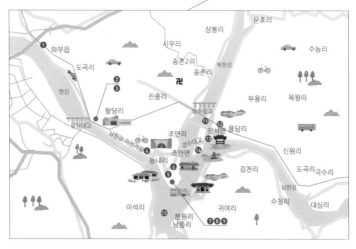

팔당에서 양수까지
자전거로 여행하는 남양주

　요즘 친환경적인 데다 건강에도 좋은 자전거 타기가 하나의 문화가 되고 있죠. 지하철역에도 '자전거 휴대 승차 안내' 현수막이 붙어 있는 곳이 더러 있잖아요. 주말뿐 아니라 평일에도 자전거를 활용하는 사람들이 많아졌다는 의미일 거예요. 특히 자전거 이용자들이 많은 경춘선, 중앙선, 경의선, 수인선 등은 365일 자전거를 가지고 지하철을 탈 수 있어요. 다만 평일 출퇴근 시간대는 혼잡할 우려가 있으니 피하도록 해놓았죠.

　운동과 여행을 동시에 즐길 수 있는 자전거 라이딩은 취미로도 손색이 없습니다. 초보자들에게도 큰 무리가 없는 코스를 추천하자면 팔당역에서 양수역까지 다녀오는 코스를 들 수 있을 거예요. 중앙선 열차를 타고 팔당역에서 만나 함께 라이딩을 하는 거죠. 이번 장에서는 자전거 행렬을 따라 팔당에서 양수까지 수도권 여행을 해볼까 해요. 따라올 준비됐나요? 출발 전에 안전수칙 읽어보고 안전장비 챙기는 건 절대 잊으면 안 돼요.

남한강 자전거길과 슬로시티 조안

자, 이제 팔당역 근처 남양주역사박물관에서부터 양수역 근처 세미원과 두물머리까지 한번 달려볼까요? 그 전에 중앙선의 팔당역에 내리는 대신 덕소역에 내려 30분 정도 한강 자전거길을 타고 팔당역으로 와봤어요. 실제로 타고 달려보면 이 길에 세심한 배려가 담겨 있다는 걸 알게 돼요. 오고 가는 자전거와 산책을 즐기는 보행자가 충돌하지 않도록 자전거 차로와 보행로가 잘 구분되어 있고요, 그걸 지킬 수 있게끔 안내하는 플래카드가 곳곳에 눈에 띄죠. 생활 속 문화로 정착해야 하니까요.

곳곳에서 안전에 대한 표지판을 만날 수 있어요. 집중호우 시 한강 물이 불어나면 위험할 수 있잖아요. 집중호우 때뿐 아니라 강설, 강풍 등의 기상 악화 시에도 통행이 금지된다는 걸 표지판을 통해 확인할 수 있어요. 도로 폭이 좁아지는 것도 미리미리 알려주고요.

한강 자전거길의 이모저모

우선은 안전하게 자전거를 타는 게 가장 중요하겠지만, 혹 사고가 발생하면 도움을 청하기 위해 사고지점이 어딘지 알아야겠죠. 곳곳에 현 위치가 어디쯤인지 경위도를 표시해둔 작은 안내판들이 있습니다. 또 군데군데 있는 휴게소 근처에 노란 119 구급함도 비치되어 있고요. 스마트폰을 가지고 있다면 GPS 앱을 활용하는 방법도 있겠죠.

무엇보다 한강을 따라 달리다 보면 최대한 자연을 느낄 수 있도록 길이 조성되어 있다는 걸 깨닫게 돼요. 길을 멀찍이 바라보면 나무 끝자락에

앉은 새들이 보이는데, 이게 사실은 가로등 조형물이에요. 남양주시를 대표하는 크낙새죠. 색감이 도드라지지 않게 만들어 자연과 어우러지게 한 거예요. 주변의 솟대나 허수아비도 자연과 어울리는 크기와 색을 지녔고요. 나무 아래 벤치들도 그 수가 과하지 않고 자연색을 띠고 있습니다. 표지판 하나하나도 나무판의 재질과 색을 살려 자연과 조화를 이루도록 세심하게 배려한 게 느껴져요. 어떤 표지판은 아예 투명하게 만들어서, 한강을 조망하고 자연을 느끼는 데 걸림돌이 되지 않도록 디자인하기도 했답니다.

행정적인 규제 또한 역할을 했겠지만, 무엇보다 '아름답고 살기 좋은' 공간을 만들고자 노력한 사람들이 있었기에 가능한 일이었을 거예요. 남양주시에서는 2007년 시청 공무원들 사이에서 자발적으로 도시 이미지 학습 동아리가 생겨났다고 해요. 그해 9월 도시계획과에 도시이미지팀이 꾸려져 왕성한 활동을 펼쳤고요. 덕분에 단기적인 전시행정을 위한 화려한 디자인이 아니라 수수하면서도 자연과 어우러지는 디자인을 자전거길 곳곳에서 만날 수 있게 된 거죠. 공간을 바라보는 사람들의 철학이 중요하다는 것을 새삼 느끼게 됩니다.

덕분에 사람들은 이 길에서 많은 것을 누릴 수 있게 되었어요. 자전거뿐 아니라 패러글라이딩 같은 생활체육도 즐기고, 강변을 따라 걸으며 대화를 나누거나 사색에 잠기기도 하죠.

한강 자전거길의 풍경들

다산길(위)
폐철교로 만든 자전거길(아래)

저녁에도 도심 속 화려한 조명 대신 은은한 자연의 빛을 느낄 수 있어요. 어떤 화려한 장식보다도 한강, 그 자체의 아름다움이 빛나는 곳이랍니다.

남한강 자전거길에는 눈여겨보면 보이는 디자인 요소들이 많아요. 팔당댐 근처 옹벽에 새겨진 수많은 연인들의 사랑 고백 낙서들은 그 자체로 자연스럽고 정감 어린 디자인이죠. 과거 열차가 달리던 철로 위를 아스팔트로 덮어 자전거길을 만들었는데, 일부 구간은 철로를 남겨두거나 펜스 바깥쪽으로 옛 구조물을 그대로 둔 점이 인상적이기도 해요. 달리는 자전거 옆으로 안전한 철제 펜스가 이어지다가 어느 순간 성곽 모양의 펜스로 자연스럽게 바뀌어요. 이곳이 다산 정약용의 역사를 간직한 다산길이라는 걸 기억할 수 있게끔 말이죠. 한강이 흐르는 자연 경관을 해치지 않으면서도 감초 같은 재미를 주게끔 디자인된 거죠.

팔당역 바로 옆에는 남양주역사박물관이 있습니다. 과거 이 자리는 덕소초등학교 팔당분교 자리였는데, 폐교가 되고 그 자리에 역사박물관이 들어섰어요. 1층 역사문화관은 '남양주에 들어서면'이라는 코너로 시작해요. 푸른색 지도 위에 남양주시가 보유한 문화유적들이 표시되어 있어요. 대표적인 곳 중 하나가 다산유적지죠. 조금 있다 둘러볼 거예요.

남양주는 한강으로 이어지는 한양의 동쪽 관문이어서 예로부터 왕실에서 중요하게 여긴 지역이었어요. 광릉과 홍유릉 등 조선 왕릉 다수가 분포해 왕실의 장례문화를 엿볼 수 있답니다. 이 박물관에는 우리나라 유일의 금석문 전용 전시실이 있어요. 철이나 청동, 돌 등에 새긴 금석문을 통해 당시 사람들의 생활모습이나 생각을 알 수 있는 거죠. 다양한 체험학습도 가능해, 직접 탁본의 원리를 이해하고 사진을 찍으며 문화유산을 몸소 느낄 수 있어요. 게다가 시민들이 아무런 보상 없이 소중한 유물들을 기증했다고 하는데, 지역을 아끼는 시민들의 마음과 주인의식 덕분에 개인의 소장품이 모두의 보물이 된 셈이에요.

남양주역사박물관

계단 벽에는 '남양주의 기찻길' 사진들이 전시되어 있어요. 1939년부터 운영되던 자그마한 철도역사가 2000년대 중앙선 복선전철 개통으로 폐쇄되거나 철거되는 운명을 맞았다니 좀 안타까워요. 그 철도가 실어 나른 수많은 사람과 물자들이 있었을 테고, 그 길 위에 무수한 이야기가 담겨 있었을 테니 말이에요.

현재의 중앙선이 아니라 한강을 따라 나 있는 옛 기찻길을 따라가보기로 해요. 이 길을 따라 남한강 자전거길이 펼쳐져 있는데, 한강나루길, 두물머리길이라고도 부릅니다. 달리다 보면 쌍용양회 시멘트공장이 보이는데, 그래서 자전거길과 중앙선 철도가 나란히 달리는 구간에서는 가끔 시멘트를 실은 긴 화물열차를 목격할 수도 있죠.

자전거길 중에서도 다산 정약용의 실학정신이 깃든 다산길이 유명해요. 전망 좋은 포인트에 다산 쉼터를 만들어 여유 있게 경관을 즐길 수 있도록 해두었죠. 잠시 쉬면서 팔당댐 주변 경관을 볼 수 있어요.

시멘트 화물열차(위), 봉안터널(아래)

좀 더 가면 첫 번째 터널이 나옵니다. 이 터널은 길이 260미터에 달하는 봉안터널이에요. 터널 입구에 적힌 것처럼 바로 이곳이 '슬로시티 조안'이랍니다.

슬로시티 운동은 1999년 이탈리아의 작은 도시에서 시작되었어요. 시장이 마을사람들과 함께 슬로푸드를 먹고 느리게 살자고 제안하면서 치타슬로(Cittaslow, 슬로시티라는 의미)가 출범한 거죠. 빠르게 살아가는 현대인들에게 느림의 미학을 느끼게 하고, 농촌과 도시, 로컬과 글로벌, 아날로그와 디지털 간의 조화로운 삶을 추구하는 운동이랍니다. 슬로시티 운동은 2015년 현재 27개국 174개 도시로 확산되었고, 우리나라에도 10곳이 있습니다.

그중 하나가 이곳 남양주시 조안면이죠. '조안'이란 지명은 '새가 편안히 깃든다'는 의미예요. 그만큼 자연이 평온하고 아름다워서 수도권 최초의 슬로시티가 될 수 있었던 거죠. 특히 연꽃마을로 잘 알려진 조안면 능내1리는 슬로시티의 진면목을 잘 구현하고 있어요. 실학의 대가 정약용의 고향답게 실사구시의 정신으로 연꽃을 심어 일자리도 창출하고 주민소득도 올리고 있죠. 연잎으로 가득한 고요하고 푸른 마을, 그 자체로 차분함을 안겨준답니다.

능내역은 추억의 간이역이 되었습니다. 2008년 중앙선의 복선전철 노선인 운길산역이 신설되면서 폐역이 되었죠. 하지만 능내역사는 100여 미터의 폐선로와 함께 보존되었고 추억의 지역 명소가 되었어요. 능내역사 안팎을 장식한 옛날 사진들이 많은 사람들에게 옛 추억을 떠올리게 해주죠.

다산의 고향에 왔으니 다산길을 따라 실학박물관에도 가보죠. 실학박물관은 '다산 문화의 거리' 안쪽에 있어요. 해설사도 있으니 설명이 필요하면 도움을 받는 것도 좋아요. 2층 전시실에서는 우리나라 실학의 형성과 전개과정을 잘 보여줍니다. 제3전시실은 '천문과 지리'라서 지리 교사로서는 더 흥미로운 공간이죠.

연꽃마을과 카페(위)
능내역사의
옛날 사진들(아래)

조선 후기 실학의 영향으로 지리 분야에도 큰 발전이 있었어요. 특히 서양

다산 정약용 유적지

의 세계지도가 전해지고, 과학적인 지도 제작이 가능해지면서 김정호의 〈대동여지도〉처럼 훌륭한 지도들이 탄생하게 되거든요. 다산 정약용은 경세치용파, 이용후생파, 실사구시파의 세 사상을 모아 실학을 집대성한 대학자예요. 수원 화성 축조에 사용한 거중기를 만들었고 다양한 저술활동도 했던 그는 학자라기보다는 개혁가에 가까웠죠. 실학자들이 대부분 그랬어요. 백성들이 잘 먹고 잘살아야 한다는 생각으로 개인의 벼슬이나 학문의 욕심마저 버리고 제도와 가치의 개혁에 매진한 이들이었죠.

다산 정약용 유적지에 들어서면 오른쪽에 생가인 여유당이 있고, 뒤로 다산선생 묘, 왼쪽으로는 다산기념관과 동상이 자리하고 있어요. 이곳에 와보면 실학자들의 세상에 대한 관심과 애정, 비판의식과 열정이 대단했다는 걸 새삼 실감할 수 있습니다. 후세들이 실학자들의 정신을 기억한다는 것은 어떤 의미일까요? 늘 되물어야 할 질문입니다.

한강 수계의 생태학습장, 세미원과 두물머리

근처에 있는 다산생태공원도 빠뜨릴 수 없는 곳이죠. 한강 살리기 사업과 팔당 수질개선 사업으로 한강변에 생태공원을 만든 거예요. 자전거길을 달리다 보면 본류와 지류가 만나는 곳을 종종 볼 수 있거든요. 상수도관이 매설된 곳도 표시되어 있고, 한강 물을 취수하는 시설물들과 수도권 사람들에게 생활용수를 공급하는 팔당댐도 볼 수 있죠. 팔당댐 주변 한강 유역은 법적으로 보호받는 상수원 보호구역입니다.

그래서 한강변인 이곳도 환경오염을 최소화할 수 있는 생태공원으로 가꾸어놓은 거죠. 환경교육 체험장이자 멋진 휴식공간입니다. 하천의 가장자리는 여러 종류의 수생식물과 동물들이 군락을 이루고 살아가는 생태공간으로 수변구역이라고 해요. 강물이 수시로 범람해서 물에 잠기거나 하천에 영향을 주고받는 지역도 수변구역이라고 볼 수

다산생태공원(위)
수변구역(중간)
한강 스탬프 투어(아래)

있죠. 식물이 잘 자라고 있는 수변구역은 수질 보전, 홍수 조절, 지하수 보호, 야생동물의 서식지와 이동통로 역할 등 다양한 기능을 담당하고 있어요. 우리나라도 1990년부터 한강 상수원의 수질 개선을 위해 수변구역 보호에 적극 나서고 있답니다.

그런 노력 중 하나가 생태공원 조성인 셈이고요. 한강 주변에 자리한 생태명소들을 방문하고 스탬프를 찍는 '한강 스탬프 투어'도 진행하고 있어요. '물길 따라 배우고 한강생태 가꾸'는 프로그램인데 한번 도전해보는 것도 재미있고 의미 있는 일이 될 거예요.

자전거길을 따라 달리다 보면 북한강 철교에 다다르게 됩니다. 여기서부터 양평군이 돼요. 1939년 개통된 북한강 철교는 당시에도 근대적 미관을 자랑하는 호화판 철교로 유명했대요. 지금 봐도 정말 아름답죠.

북한강 철교의 멋들어진 풍경을 감상하며 달릴 수 있다는 건 정말 행운

북한강 철교(위)
양수리환경생태공원(아래)

입니다. 560미터에 이르는 긴 폐철교를 자전거길로 만들었는데, 천연 목재로 바닥을 깔아 운치가 있고 중간엔 투명 강화유리를 설치해 철교 아래를 내려다보며 흐르는 강물을 감상할 수도 있어요. 다리의 녹슨 철 구조물을 그대로 두어 한강과 더불어 세월의 흐름을 느낄 수 있다는 점도 매력적이죠.

북한강 철교에서 바라보는 양수대교와 팔당호의 경관도 일품이에요. 철교 자체의 아름다움도 있지만, 북한강과 남한강이 만나는 두물머리 근처에 있으니 사랑받지 않을 수

없는 다리가 된 거죠. 철교 끝부분에서 내려다보면 양수리환경생태공원이 보입니다.

이 공원 역시 다산생태공원과 함께 한강 수계의 주요 명소 중 하나랍니다. 원래 이곳은 지난 2000년 아파트 건설 예정지였대요. 하지만 팔당호 오염에 대한 우려가 제기되면서, 4개 건설사와 환경운동연합 등 2개의 시민단체, 그리고 환경부가 협의하여 기업에 적절한 보상을 해주는 전제로 팔당 상수원 내 고층아파트 건설 계획을 전면 중단하기로 합의했죠. 기업과 시민단체, 정부 간의 갈등을 모범적으로 풀어낸 사례예요.

한강유역환경청에서 발간한 책자를 보면 이곳에 아파트가 아닌 양수리환경생태공원이 조성되면서 하루 약 1,594톤의 생활하수 발생을 근본적으로 차단할 수 있게 되었다네요. 또 다양한 식물을 심고 자연형 배수로와 생태연못을 조성하면서 다양한 소생물권이 살아났고, 탐방객을 위한 생태교육의 장과 지역주민의 휴식공간으로서의 역할도 톡톡히 하고 있다 하고요.

양수역 근처의 세미원으로 가볼게요. 세미원에 갈 때는 입장 및 관람시간을 미리 확인하고 넉넉한 시간을 두고 입장하

세미원

는 게 좋아요. 세미원은 '물을 보면 마음을 씻고 꽃을 보면 마음을 아름답게 하라(觀水洗心 觀花美心)'는 뜻이에요. 곳곳에 빨래판 길이 보이는데, 물론 마음을 씻으라는 의미겠죠.

태극문양의 불이문을 통과해 들어가보면 세족대에서 발을 담그는 사람들도 보이고, '우리내'라고 이름 지어진 냇물에 가지런히 놓인 징검다리도 보여요. 곳곳이 아름답게 가꿔진 정원이랍니다. 장독대 분수도 보이고, 페리 기념연못도 인상적이죠. 무엇보다 곳곳에 흐드러지게 피어 있는 연잎과 연꽃이 너무 아름다워서, 정말 보고만 있어도 마음이 깨끗해지는 것 같아요. 다른 설명 없이도 자연환경이 왜 소중한 것인지 깨달을 수 있죠.

빨래판으로 조성된 세심로를 지나 배다리로 만들어진 열수주교를 건너면 두물머리로 이어집니다. 열수주교 앞에 붙어 있는 주의사항 안내문이 재미있습니다. "이곳 한강물은 2천만 우리 동포가 마시난 상수원이니 각별히 주의하시고 또 주의하시오. 그래서 이곳 한강물에 쓰레기 버리면 대역 죄인이 되오." 절대 버리면 안 되겠죠?

배다리는 정조 13년에 사도세자의 묘소를 수원으로 옮길 때 정약용이 제안해 노량진 부근에 놓았던 다리인데, 열수주교에 활용했어요. 이 배다리를 건너면 두물머리 탐방이 시작되는 셈이에요. 고즈넉한 탐방로를 따라 걷는 길이 무척 아름답죠. 연잎을 배경으로 사진을 찍어도 멋지고 담장 너머 팔당호를 바라보는 정취도 상당하고 말이에요.

두물머리는 북한강과 남한강 두 물이 합쳐지는 곳이라 나루터가 발달했던 장소랍니다. 한자어로는 양수리(兩水里)라고 하는데, 이곳에 팔당댐이 건설되고 일대가 그린벨트로 묶이면서 나루터 기능이 멈춰버렸죠. 옛 나루터를 그리워하듯 황포돛단배가 서 있습니다. 두물머리의 느티나무는

세 그루가 마치 한 그루처럼 자라는 걸로 유명해요. 수령이 400년이나 되었죠. 물안개가 피어오르는 아침이나 석양이 물드는 저녁의 두물머리는 그래서 더 아름다워요.

이곳은 4대강 사업으로 인해 유기농지를 빼앗기게 된 농민들이 유기농업을 지속하며 최후까지 저항했던 곳이기도 해요. 2011년 당시 두물머리에서는 930일 동안 생명평화 천주교 미사가 열렸고, 두물머리 11개 농가 중 4개 농가가 끝까지 남아 "30년 역사의 한국 유기농업 발상지에서 물러날 수 없다"며 이전을 거부하고 투쟁했었죠.

갈등은 3년이나 계속되었어요. 정부는 팔당 상수원 보호를 위해 모든 영농행위를 금지하겠다는 입장이었고 농민들은 유기농업은 팔당호 수질을 악화시키지 않는다고 맞섰죠. 그러다 2012년 극적으로 타결을 보았어요. '두물머리 생태학습장으로 조성한다'는 합의서에 양측이 서명한 거죠. 상생합의안인 셈이에요. 그렇게 유기농의 역사와 가치가 담긴 시민주도형 생태학습장이 조성되기로 결정된 거랍니다.

단순한 수변공원이 아니라 에코 퍼머컬처, 즉 유기농작물 재배 체험교육이 이루어지는 세계적인 체험학습장으로 만들자는 사회적 약속이었죠. 기존의 논밭과 습지를 그대로 두고 인위적인 개발은 최소화하기로 했고요.

남양주는 유기농업의 선두지역입니다. 세계유기농대회를 개최한 데

두물머리

이어, 식생활 문화를 중심으로 슬로라이프 국제대회도 열었어요. 청정농산물로 유명한 마을, 친환경 및 유기농산물을 판매하는 마을, 그런 마을의 이미지 자체가 지역 경쟁력이 되었죠.

연잎밥

대표적인 사례가 능내리 연꽃마을이에요. 능내리 연꽃마을에서는 다양한 연잎 음식을 개발해 마을기업이 판매하면서 지역 이미지도 개선하고 일자리도 창출하고 수익도 올리고 있어요. 연잎밥은 물론 연잎차, 건조 연근 등 다양한 상품을 개발하고 있답니다. 연잎이 지역을 상징하게 되니 연꽃박물관도 생기고, 더 넓은 권역에서 다양한 상품들을 만들어가고 있어요. 지역 발전의 한 모델이 될 수 있을 거예요.

백로가 찾아오는 두물머리. 가치를 따로 매길 수 없는 아름다운 자연을 지켜나가는 사람들에게 고마운 마음이 절로 깃드는 곳이랍니다.

3부

부

강원도

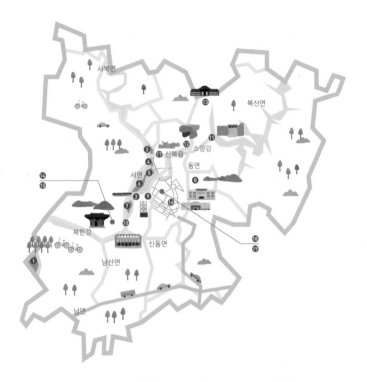

① 남이섬   ⑧ 구봉산   ⑮ 흥국사

② 의암호   ⑨ 공지천공원   ⑯ 국립춘천박물관

③ 위도   ⑩ 의암댐   ⑰ 강원도립화목원

④ 고구마섬   ⑪ 소양강댐   ⑱ 강원도청

⑤ 상중도   ⑫ 천전리지석묘군   ⑲ 봉의산

⑥ 하중도   ⑬ 청평사

⑦ 붕어섬   ⑭ 삼악산

8

수도권이 되어버린 호반의 도시 춘천

강원도라고 하면 상당히 먼 거리로 느껴지던 시절도 있었는데, 근래 들어서는 거리감이 상당히 줄었죠? 특히 단골 여행지 중 하나인 춘천까지는 열차로 50분대에 주파 가능해졌어요. 이 정도면 수도권이라 해도 과언이 아닐 거예요.

이렇게 시간이 단축된 것은 ITX-청춘열차 덕분이에요. 경춘선이 일반 기차 선로였을 때는 청량리역이나 성북역에 가야만 기차를 타고 춘천으로 갈 수 있었죠. 하지만 이제는 경춘선이 수도권 전철과 연결되어 어디에서 타든 국철과 7호선이 만나는 상봉역에서 환승만 하면 돼요. 그럴 경우 상봉역에서 일반 전철로 출발해 모든 역을 정차하는 느긋한 완행 여행이 되는 셈이고, 조금 서둘러 닿고 싶다면 용산역에서 출발해 몇 곳만 정차하며 춘천으로 가는 ITX 열차를 타면 되죠.

ITX-청춘의 정확한 의미는 'Intercity Train eXpress-청춘(靑春)'이에

요. 청량리와 춘천을 연결하는 도시 간 급행열차죠. KTX와 새마을호 사이의 중간급 열차라고 생각하면 돼요. '청춘'의 '청'은 청량리, '춘'은 춘천을 의미하기도 하지만, 경춘선을 타고 가면서 만나는 대성리, 청평, 가평, 강촌 등의 젊음과 낭만을 상징한다고 보아도 무방할 거예요.

자, 그럼 지금부터 낭만을 가슴에 품은 채 ITX-청춘열차를 타고 춘천으로 가볼까요?

하천과 호수가 만들어낸 자연

관광지로 많이 찾는 남이섬은 알고 있죠? 보통 가평역에서 내려 찾아가는 곳이죠. 사실 남이섬이 행정구역상으로는 춘천시예요. 행정구역은 춘천시인데 접근성은 가평이 더 좋은 까닭이랍니다.

원래 남이섬은 섬이 아니었어요. 과거 청평댐이 건설되면서 청평호수의 수면이 상승해 홍수 때나 잠기던 강변 언덕이 섬으로 바뀌어버린 거죠. 보통 강 가운데 있는 하중도는 가까운 쪽의 관할입니다. 지도를 보면 남이섬이 반달처럼 생겼어요. 춘천시 쪽으로는 직선이고 가평군 쪽으로는 곡선 거리라는 걸 알 수 있죠. 하천이 곡류하면 원심력 때문에 곡류하는 바깥쪽이 깊어져요. 통상 하천의 가장 깊은 곳으로 경계를 짓기 때문에 과거 남이섬은 춘천 쪽에 붙어 있던 땅인 셈이에요. 거리상으로도 춘천이 조금 더 가깝고요.

남이섬은 '나미나라'라는 독립국을 표방합니다. 만국기가 걸려 있고 여권과 비자도 있고 입국심사도 있어요. 재미있죠? 그저 평범한 들판이던 섬을 개인이 사들여 유원지로

남이섬

남이섬

개발했고 가족여행지로 사랑받아왔는데 IMF 때 큰 시련을 겪었어요. 그 무렵 획기적인 변화를 거치면서 지금처럼 스토리가 가득한 공간으로 변모하게 된 거예요.

친환경 공원, 어린이 친화 공원, 장애인이 이용하기 편리한 공원이라는 수상 경력도 있고, 멋진 풍경 못지않게 다양한 사회공헌 사업도 펼치는 곳이죠. 국제회의와 학술대회를 개최하고, 세계 각국 예술가들의 작품을 전시해 국제적인 인기도 상당하다고 해요.

남이섬 안에는 남이장군 묘도 있습니다. 사실은 전설에 따라 조성된 상징적인 허묘예요. 진짜 남이장군 묘는 경기도 화성시에 있답니다. 메타세쿼이아, 잣나무, 은행나무 등 친숙한 나무들로 꾸며놓은 산책길은 최고의 힐링 장소 중 하나예요. 걷기만 해도 마음이 평온해지죠. 무엇보다 일반 자동차가 없으니 도시민의 휴식처로는 더할 나위가 없어요. 대신 자전거, 전기자동차, 보트, 로프웨이 등 친환경 탈 거리들이 통행의 불편을 해소해주죠. 다양한 체험거리와 전시 등의 볼거리는 말할 것도 없고요. 곳곳에 정성 들인 예술품들이 가득해 예술의 향기 또한 물씬 풍겨요. 맛있는 음식도 있고, 멋진 숙소도 있어서 훌륭한 여가공간으로 기능하고 있답니다.

상징적 허묘인 남이장군묘

춘천은 의암호를 낀 호반의 도시예요. 시원한

남이섬

호수를 끼고 있으니 얼마나 멋진지 몰라요. 이 의암호에는 상류로부터 위도, 고구마섬, 상중도, 하중도, 붕어섬까지 여러 섬이 있어요. 이 섬들을 기준으로 북서쪽이 북한강, 북동쪽이 소양강이랍니다.

이 섬들도 남이섬처럼 원래는 섬이 아니었죠. 북한강과 소양강이 만나면서 유속이 느려지니 가지고 온 토사를 쌓아서 하천유역에 평지를 만들었는데, 이후 의암댐 건설로 만들어진 인공호수 의암호의 수위가 상승하면서 자연스럽게 섬으로 변한 곳이죠. 여의도보다 더 넓은 면적의 섬이 있을 정도로 춘천은 산골짜기 속의 평야라 할 수 있습니다.

의암호의 섬들 중 중심 섬이 중도입니다. 중도는 상중도와 하중도로 나뉘어요. 상중도는 아직도 밭농사와 과수원으로 옛 모습을 간직하고 있어요. 하중도는 캠핑장과 강변가요제 등으로 인기 높은 유원지를 운영해왔는데, 지방자치제 시행 후 민선 도지사가 들어오고부터는 경제적·정치적 치적까지 고려해 하중도에 대규모 개발 프로젝트가 유치되었죠. 바로 레고랜드라는 대규모 테마파크 조성이에요.

그런데 그 부지에서 대규모 유적이 발견된 거예요. 청동기시대 공동묘지를 비롯해 마을 유적 등 선사시대 유적이 발견되었죠. 고인돌 100기 이상, 집터 900기 등 발굴된 유물만 수천 종이래요. 고조선에서 사용된 것으로 추정되는 비파형동검과 청동도끼, 고구려 왕족이 착용한 순금귀고리까

162

지 나왔으니 학계에선 완전 흥분할 만한 일이었죠.

쉽게 예상되듯이 유적지를 보존해야 한다는 쪽과 예정대로 개발해야 한다는 쪽이 첨예하게 대치하며 갈등이 일었어요. 일단은 레고랜드 조성 작업이 거대 프로젝트라서 유적을 대체지로 이전하기로 하고 계속 진행된다고 하는데, 여전히 명확한 결론에는 도달하지 못한 것 같아요. 향후 어떤 식으로 진행될지는 계속 지켜봐야겠죠.

이제 구봉산 전망대를 한번 올라볼까요? 이름이 구봉산 전망대라서 지자체가 조성해놓은 전망대만 달랑 있을 거라 생각했다면, 천만의 말씀이

중도(위)
청동기시대 유적지(아래)

에요. 사실은 이름난 카페촌이랍니다. 강릉 안목해변, 양주 장흥 카페촌과 더불어 카페 거리로 유명한 명소예요. 전국적으로 유명한 카페들이 쭉 늘어서 있어서 골라 가는 재미가 있죠.

여기서 보면 춘천의 침식분지도 한눈에 들어와요. 빙 둘러싼 산 가운데 솥단지같이 파인 분지가 놓여 있지요. 간단하게 설명하자면 강한 암석과 약한 암석이 있는데, 하천이 흐르면서 약한 암석은 쉽게 깎여서 제거되고, 강한 암석은 하천이 침식을 쉽게 하지 못해 상대적으로 높은 산으로 남은 거죠. 차별

차별침식

평지와 주변 산지의 기반암 분포 차이로 인해 생기는 분지를 말해요. 보통 가운데 평지는 침식에 약한 화강암이, 주변 산지는 풍화에 강한 편마암이 분포하죠.

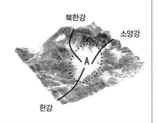

북한강
소양강
A
한강

침식이라고도 합니다.

시가지의 절개지

춘천은 북한강 본류와 비슷한 크기의 소양강이 만나는 합류점이에요. 거기에 공지천이라는 작은 하천까지 합류하니 총 세 하천이 모이는 곳이죠. 이렇게 하천이 합류하는 곳에 침식분지가 형성되는 거예요. 시가지가 형성된 곳도 약한 암석이 자리한 곳이죠. 분지 내에도 군데군데 구릉이 남아 있고, 춘천의 진산인 봉의산도 주변 산들에 비하면 해발고도가 거의 평지 수준이에요.

시가지로 한번 들어가볼까요? 마침 건물을 짓느라고 만들어진 절개지를 한번 보세요. 우리나라에 많이 분포하는 화강암이 풍화된 거예요. 화강암을 구성하고 있는 장석이라는 광물질이 물과 반응해서 녹기 때문에 나머지 석영이 떨어져 모래가 돼요. 이런 모래가 한강으로 흘러들었어요. 그래서 한강은 원래 모래가 많은 하천이었죠. 그 많은 모래가 다 어디 갔느냐고요? 아파트 짓는 데 다 써버렸지 뭐예요.

이곳은 공지천공원입니다. 여기저기 '이디오피아'라는 단어가 많이 눈에 띄네요. 이디오피아 거리, 이디오피아 카페 등등. 한국전쟁 당시 에티오피아가 참전을 했는데, 이곳 춘천 근방에서 전투를 치렀대요. 그래서 이곳에 이토록 다양한 에티오피아 기념물들이 있는 거랍니다.

공지천공원

공지천에 오면 중도에서 보는 것과 또 다른 모습으로 춘천이 호반의 도시라는 걸 실감할 수 있어요. 호반에는 공연시설과 조각

이디오피아, 에티오피아

한글맞춤법에 따르면 에티오피아가 정확한 표기예요. 하지만 개정되기 전에는 이디오피아였죠. 춘천시에서는 개정 전에 정해진 고유 명칭을 그대로 살려 이디오피아로 쓰고 있답니다. ✿

공원들이 있고, 호수에는 각종 탈것과 걷기길이 조성되어 있어요. 춘천 걷기길 이름이 물레길입니다. 대부분의 걷기길이 육지에서 바다나 호수, 산을 바라보는 것이라면 물레길은 카누를 타고 물길을 둘러보는 걷기 아닌 걷기길이랍니다. 카누를 타고 다니며 자연을 느낀다는 의미의 에코 투어를 화두로 삼은 거죠. 공지천 유원지를 중심으로 의암댐을 둘러보는 코스, 붕어섬을 돌아오는 코스, 중도를 둘러보는 코스로 구성되어 있어요.

춘천에는 댐이 많아요. 의암댐, 춘천댐, 소양강댐 등등. 북한강이 산이 비교적 높은 강원도를 흐르기 때문에 댐을 막아 수력발전을 하기 좋은 조건을 갖추고 있기 때문이죠. 지리에서는 포장수력이라고 하는데, 북한강이 이 포장수력이 큰 거예요.

북한강 본류는 휴전선부터 한강 하류까지 자연적으로 굽이치며 흐르는 구간이 거의 없어요. 북한강 본류에만 북한의 수공을 저지하기 위해 세운 평화의 댐부터 화천댐, 춘천댐, 의암댐, 청평댐, 팔당댐 등 5개의 댐이 있고, 가장 큰 지류인 소양강에 소양강댐도 있어요. 팔당댐 하류로 잠실수중보와 신곡수중보도 있으니 정말 흐르는 구간이 거의 없는 셈이죠.

소양강댐은 춘천댐과 의암댐에 비해 규

포장수력

개별 하천이 가지고 있는 잠재적인 발전(發電) 능력을 말해요. 수량과 낙차를 산술적으로 계량화한 값이죠. 북한강 일대는 수량이 많고 주변에 높은 산도 많아 포장수력이 큰 거예요. ✿

소양강댐(위)
춘천댐(중간), 의암댐(아래)

모가 어마어마하게 커요. 춘천댐과 의암댐은 콘크리트로 만든 용수 확보 차원의 댐이에요. 그 용수를 이용해 수력발전도 하고요. 하지만 홍수 조절 기능은 없어서, 상류에서 방류를 하면 이 댐들도 바로 하류로 물을 흘려보내요. 춘천댐과 의암댐이 방류하는 모습도 심심찮게 볼 수 있답니다.

반면 소양강댐은 흙과 자갈로 만든 사력댐이에요. 규모로 보나 담수능력으로 보나 우리나라 최대의 다목적댐이죠. 얼마나 크냐면, 이 댐으로 인해 생긴 소양호가 내륙수로 역할을 할 정도예요. 춘천에서 양구나 인제로 여객선과 유람선이 다니니까요.

그런데 왜 소양강댐은 콘크리트가 아닌 흙과 자갈로 만들었을까요? 아마 북한의 위협 때문일 거예요. 우리나라 최대의 담수능력을 갖춘 댐을 콘크리트로 얇게 건설했다간 유사시 쉽게 훼손되어 서울이 물바다가 될 위험이 있으니까요.

춘천 시내가 그릇 같은 분지라면 북한강과 소양강에서 그릇으로 들어올 때 좁은 목이 나타나겠죠? 거기에 춘천댐과 소양강댐을 만들었답니다. 다시 춘천분지라는 그릇에 담긴 물이 빠져나가는 곳에 의암댐을 만들었고요. 댐은 가능하면 좁고 낙차가 큰 곳에 건설해야 하니까요.

의암댐 하류의 하천 바닥을 보면 흙이나 돌은 하나도 없고 바위가 그대로 노출되어 있답니다. 하천이 침식하기 힘든 곳이 산으로 남아 분지를 감싸고 있는데, 그곳을 하천이 뚫고 나가다 보니 당연히 토사는 하나도 없고 기반암이 그대로 노출된 거죠. 의암댐에서 가평까지의 하천변에 평지는 거의 없고 깎아지른 절벽이 나오는 이유도 그 때문이랍니다. 그래서 도로를 만들 평지가 없으니 춘천에서 서울로 오는 도로는 절벽에다 짓고, 서울에서 춘천으로 가는 도로는 교량으로 만든 거죠.

교통의 발달로 변해온 춘천　　　　사실 강원도는 주요 도시인 강릉과 감영소재지인 원주에서 글자를 딴 지명이에요. 그런데 강원도의 도청, 도의회, 도교육청 등 강원도 행정을 다루는 대부분의 관공서는 춘천에 있답니다. 춘천의 위상이 강원도에서 가장 크다고 봐도 무방할 거예요.

춘천이 강원도에서 가장 큰 도시로 알고 있는 사람들도 많을 정도니까요. 인구 면에서는 사실 원주가 조금 더 많아요. 한동안 세 도시가 앞서거니 뒤서거니 했는데, 강원도 혁신도시가 원주에 들어서면서부터는 원주, 춘천, 강릉 순으로 고착되는 듯해요.

춘천에는 천전리 지석묘(고인돌)군이 있습니다. 고인돌은 계급이 있는 사회가 존재했다는 걸 알려주는 지표 유적이죠. 의암호 중도에 거대한 선사유적지도 발견되었고, 춘천분지 곳곳에도 고대 유적지가 산재해 있어요. 특히 이 천전리 유적은 국내 선사시대 유적지 중 밀집도가 가장 높은 지역에 속해요. 일찍부터 큰 정치집단의 중심지였다는 이야기죠.

천전리 지석묘

북한강과 소양강의 수운이 만나고 그곳에 생

167

산성이 높은 널따란 평야가 있었기 때문이지요. 지금이야 도로와 철도가 교통의 핵심이지만, 산이 많은 우리나라에서는 예전 교통수단은 대부분 하천을 이용한 수운이 중심이었을 거예요. 조선시대의 조운제도만 봐도 그 당시 하천을 이용한 수운의 중요성을 알 수 있거든요. 지금이야 북한강과 소양강이 댐으로 막혀 있어 실감이 덜 날 테지만, 이 강들이 흐를 당시에는 아주 효율적인 수운 통로였겠죠.

재야사학자들 사이에서는 춘천이 맥국의 수도로 여겨지고 있어요. 삼악산에 있는 삼악산성과 중도, 천전리 등의 유적에서 확인할 수 있죠. 예맥족이라고 할 때의 그 맥국을 말해요. 예는 동예라고 해서 함경남도 남부와 강원도 북부 동해안에 표시를 해주곤 하는데, 맥국에 대해서는 아직 논란이 많아 정사에서는 인정하고 있지 않다고 하네요.

춘천이 워낙 먹거리와 놀 거리에 가려져서 그렇지, 천전리처럼 역사적인 유적지도 적지 않습니다. 소양강댐 위에 있는 유서 깊은 사찰인 청평사도 그런 곳 중 하나예요. 절도 멋지고 가는 길도 운치가 넘친답니다. 원래는 절까지 육로로 갔는데 댐이 생겨 길이 끊어진 바람에 지금은 배를 타야 해요. 참, 최근엔 화천 쪽으로 돌아 들어가는 도로가 뚫려서 차로도 갈 수 있어요. 배로 가나 차로 가나 선착장 혹은 주차장에서 내려 2킬로미터 정도는 걸어들어가야만 합니다. 계곡을 따라 난 오솔길을 걸으며 청평사에 얽힌 상사뱀 전설을 듣고 구송폭포를 감상하는 맛도 꽤 쏠쏠하죠.

청평사 외에도 삼악산에 있는 흥국사 역시 춘천을 대표하는 유서 깊은 사

청평사

찰이고, 국립춘천박물관도 꼭 둘러볼 가치가 있습
니다. 박물관은 시설도 좋은데, 심지어는 입장도
무료예요. 강원도의 역사와 유물을 확인하기에 아
주 그만이랍니다.

구송폭포

춘천으로 오는 길을 보면 추억의 지명들이 쭉
연결된 걸 알 수 있어요. 춘천 하면 경춘선이나 경
춘가도를 먼저 떠올리는 사람들도 많을 거예요. 경춘선이나 경춘가도를
따라 마석, 대성리, 청평, 남이섬, 강촌 등에서 연인과 데이트를 즐기거나
대학 MT 경험을 쌓은 추억들 때문이겠죠.

이런 명소들은 대부분 교통이 편리한 곳, 그리고 북한강변을 끼고 있는
곳들이에요. 지금은 이토록 가까운 거리인데, 예전에는 서울에서 한참을
벗어나는 곳이라는 인식이 강했죠. 아마 물리적 거리보다는 심리적 거리
가 달라서 그랬을 거예요. 예나 지금이나 춘천은 그 자리에 있는데, 수도
권 전철이 연결되고 고속도로가 뚫리면서 심리적으로 가까운 이웃이 된
거죠.

청평사와 상사뱀

중국 당나라에 평양공주가 살았어요. 어느
젊은이가 공주를 사모하다 죽임을 당하게
됩니다. 그 젊은이는 죽은 후 뱀으로 환생해
공주의 몸을 휘감고 떨어지질 않았대요. 공
주는 이곳저곳 절을 찾아다니며 불공을 드
리다가 이곳 청평사까지 오게 된 거죠. 그

뱀이 이곳 청평사에서 벼락을 맞아 죽어 공
주의 몸에서 떨어졌대요. 공주는 청평사 아
래에 있는 구송폭포 위에 삼층석탑을 세우
고 돌아갔는데, 아직도 그 자리에 서 있습니
다. 이런 탑에 얽힌 전설 때문에 삼층석탑을
흔히 공주탑이라고도 부른답니다.

강촌역과 춘천역

그래서 춘천이 수도권이 되었다고 하는 거겠죠. 서울특별시는 행정적인 기능이 미치는, 문자 그대로의 서울을 말합니다. 수도권은 서울의 각종 도시기능이 미치는 기능적 범위로, 지리적인 측면에서는 서울이나 마찬가지예요. 춘천이 수도권이라면 서울과 춘천 사이의 출퇴근과 등하교, 그리고 장보기가 가능하다는 말이 되죠. 강원대나 한림대 등 춘천에 있는 대학 이름이 역명으로 병기된 걸 보면 정말 통학이 가능하다는 걸 알 수 있어요.

닭갈비

ITX로 청량리에서 남이섬이 있는 가평까지는 37분이면 도착해요. 그리고 춘천까지는 58분이면 되고요. 고속도로를 이용해도 서울 동쪽에서 춘천까지는 한 시간 내외랍니다. 이 말인즉슨 닭갈비나 막국수가 먹고 싶으면 바로 춘천까지 와서 먹고 갈 수도 있단 얘기죠.

막국수

말이 나왔으니 말인데, 춘천 먹거리의 대표 음식이 닭갈비와 막국수잖아요? 사실 닭갈비는 최근에 생긴 음식이라 춘천이랑 딱히 연관성은 없어요. 군부대로 납품하던 닭고기의 재고 처리를 고민하다 생긴 음식이라고 하죠.

춘천막국수체험박물관

반면 막국수는 춘천뿐 아니라 강원도 전체를 대표하는 토속음식이에요. 막국수체험박물관에 가보면 더 잘 이해할 수 있어요. 메밀밭에서 메밀도 관찰할 수 있고, 박물관에서 메밀의 생태와 먹거리로서의 역사를 배우고, 국수 뽑는 기계도 구경할 수 있습니다. 다양한 메밀 음식이 전시된 것은 말할 것도 없죠. 박물관 2층에서는 막국수 체험을 할 수 있어요. 직접 반죽해서 면을 뽑고 완성까지 해서 시식해보는 거죠. 재미있겠죠?

춘천에는 막국수체험박물관 외에도 박물관이 많아요. 경찰박물관, 애니메이션박물관 등등. 교통이 좋아져서 먹으러 오기도 좋고 박물관 구경도 하고 다른 다양한 활동도 즐길 수 있게 되었죠. 춘천이 자랑하는 남이섬, 소양강댐, 강촌 유원지, 각종 스키장과 골프장까지 인파가 늘어났다고 해요. 남이섬 지프와이어나 번지점프, 물레길 카누도 주말에는 예약하지 않으면 이용하기가 어려울 정도고요.

하지만 서울과 춘천 간의 교통이 좋아진다고 꼭 긍정적인 변화만 있는 건 아니랍니다. 대표적인 사례를 들자면, 관광객이 머무는 시간이 짧아진다는 거죠. 예전엔 한번 찾으면 1박을 했는데 교통이 좋아지면서 당일로 다녀가는 사람들이 많아진 거예요. 반면 춘천시민들은 춘천 시내에서 쇼핑과 소비를 하는 대신, 서울로 발품을 팔고요. 그러니 춘천의 상권이 전반적으로 위축되는 형국이 된 거죠. 지역 상권의 보호와 발전을 위한 방안을 모색해야만 하겠죠.

최근 춘천시민들은 대규모 개발사업에 관심이 많은 것 같아요. 춘천이 더욱 발전하려면 춘천의 장점을 잘 살려야겠죠. 아마 대부분의 사람들은 춘천의 장점으로 오염되지 않은 자연환경을 꼽지 않을까요? 복잡한 수도권에서 벗어나 자연 그대로를 즐기고 휴식할 수 있는 춘천이 좋아 찾는 경우가 많잖아요. 그런 점을 더 잘 부각시킬 수 있는 방안을 찾는 게 좋겠죠.

요즘 관광이나 여가의 패러다임이 바뀌어서, 대규모 위락시설을 이용하기보다는 현지의 특성을 이해하고 주민들의 삶을 체험하는 소규모 여행으로 변모해가고 있다고 해요. 그런데 춘천시민들, 나아가 강원도민들의 생각은 좀 다른 것 같아요. 춘천 시내만 봐도 대단위 중도개발계획이 세워져 있고, 강원도 전체로 보면 단 일주일 열리는 2018년 동계올림픽을 위해 백두대간을 훼손하고 있죠.

물론 이해할 수 없는 건 아니에요. 급속한 경제개발을 추진하던 시기에 강원도는 늘 소외되어 있었으니, 그런 반발감 내지 소외감도 무시할 수는 없을 거예요. 하지만 강원도가 지닌 환경과 자연은 쉽게 포기하거나 다른 가치와 바꿔버리기에는 너무 훌륭한 관광자원이잖아요? 충분히 관광자원화할 수 있는 것들이 많은 곳이에요.

가령 에티오피아한국전참전기념관만 봐도 그래요. 독특하게 생겼어요. 에티오피아 전통가옥의 느낌을 살린 거죠. 이디오피아길, 기념관, 기념탑, 커피숍, 선착장까지 이 동네는 온통 에티오피아예요. 한국전쟁에 에티오피아가 참전했다는 걸 전혀 모르는 이들도 많을 텐데, 춘천시에서 이런 걸 잘 홍보하면 관심을 끌 수 있을 거예요.

에티오피아한국전참전기념관

이디오피아길

〈겨울연가〉 조형물(위)
강원도립화목원(아래)

자연환경이 멋진 춘천에서는 영화나 드라마 도 많이 찍고 있어요. 춘천은 이를 이용해 관광 객을 끌어들이고 있고요. 대표적인 사례가 남이 섬과 춘천 시내에서 찍은 〈겨울연가〉일 거예요. 덕분에 일본, 중국, 동남아에서 그 드라마를 추 억하며 외국인들이 계속 찾고 있으니까요.

하지만 이렇게 다양한 스토리를 지닌 공간들 을 춘천시가 관광명소로 잘 살리지 못하는 면이 아쉬워요. 중국인에게 인기 있는 드라마 촬영지 나 중국 공주와 연관이 있는 상사뱀 전설이 담긴 청평사를 잘 연계하면 중 국 관광객에게 좋은 이야깃거리가 될 텐데 말이죠.

강원도립화목원도 추천하고 싶은 관광지에요. 멸종위기 식물, 기후 변화 에 취약한 식물 등 강원도의 특성을 잘 살린 식물원이에요. 안에 물레방아 도 있는데, 강원도 전통식으로 참나무 껍질로 지붕을 엮은 굴피집이랍니다. 비까지 내리면 정말 운치 있어요. 냉대림의 대표적 종인 구상나무도 있고 요. 기후온난화 때문에 자생지가 자꾸 줄어드는 슬픈 나무이기도 하지요.

이렇게 춘천은 속살을 느끼면 느낄수록 그 저력을 보게 되는 곳이에요. 각종 유물이 쏟아지는 유적지, 국지적으로 안개가 많고 연교차가 큰 분지 기후, 기후변화에 민감한 고산식물들, 다양한 댐과 호수들, 다채로운 체 험거리들, 연극, 애니메이션, 마임축제 등등. 이런 것들만 잘 살려도 훨씬 주목받는 관광도시가 될 수 있을 거예요. 단기적인 개발 성과에 집착하기 보다 지속가능한 발전 방향을 설정해 더 아름다운 자연을 우리에게 보여 줄 수 있는 춘천이 되기를 기대해봅니다.

❶ 금대봉
❷ 함백산
❸ 태백산
❹ 백병산
❺ 매봉산
❻ 당골광장
❼ 매봉산고랭지채소단지
❽ 매봉산풍력발전단지
❾ 검룡소
❿ 용연동굴
⓫ 황지연못
⓬ 구문소
⓭ 석탄박물관
⓮ 상장동 벽화마을
⓯ 철암탄광역사촌

9

고원도시의 매력을 품고
관광도시로 거듭나는 태백

　요즘은 휴가철에 해외여행을 많이 가죠? 매년 해외여행객 수가 늘어나고 있는 것만 봐도 알 수 있죠. 여름이면 더위를 피해, 겨울이면 추위를 피해 떠나기도 하고요. 하지만 꼭 바다를 건너야만 그런 곳이 있는 건 아니랍니다. 한여름 무더위에 에어컨을 꼭 끼고 사는 사람들에게 추천하고 싶은 곳이 있어요. 어디 추운 나라냐고요? 아니, 우리나라예요. 우리나라 전체가 한여름일 텐데 무슨 소리냐고요? 한번 믿어보세요. 한여름에도 에어컨이 필요 없는 도시가 있으니까요.

　여름에는 서늘해서 머물고 싶고 겨울에는 눈이 많아 즐거운 도시, 바로 강원도 태백이랍니다. 진정한 의미에서 피서가 가능한 고원도시예요. 하지만 비단 서늘한 기온과 눈 같은 기후가 매력의 전부는 아니랍니다. 원래는 석탄 채굴로 유명했던 도시인데 탄광이 폐광되면서 옛 영화를 잃어가는 듯하더니 이를 관광자원화하는 역발상으로 관광도시로 재도약하는 도시

이기도 하죠. 고도 또한 높은 지역이라 다른 지역에서는 볼 수 없는 독특한 명소들도 많아요.

고원도시 태백의 매력 속으로 한번 들어가볼까요?

여름엔 서늘한 기온, 겨울엔 눈 한여름 더위를 피해 태백으로 가보는 건 어떨까요? 가보면 아마 좀 어리둥절할 거예요. 갑자기 가을로 시간여행을 온 것 같을 테니까요. 어떻게 이런 일이 가능할까요? 태백시는 금대봉(1,418미터), 함백산(1,573미터), 태백산(1,567미터), 백병산(1,259미터), 매봉산(1,305미터) 등 태백산맥에 속하는 1,000미터 이상의 높은 산들이 병풍처럼 둘러싸고 있는 분지 형태의 도시이기 때문이에요. 고도가 높을수록 기온이 내려가는 법이거든요. 고도가 100미터 상승할 때마다 기온은 0.5도씩 내려갑니다. 태백 시내의 해발고도가 500~700미터이므로 시원하지 않을 수 없죠.

당골광장의 기온 알림판

어느 정도로 서늘하냐고요? 태백산 입구의 당골광장에 설치된 기온 알림판을 보면 알 수 있죠. 8월에도 낮 12시 기온이 21도 정도랍니다. 여름철 무더위에 지친 사람들에게는 천국이 따로 없는 셈이죠. 여름엔 시원한 것보다 더 좋은 피서가 없잖아요? 실제로 태백을 찾는 관광객이 많이 늘고 있다고 해요. 다른 관광자원들도 많지만, 일단 시원하다는 사실이 알려지면서 예전보다 사람들이 많이 찾아오는 거죠.

태백의 유명한 명소 중 하나가 이런 서늘한 기후를 적극 활용하고 있는 매봉산고랭지채소단지예요. 배추밭이 상당히 넓어요. 해발고도 1,100미

고랭지배추밭

터 정도에 만들어진 배추밭인데, 우리나라에서 가장 높은 곳에 만들어진 고랭지배추밭이랍니다. 높은 곳의 서늘한 기후를 이용해 재배하는 거죠.

태백시는 평균 해발고도가 1,225미터인 산들이 분포하고 있어서, 지역 전체의 평균 해발고도가 965미터에 달합니다. 주민들이 거주하는 지역의 평균 해발고도도 900미터나 되니 우리나라에서 제일 높은 곳에 위치한 도시라 할 수 있죠. 그렇다 보니 평야가 부족하고 기온이 따뜻하지 않아 일반적인 농사에 유리한 조건이 아니에요. 어떤 위치에서는 아래로 구름까지 볼 수 있을 정도니까요.

다행히 고도는 높아도 경사가 비교적 완만한 곳이 있어서, 그런 곳에서 여름의 서늘한 기후를 이용해 채소를 재배하게 된 거랍니다. 오히려 평지에서는 기온이 너무 높고 병충해가 있어 재배가 어려운 배추나 무, 감자 같은 작물을 재배하는 데 유리하죠. 이

고랭지배추

곳에서는 주로 3~4월에 씨를 뿌려 7~8월에 배추를 수확해요. 그 덕분에 우리가 한여름에도 무르지 않고 아삭하니 맛난 배추

매봉산풍력발전기

김치를 먹을 수 있는 거예요. 고랭지밭에서 농사짓는 모습도 실로 장관이랍니다.

태백은 또 지리적 입지를 잘 활용해 풍력발전을 하고 있어요. 매봉산풍력발전단지는 2006년 완성되었는데, 해발 1,272미터에 위

치해 있죠. 풍력발전기들이 시선을 사로잡기도 해요. 여름이라도 구름이 끼면 꽤 싸늘할 정도랍니다.

태백에는 유명한 것들이 한둘이 아니지만 꼭 거론되는 것 중 하나가 한우예요. 태백 한우는 맛도 좋고, 가격도 적당한 편이거든요. 태백 한우는 목초를 먹여 방목을 해요. 고원지대의 깨끗한 공기를 마시니 더 건강할 수밖에 없죠. 방목을 하면 질길 거라고 생각하겠지만, 사실 육질이 무척 부드러워요. 한번 먹어보면 태백 한우의 매력을 금방 알게 될 거예요.

태백은 여름만 빛나는 도시가 아니랍니다. 여름엔 서늘한 기온으로 마음을 사로잡는다면, 겨울에는 눈이 있거든요. 특히 태백산눈축제는 굉장히 유명해요. 많은 사람들이 축제를 즐기러 이곳을 찾는답니다. 축제장은 당골광장을 중심으로 다양한 행사와 체험장이 마련되어 있어요. 아이들을 위한 썰매장도 있어서 온 가족이 함께 즐기기에 좋죠. 무엇보다 눈 조각품

태백산눈축제

들이 축제의 가장 큰 볼거리가 아닐까 싶어요. 눈 조각은 여러 곳에 나뉘어 전시되어 있는데, 보통 하단에는 비전문가들의 작품이, 상단에는 대학생들이 만든 좀 더 세련된 작품들이 전시되어 있답니다. 눈으로 만든 거북선, 소라, 광부, 고래, 호랑이 등 보는 재미가 상당해요. 눈이 많이 오는 태백의 특성을 잘 살려 축제를 만든 건 정말 바람직한 사례인 것 같아요. 태백에는 정말 눈이 많이 오거든요. 2000년부터 2009년까지 10년간 평균에 의하면 1년 중 눈 내리는 날이 23.2

태백 한우에 얽힌 사연

1990년대 중반까지만 해도 태백시장의 한 식당에서는 단돈 7천 원이면 한우 등심 1인분(400그램)을 먹을 수도 있었대요. 태백 한우는 풍부한 육즙과 질기지 않는 부드러움이 있어요. 소를 사육하는 남다른 비법과 냉장 유통이 전제되어야 가능한 맛이죠. 해발 600미터 고원 목장의 깨끗한 환경에서 길러진 소들은 자연스레 건강한 세포질을 형성하고 그런 세포는 많은 수분과 쉽게 변질되지 않는 특성을 가지게 된다고 하네요. 좋은 한우를 만들기 위해 사료, 방목, 도축 방법에 이르기까지 함께 연구해 그 결론을 실천하고 있답니다. 하지만 태백 한우의 탄생배경은 그리 유쾌하지만은 않아요. 탄광으로 이주해온 노동자들에게 1980년 초

반부터 논의된 석탄산업합리화정책은 청천벽력과 같았죠. 당시 광산노동자협의회장이었던 배진 씨가 광산노동자와 태백시민이 살 수 있는 길을 모색하다, 태백의 지리적·환경적 장점을 살릴 수 있는 한우 사육을 찾아낸 거죠. 1980년대 중후반 시작된 이런 노력이 90년대 중반에 이르러 비로소 빛을 보게 되고 세상에 알려지게 되었다고 합니다. ✿

일이고 쌓이는 높이는 96.3센티미터나 된다고 해요.

여름에는 시원해서 태백을 찾고 겨울에는 눈 구경하러 태백을 찾고. 기후가 관광객을 끌어들인다는 게 신기하죠. 예전에는 태백 하면 '오지이다' 또는 석탄산업 도시라 '지저분하다'라는 이미지가 없지 않았는데 말이에요. 그런데 이젠 여름엔 서늘해서 머물고 싶은 도시로 꼽힐 정도고, 겨울에는 눈이 많아 즐길 수 있는 도시로 인식되는 거죠.

하지만 앞서도 말했다시피, 기후가 이 도시가 가진 매력의 전부는 아니랍니다. 이제는 그야말로 관광도시 태백으로 거듭났거든요.

관광도시로 새롭게 태어나다

태백은 우리나라에서 제일 높은 곳에 위치한 도시예요. 그래서 만날 수 있는 독특한 명소들이 많답니다. 혹시 남한에서 제일 긴 강이 뭔지 아세요? 정답은 낙동강입니다. 약 517킬로미터예요. 그럼 두 번째로 긴 강은 어딜까요? 네, 바로 한강이에요. 약 514킬로미터니까 간발의 차이네요. 가장 긴 강과 두 번째로 긴 강이 바로 이곳 태백에서 시작한답니다. 물은 높은 곳에서 낮은 곳으로 흐르고, 바다로부터 먼 곳에서 발원할수록 긴 강이 되는 법이니까요.

한강이 시작되는 곳은 검룡소예요. 자그마한 웅덩이죠. "에게, 이게?" 하고 놀랄 수도 있어요. 하지만 안내판에 당당히 쓰여 있답니다. "이곳은 한강 514.4km의 발원지로……"라고요. 지하수가 솟아나는 작은 웅덩이에서 서울을 관통하는 그 큰 강이 시작된다는 게, 와서 보면 정말 신기할 거예요. 이곳에서 흘러나온 물이 흘러 흘러 황해까지 가는 거예요.

검룡소(위), 간이기차(아래)

낙동강이 시작되는 곳은 또 어떨까요? 그곳을 찾아가는 길목에 있는 석회동굴을 먼저 둘러볼까요? 동굴 입구로 가는 간이기차를 타고 꽤 올라가면 용연동굴이 나와요. 안전을 위해 헬멧은 꼭 써야 하고, 동굴 안의 온도가 바깥보다 서늘하니 여름철이라 해도 긴팔 옷을 걸치는 게 좋습니다.

용연동굴은 '전국최고지대동굴 해발 920미터'라는 안내판으로 시작해요. 우리나라에서 제일 높은 곳에 있는 동굴이죠. 태백에서는 뭐

용연동굴

든 전국에서 가장 높은 곳일 가능성이 클 수밖에 없어요. 도시 자체가 가장 높은 곳에 위치해 있으니까요. 동굴 안으로 들어가보면 가파른 계단을 내려가는데, 그렇게 가다 보면 지하에 너른 광장이 나와요. 지하수가 석회암을 녹여 만든 곳이죠. 석회암은 이산화탄소가 포함된 물과 만나면 녹는 성질이 있어요. 오랜 시간 녹은 결과, 이런 공간이 만들어진 거죠.

죠스의 두상

'죠스의 두상'이라고 불리는 멋진 기둥도 있어요. 석회동굴 내부에는 종유석, 석순, 석주가 생성되어 있죠. 산호 모양의 생성물도 있고요. 곳곳에 사진을 찍고 싶은 풍경들이 산재해 있답니다. 하지

석회동굴의 2차 생성물

종유석 동굴 천장에서 지하수가 떨어질 때 녹아 있던 탄산칼슘(석회암의 성분)이 집적되면서 아래쪽으로 성장하는 지형

석순 종유석과 달리 바닥에 떨어진 지하수의 탄산칼슘 성분이 집적되면서 위쪽으로 성장하는 지형

석주 종유석이 아래로 자라고 석순이 위로 자라면서 둘이 서로 연결된 지형

동굴산호 석회동굴 내부에서도 비교적 물이 적게 떨어지는 건조한 곳에서 산호 모양으로 성장하는 지형

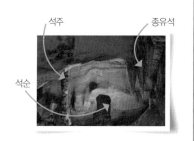

석주
종유석
석순

낙동강의 발원지는 어디일까요?

낙동강 발원지에 대해서는 논란이 있어요. 강원도 태백시에서는 《동국여지승람》을 근거로 '황지연못'을 발원지로 주장하고 있지만, 지리학자 오세창, 이형석 씨 등의 견해로는 황지에서 직선거리로 6.5킬로미터쯤 떨어진 함백산 은대봉의 '너덜샘'(서덜샘 또는 은대샘이라고도 해요)이 낙동강의 발원지라고 주장해요. 현재 유력하게 받아들여지고 있답니다. 너덜샘은 용출되는 물은 적지 않으나 땅속으로 흐른다는 점 때문에 너덜샘에서 아래로 3~4킬로미터 떨어진 '용소'를 발원지로 보는 시각도 있어요. 용소의 물은 곧장 황지천 상류를 형성해요. 그런가 하면 태백산 정상에서 100여 미터 떨어진 만경사의 '용정'을 발원지로 꼽는 이도 있대요. 용정은 한국 100대 명수 중 하나로, 낙동강의 발원 샘 중 위치가 가장 높아요. 황지연못은 태백시를 둘러싼 산들에서 흘러내리던 물줄기가 땅속으로 스며들었다 다시 솟아나는 곳이랍니다. 해발 700미터에 위치하고 둘레가 100미터인 상지, 50미터인 중지, 30미터인 하지로 이루어져 있죠. 사계절 하루 5천 톤의 물이 솟아나고 언제나 15도를 유지하는 청정수라고 해요. 예로부터 '천황(天潢)'으로 불리며 신비한 연못으로 인정받아 왔죠.

만 플래시는 금물이에요. 석회동굴 안에 빛을 비추면 안 되거든요. 동굴 내부의 생성물들이 오염되어 색이 변하고 보존상태가 훼손될 수 있으니 각별한 주의가 필요해요.

자, 이제 낙동강 발원지로 가볼까요? 한강과는 달리 낙동강 발원지는 태백시 중심에 있는 넓은 연못이랍니다. 사실 낙동강 발원지에 대해서는 논란의 여지가 있어요. 태백시에서는 1486년 발간된 《동국여지승람》〈삼척도호부〉 편의 내용을 근거로 이곳 황지연못을 낙동강의 발원지로 보고 있어요. 그래서 이런 비석도 세워둔

황지연못

구문소

거고요. "낙동강 1300리 예서부터 시작되다."

　그런데 이 사실에 의문을 가진 지리학자들이 있었어요. 그들이 황지연
못보다 고도가 높은 지역을 답사한 결과 함백산 은대봉의 '너덜샘'이 낙동
강의 발원지라는 걸 밝혀냈죠. 현재 낙동강의 실제 발원지로 가장 유력한 곳
이랍니다. 그러니까 이곳 황지연못은 상징적인 낙동강의 발원지라고 보는
쪽이 더 맞을 것 같아요.

　황지연못의 물은 태백시를 남북으로 흐르는 황지천과 만나 남쪽으로
흘러가다 낙동강을 이루게 돼요. 그런데 이 물이 태백시를 벗어나기 전에
재미난 경관을 하나 만들어주었답니다.

　바위에 구멍이 뚫린 게 보이나요? 낮은 곳으로 흐르려는 물의 힘이 앞
을 가로막은 큰 바위산을 침식해서 구멍을 만든 거죠. 그 앞쪽에 형성된
깊은 연못을 구문소라고 해요. 강물이 산을 뚫고 흐른다 하여 '뚜루내'라
고 부르기도 하고요.

석탄산업합리화정책이란?

1980년대 후반까지만 해도 우리나라 가정에서는 석탄으로 만든 연탄을 주로 사용했어요. 하지만 소득수준이 높아지고 경제가 발전하게 되자 불편한 석탄보다는 석유를 사용하게 되었죠. 석탄 소비가 지속적으로 줄어드는 것과 동시에 석탄의 채굴비용은 높아졌고 광부의 임금도 상승하게 되었어요. 1989년에 이르러 정부는 탄광의 수를 줄여 석탄 공급을 줄이고 폐광으로 인해 피해가 발생하는 지역은 개발을 통해 발전을 도모하기로 했는데, 이를 석탄산업합리화정책이라고 해요. 1989년에서 2009년까지 전국 340여 개의 탄광이 폐광되었는데,

지역적으로는 강원도가 170개로 가장 많았어요. 태백은 한때 640만 톤의 석탄을 생산하며 전국 석탄 생산량의 30퍼센트나 차지했었지만, 석탄산업합리화정책으로 50여 개의 광산이 폐광되면서 급격한 인구 감소와 지역 침체를 겪게 돼요. 1995년 12월 30일 '폐광지역개발자원에 관한 특별법'이 제정되면서 탄광지역 종합개발이 시작되었고, 그때부터 태백시는 '21세기 고원레저스포츠도시 신태백 건설'이라는 시정 구호 아래 탄광 이미지를 벗고 관광도시로 탈바꿈하게 된답니다.

태백이 예전에는 우리나라의 대표적인 석탄 생산 도시였다는 건 알고 있죠? 태백은 계곡물이 검은색이라는 말까지 있었다고 해요. 1989년 석탄산업합리화정책으로 탄광들이 문을 닫아야 했고 광부들도 일자리를 잃게 되었죠.

하지만 태백시민들은 그들의 과거를 재단장해서 관광자원으로 탈바꿈

석탄박물관 내부

시켰어요. 대표적인 곳이 석탄박물관입니다. 박물관에 가면 높은 건물이 보이는데, 수직 갱도에서 석탄을 끌어올리던 권양로예요. 석탄산업합리화정책으로 폐광된 광업소들도 명패로 기록하고 있죠. 강원도가 170개로 가장 많아요. 진짜 사용되었던 명패들입니다.

석탄박물관의 하이라이트는 지하갱도 체험이에요. 엘리베이터를 타고 내려가면 갱도에서 일어나는 일들을 재현해둔 걸 볼 수 있죠. 조선시대에도 석탄을 캤다는 걸 확인할 수 있고요. 갱목을 운반하는 모습, 석탄을 캐는 모습, 화약 취급소와 갱내 사무실도 재현되어 있어요.

지금은 태백에서 광부들을 만나기 어렵지만 예전에 탄광이 번창하던 시절 광부들이 즐겨 먹었던 음식 중 하나가 물닭갈비라고 해요. 닭갈비라고 흔히 아는 음식은 볶아 먹잖아요. 하지만 물닭갈비는 끓여 먹는 형태예요. 하루 종일 먼지를 마신 광부들의 입으로는 볶은 음식을 먹기가 힘들었다고

물닭갈비

하네요. 그래서 닭갈비에 육수를 부어 먹기 시작했는데, 집집마다 들어가는 양념이나 채소를 달리해서 개성 있게 만들어 먹었다는군요.

과거 태백에 탄광이 번성했을 때 광부들이 살던 곳은 어떻게 변했을까요? 아예 사라진 곳도 있고 그대로 남아 몇몇 주민들만 살고 있기도 해요. 하지만 어떤 곳은 새롭게 단장해서 관광객이 찾는 마을로 변신한 경우도 있답니다. 그런 마을 중 하나가 '상장동 벽화마을'이에요. 이곳은 최대의 민영탄광이었던 함태탄광과 동해산업 등에 근무하던 광부 4천여 명

상장동 벽화마을

이 살던 광산사택촌이었어요. 석탄을 실어나르던 문곡역 부근에 자리 잡은 마을인데 대폿집과 식당 등이 즐비했던 곳이었지만 폐광 후에는 조용하다 못해 썰렁한 곳이 되어버렸죠. 그러나 2001년부터 '탄광 이야기마을 가꾸기' 사업을 추진해 집집마다 벽화를 그렸어요. 탄광과 광부를 소재로 그려진 그림과 글귀들을 보며 마을을 산책할 수 있도록 조성한 거죠. 캐릭터를 정해 꾸민 점도 인상적이고요. 뭔가 짠한 마음이 들게 하는 벽화들도 많아요.

철암탄광역사촌

이런 곳은 또 있어요. 철암탄광역사촌도 그중 하나죠. 철암역 근처에 있답니다. 오랜 논란 끝에 보존을 결정한 곳이에요. 이 일대가 번성하던 시절 함께 번영을 누렸던 상가들을 보존한 곳이랍니다. 얼핏 보면 오래된 과거의 거리인데, 살뜰히 들여다보면 굉장히 유익한 시간을 보낼 수 있는 곳이에요. 예전의 간판과 건물은 그대로 사용하는데, 안에 들어가면 전시관이나 미술관으로 활용되고 있죠. 정성을 많이 들여서, 한 곳 한 곳 들어가보는 재미가 쏠쏠하답니다.

철암탄광역사촌에는 아직 운영 중인 철암역두선탄장도 있어요. 채굴된 석탄을 선별하고 가공하는 시설인데 1939년에 건설된 우리나라 최초이자 마지막 선탄장이라고 해요. 현재 등록문화재 제21호로 지정되어 있죠. 아주 오래된 시설이에요.

철암역두선탄장　　　　　　까치발건물

이 역사촌에는 아주 독특한 건물이 있어요. 까치발건물이라는 곳이죠. 1960~70년대에 이곳의 상점들이 손님들로 넘쳐나 자리가 부족하자 건물 뒤쪽으로 철암천 바닥에 나무나 철근으로 지지대를 세우고 공간을 넓혔던 거예요. 이 건물을 돌아서면 출근하는 남편을 배웅하는 아기 업은 아내의 모습을 형상화한 조형물이 있어요. 삭막하고 썰렁할 수 있는 경관에 온기를 불어넣어주고 있죠. 이 장소를 의미 있게 보존하고자 애쓴 누군가의 노력이 아닐까 싶어요.

남편을 배웅하는 아기 업은 아내상

태백이 생각보다 볼거리가 많다는 걸 이제 알겠죠? 여름이든 겨울이든 찾아오면 후회할 일이 없는 이색적이고 아름다운 고원도시예요. 더위를 피하고 눈을 즐기면서, 이곳이 아니면 어디에서도 보기 힘든 체험을 잔뜩 할 수 있는 매력적인 도시랍니다.

정선레일바이크

구절리마을

구절리

아우라지

임계면

북평면

화암동굴

화암면

민둥산

어라연계곡

남면

동강

사북읍

사북석탄
역사체험관

신동읍

고한읍

강원랜드

10

탄광도시에서 관광도시로
역동적인 정선

아리 아리랑 쓰리 쓰리랑~. 〈아리랑〉의 한 소절입니다. 한편으로는 처량하고, 그러면서도 다른 한편으로는 신이 나기도 하는 게 〈아리랑〉이죠. 그런데 〈아리랑〉은 어디서부터 시작된 걸까요?

답을 말하기 전에, 혹시 떼돈의 어원을 알고 있나요? 떼돈이란 원래 뗏목을 팔아넘기고 받는 돈을 말하는 거래요. 강원도의 북한강이나 남한강을 따라 뗏목을 가지고 내려와서 한양에 내다 팔아 큰돈을 벌어갔다고 해서 떼돈이라는 말이 생긴 거죠. 그런데 갑자기 아리랑 이야기를 하다 말고 웬 떼돈 타령이냐고요?

떼돈을 벌기 위해 뗏목을 타고 내려온 뗏목꾼들이 부르던 노래가 〈아리랑〉이거든요. 그 노래가 전국으로 퍼져나간 거죠. 그러니 여러 지역의 아리랑이 있지만, 원조 아리랑은 강원도에서 시작된 셈이고, 그중에서도 정선에서 시작되었다는 게 정설이에요. 아마 대부분의 사람들에게 가장 익숙한 아리랑이 〈정선아리랑〉일 거예요.

그런데 요즘은 뗏목을 팔아 큰돈을 버는 떼돈 대신, 카지노에서 일확천금을 노리는 사람들이 정선으로 많이들 모여들고 있답니다.

자세한 건 정선을 둘러보며 이야기해볼까요?

새옹지마의 도시, 사북과 고한

인생에도 우여곡절이 있듯이, 도시의 역사에도 우여곡절이 많은 곳이 있어요. 전화위복, 새옹지마 같은 곳이 있다는 말이죠. 강원도 정선이 바로 그런 지역이에요.

우선 막장으로 한번 가볼게요. 먹는 장 말고, 막장 드라마 할 때의 그 막장이에요. 광산의 제일 안쪽에 있는 광산 끝부분을 말하죠. 이곳은 갱도가 제대로 만들어지지 않은 상태에서 구멍을 파 들어가는 곳이라 갱도를 받쳐가면서 작업을 해야 했어요. 그러니 언제 굴이 무너져서 깔려 죽을지 모르는 거죠. 당연히 기피하는 곳이긴 한데, 막장에 들어가면 수당이 엄청나게 높았어요. 그래서 반쯤은 목숨을 걸고 들어갔던 곳이죠. 당장 돈이 궁하니까요. 그래서 인생 막장이란 말이 나온 거예요. 돈 다 떨어지고 할 것도 없어지면 먹고살기 위해 별짓을 다 하게 되는 그런 상황을 의미하게 된 거죠. 정선은 그런 막장이 많은 곳이에요.

그런데 이 지역이 왜 새옹지마의 역사를 가지게 되었느냐고요? 혹 구절양장이라는 말은 들어보았나요? 아홉 번 꼬부라진 양의 창자라는 뜻으로, 꼬불꼬불하고 험한 산길을 이르는 말이에요. 정선에는 구절리라는 마을이 있는데요, 그다음 마을이 없는 골짜기의 끝

광산 막장

구절리

동네, 즉 막장 같은 곳이었어요. 마을 지명에서도 그 성격이 바로 나오죠.

그런데 1974년 구절리에 기차가 들어와요. 그런 골짜기까지 기차가 들어온 건 물론 석탄 때문이었죠. 하지만 30년 만인 2004년 기차 운행을 중지하게 됩니다. 석탄을 생산하지 않으니 운행할 필요가 없어진 거죠. 그게 우리나라의 마지막 비둘기호 운행이었어요.

그렇게 아예 마을 자체가 없어지나 했는데, 그곳에 전국 최초로 레일바이크가 개통되면서 일대 전환을 맞게 돼요. 지금은 꽤 여러 곳에 생겨서 조금 흔해졌지만, 그때는 최초였으니 정말 대단했죠. 국내 여행의 호황과 맞물려 폐광촌이 독특한 관광지로 변모하게 된 거예요. 거기다가 아우라지, 정선아리랑, 정선 5일장 등의 지역 특성과 맞아떨어지며 새옹지마의 지역이 되었답니다.

지금은 나무가 우거진 곳도 예전에는 탄광에서 나오는 폐석을 쌓아놓았던 곳이에요. 대부분 광부들이 살았고요. 상당히 열악한 지역이었죠. 지역의 막장뿐 아니라 인생 막장까지 이른 사람들이 많이 모여들었으니까요. 그런데 이제는 메뚜기 모양으로 열차를 이용한 카페도 있고 기차펜션도 있는 관광지가 된 거예요. 기차 테마를 이용해 지역 성장을 도모하고 있는 거죠.

레일바이크(위)
메뚜기 모양의 기차 카페(아래)

레일바이크를 잠시 즐겼다면, 이제 사북으로 가볼까요? 사북에 도착하자마자 눈에 띄는 건 도박을

권장하는 광고판이에요. "99퍼센트의 승률 비법을 전수해준다"는 광고
도 있네요. 그런 비법이 있다면 뭣하러 남에게 가르쳐줄까 싶어요. 사북과
바로 옆 동네 고한, 이 두 지역은 카지노가 유명한 곳입니다. 옛날 사진들
을 보면 카지노가 처음 세워질 당시에는 "가정의 행복까지는 베팅하지 마
라"라든지 "도박은 당신과 당신 가정을 파괴할 수 있다"처럼 도박을 경고
하는 안내판이 걸려 있었는데, 이젠 권유하는 시대가 돼버린 거죠.

이곳에 그려진 그림을 한번 볼래요? '나는 산업전사
광부였다.' 누구의 작품인지는 몰라도 광부로서의 자부
심이 묻어나는 그림과 글이죠. 이렇게 강조된 그림과 글
은 역설적으로 광부들이 당시 산업전사로 대우받지 못
했다는 반증이기도 해요. 옛날부터 광부에 대한 사회적
인식은 무척 낮았죠.

광부로서 자부심이
느껴지는 그림과 글

사북은 동원탄좌가 있던 곳이에요. 동원탄좌는 당시
민영탄광으로는 최대 규모였죠. 이 광산 때문에 사북 인
구가 5만 명이 넘었어요. 이 산골짜기의 소도시가 면이 아닌 읍이 되었을
정도였다니까요. 옆 동네인 고한도 읍이 되었으니 이곳 광산에 얼마나 많
은 사람들이 모여들었는지 알겠죠? 정선군청이 있는 정선읍보다 사북이나
고한의 인구가 더 많았다고 해요.

석탄에는 크게 세 종류가 있는데, 우리가 연탄으로 썼던 무연탄이 있
고, 국내에는 없어 수입에 의존하던 유연탄이 있죠. 그리고 갈탄이 있어
요. 동원탄좌는 무연탄을 캐는 탄광이었어요.

하지만 시대의 변화로 에너지자원이 바뀌게 돼요. 연탄에서 석유로 말
이에요. 이미 탄광에는 많은 사람들이 있었는데 석유로 에너지원이 바뀌

면서 석탄의 수요는 줄어가고, 계속적인 채굴로 인해 지하로 더 깊이 내려가게 되면서 채굴 비용은 높아졌으니 탄광을 유지하는 채산성이 날로 악화되어갔죠. 민심을 고려해 정부가 재정지원을 하긴 했지만, 석유의 편

동원탄좌

리함을 알게 된 후라 수요는 회복되지 않았어요. 더구나 낮은 가격을 유지하려는 정부의 강력한 정책으로 요금 인상도 할 수 없었고요. 결국 1989년 석탄산업합리화정책이 시행된답니다.

1989년에 정부는 탄광의 숫자를 줄여 석탄의 공급을 감소시키기로 결정하죠. 폐광으로 인해 피해가 발생하는 지역은 개발을 통해 발전을 도모하기로 하고요. 재정지원의 예상가치가 없어지니 채산성 없는 광산들을 폐광시킨 거고 많은 광부들이 이곳을 떠나게 돼요. 그와 결을 같이해 사북과 고한도 쇠퇴일로에 들어서게 되었고요.

폐광지역 지원사업 중 하나가 바로 카지노 설립이었어요. 여러 지원사업이 있었지만, 카지노가 가장 대표적인 사업이었죠. 그 전에도 카지노는 있었지만 외국인 전용이라 한국인은 이용할 수 없었는데, 이곳에 그 유명한 강원랜드를 건설한 거예요.

강원랜드 앞쪽에 보면 시커먼 돌들이 쌓여 있는 걸 볼 수 있어요. 채탄한 것 중 불순물을 모아 쌓아놓은 폐석 더미에요. 그 폐석 더미 위에 강원랜드가 서 있는 거죠. 마치 이 지역의 시대적 변천을 보여주는 듯해요. 땅속에서 지상으로, 지상에서 화려한 건물로.

탄광은 폐광이 되었지만, 당시 시설과 물건들은

강원랜드

전시장과 체험코스로 개발되어 이용되고 있습니다. 광차를 타고 지하로 살짝 들어가볼 수도 있지요. 이곳에서 옛 사진을 살펴보면 지금과는 확연히 다르다는 걸 알 수 있어요. 폐광되기 직전 가장 쇠퇴했을 때인데도 뭔가 활기가 있어 보이거든요. 아파트도 남아 있어요. 사실 광산에 많은 사람들이 몰렸는데 이 좁은 산골짜기에는 집을 지을 곳이 부족했죠. 그래서 오히려 도시보다도

전시장이 된 탄광 시설

아파트의 비율이 더 높았다고 해요. 물론 도심 아파트에 비하면 규모는 상당히 작아요. 지금은 광부들이 없어서 아파트가 철거되었지만 철거되기 전의 사진을 보면 광부들의 활기찼던 삶의 모습들을 그려볼 수 있답니다.

사북은 마을 한가운데 레일이 깔려 있어요. 기차가 다니기엔 폭이 좁아 보이죠? 저 레일과 폭은 광산을 들락날락하던 광차의 폭이랍니다. 레일바이크 같은 광차를 설치하려고 했다가 못한 건데, 이곳의 특징을 잘 설명해주고 있어요. 광차를 밀고 있는 조형물도 볼 수 있지요.

이곳엔 전당포가 많이 생겼어요. 전당포뿐 아니라 숙박업소도 많죠. 강원랜드가 생기기 전에는 전혀 없었던 시설들이에요. 강원랜드는 호텔과 리조트, 스키장과 골프장을 운영하고 있는데 지금도 계속 확장 중입니다.

철거되기 전의 아파트

사실 강원랜드는 폐광지역 개발과 관광산업 육성을 위해 탄생했지만, 개장 이후 돈을 잃은 사람들이 도박 빚에 비관해 자살하는가 하면, 사기, 절도 등 부정적인 효과가 매년 증가하고 있다고 해요. 게다가 지역 경제를 활성화하기

광차 레일이 깔려 있는 사북 읍내

광차를 미는 조형물

위해 개발한 것임에도 오히려 지역 경제를 더 피폐하게 만드는 부작용도
나오고 있어 논란이 되고 있다고 하네요.

자연친화적인 정선의 관광지 정선에는 억새밭이 유명한 민둥산
이 있어요. 가을철에 많이들 찾죠.
억새밭이 수려하긴 한데, 민둥산에 와서 억새만 보고 가는 건 좀 아쉬운
일이에요. 볼 만한 곳이 많거든요.

민둥산은 해발고도 1,117미터인데 정상 부분에 나무가 없다고 해서 민
둥산이랍니다. 산을 오르기 전에 민둥산역부터 둘러볼까요? 이 철도는 무
연탄과 시멘트 등 각종 자원을 옮기던 태백선이며, 국가의 중요한 산업철
도예요. 2009년 8월까지는 증산역이었는데, 정선의 관광산업 비중이 커
지면서 2009년 9월부터 민둥산역으로 개명하게 되었죠. 여량역이 아우라
지 지역으로 개명한 것도 마찬가지 이유예요. 역 안 플랫폼에도 억새를 심어
놓았는데 일종의 콘셉트인 모양이에요.

저기 역 안에 A-트레인 안내판이 세워져 있는 걸 볼 수 있지요? A-트
레인은 정선아리랑 열차라고도 불려요. 서울에서 이곳 정선의 아우라지
까지 오가는 관광열차랍니다. 코레일의 네 번째 관광열차라고 해요. A는

A-트레인 안내판

아리랑(Arirang), 놀랍고 뛰어남(Amazing / Ace) 그리고 모험 (Adventure)을 의미한다고 하네요. 기차의 심벌은 높은 산과 강물, 터널을 연상시키는데, 정선의 이미지를 잘 담고 있죠. 모든 객실에 개폐식 와이드 전망창과 안락한 고급 의자가 설치되어 있어 기차여행의 묘미를 만끽할 수 있답니다.

민둥산을 올라보면 몇 개의 웅덩이가 보여요. 이곳은 석회암지

민둥산의 돌리네

역인데, 석회암은 빗물에 녹아 없어지는 특징이 있죠. 특히 금이 가 있는 부분으로 빗물이 모여들면서 그 주변을 더욱 녹여서 웅덩이가 되는 거예요. 이걸 돌리네라고 해요. 표지판에는 발구덕이라고 쓰여 있는데, 발구덕은 8개의 구덩이가 있다는 뜻이에요. 즉 이곳에 돌리네가 많다는 뜻이고, 그렇게 물이 스며드는 곳을 싱크홀이라고 하지요. 설거지하는 싱크대와 같은 싱크를 말해요. 아래로 스며든 물은 땅속의 석회암을 녹이면서 더 낮은 곳을 향해 흐르는데, 그 과정에서 석회동굴이 만들어지고 종유석, 석순 같은 것이 생기는 거죠. 당연히 이곳 주변에는 동굴이 있답니다.

모든 동굴을 다 드나들 수는 없고 드나들 수 있도록 조성된 동굴을 찾아가야 해요. 대표적인 것이 화암동굴입니다. 화암동굴은 석회동굴의 특징을 가지고 있지만, 원래는 금을 캐던 금광이기도 해요. 그래서 화암동굴에서는 금을 채굴하거나 제련하는 과정, 다양한 금 관련 각종 전시물들을 볼 수 있죠. 일종의 금 테마파크인 셈입니다.

그와 동시에 종유석과 석순을 볼 수 있는 석회동굴이기도 하죠. 여기저

화암동굴

기 대단히 큰 종유석들이 많아요. 땅속 깊은 곳에 이렇게 넓고 높은 곳이 있다는 게 생각하면 참 신기하죠. 다 물이 만들어낸 장관이에요. 석회암이 빗물과 만나면 이런 일이 일어나는 거랍니다. 안내판에 석화라는 게 적혀 있는데, 돌이 꽃처럼 만들어진 걸 가리키죠. 진짜로 살아 있는 식물은 아니지만 동굴 벽면이나 천장에 형성돼 동굴을 더욱 아름답게 만들어주는 신비한 생성물이에요. 동굴산호라는 것도 있고요.

이 석회동굴의 물은 어디로 가는 건지 궁금하지 않나요? 그럼 동강으로 한번 가봐요. 동강은 정선을 대표하는 강이에요. 가까이에서 봐도 좋지만 멀리서 바라보는 동강도 운치가 있답니다. 옛날에는 이 동강이 아우라지(정선군 여량면)에서 목재를 뗏목으로 엮어 큰물이 날 때 서울까지 운반하는 등 교통로로 이용되었어요. 그러다 1957년 태백선 열차가 들어오면서 수운기능을 잃고는 아무도 찾지 않는 오지로 바뀌게 된 거죠.

아 참, 화암동굴의 물이 어떻게 흐르는지 알려주기로 했었죠? 동강 주변에는 석회암으로 된 절벽이 많아요. 그 절벽을 잘 보면 흰색으로 된 부분이 보인답니다. 그 흰색 부분은 석회동굴을 흐르던 물이 흘러나오며 생긴 거예요. 높은 산속 어딘가를 흐르다가 빠져나오는 거죠. 산속에서는 물이 어떻게 흐르는지 알기 힘들어요. 그래서 석회동굴은 구불구불한 것이 특징이랍니다.

동강은 정말 아름다워요. 강 옆으로 험준한 산세가 펼

석화(위)
동굴산호(아래)

197

석회암 절벽

쳐져 있어 장관이죠. 이런 아름다운 곳이 수몰될 뻔한 적도 있어요. 홍수 조절을 명목으로 동강에 댐을 세우려 했거든요. 여러 환경단체들이 반대해서 결국 그 계획은 철회되었죠.

이곳은 홍수가 심한 지역이긴 해요. 절벽 위로 안내판이 설치된 걸 볼 수 있는데, 저 높이까지 물이 찰 정도였으니까요. 동강댐 건설이 취소된 이후에도 2002년 루사, 2003년 매미 같은 대형 태풍으로 홍수가 났었죠. 하지만 동강댐 건설이 취소된 덕분에 이렇게 아름다운 자연을 우리가 보고 있는 거랍니다. 동강에서는 래프팅을 많이 해요. 래프팅이 본격적으로 도입된 것도 바로 이 동강에서부터예요.

홍수 수위 표시

댐 건설을 둘러싼 논란이 일면서 동강 특유의 비경이 외부에 많이 알려지게 되었어요. 2000년대를 전후하여 래프팅 탐방객이 급증하고 무분별한 개발이 진행되자 보전대책이 시급하다는 지적이 제기되었죠. 이에 환경부는 2001년 동강 일대를 자연휴식지로 지정했고, 2002년 8월에는 정선군 광하교에서 영월군 섭세까지 46킬로미터에 이르는 동강 수면과 생태적 가치가 뛰어난 동강 유역 국공유지 2천만여 평을 '생태계 보전지역'으로 지정했답니다. 천연기념물 10종을 포함해

동강

1,840종의 동물과 956종의 식물이 서식 중인 동강 유역은 석회동굴 71개와 모래톱 50여 개, 뱀 모양의 사행사천 등을 두루 갖춘 국내 최고의 생태계 보고로 평가받고 있어요.

이곳의 자연보전을 위해 노력한 단체 중 하나가 한국 내셔널트러스트예요. 내셔널트러스트 운동은 시민들의 자발적인 자산 기증과 기부를 통해 보존가치가 높은 자연환경과 문화유산을 확보하여 시민의 소유로 영구히 보전하고 관리하는 시민운동을 의미해요. 한국 내셔널트러스트는 2004년 6월, 시민 성금으로 제장마을의 일부 지역을 확보하여 보전하고 있죠. 2005년엔 시민성금을 통해 '스트로베일' 공법을 이용한 친환경 생태건축물인 '동강사랑(東江舍廊)'을 건립해 한국 내셔널트러스트 동강사무소로 운영하고 있고요.

우리나라도 이제 자연을 보전하고 교감하며 자연과 하나가 되는 나라가 되어가고 있어요. 환경에 대한 인식 자체가 상당히 선진화되었고요. 그 결과를 이 아름다운 정선의 동강에서 확인할 수 있는 거죠.

동강댐 건설 계획

동강댐 건설 계획은 지난 1990년 홍수로 주민 160여 명이 사망한 뒤 노태우 대통령의 지시로 시작되었어요. 1996년 2월 건교부가 댐 사업 기본계획을 확정하면서 환경단체와 지역주민, 정부의 갈등이 본격화되었고요. 환경연합 등은 "수달과 어름치, 비오리가 사는 비경을 수장시켜서는 안 된다. 석회암 지반이 무너지면 대형 사고가 날 수도 있다"며 댐 건설을 제지하고 나섰죠. 이에 대한 정부의 반박과 환경단체의 논리가 첨예하게 대립하다. 1999년 9월 김대중 대통령이 "개인적으로는 동강댐 건설에 반대한다"고 밝히면서 철회 방향으로 가닥을 잡았고 2000년 6월 백지화를 선언하죠. 하지만 지금까지도 동강 개발에 대한 논의는 계속되고 있다는군요.

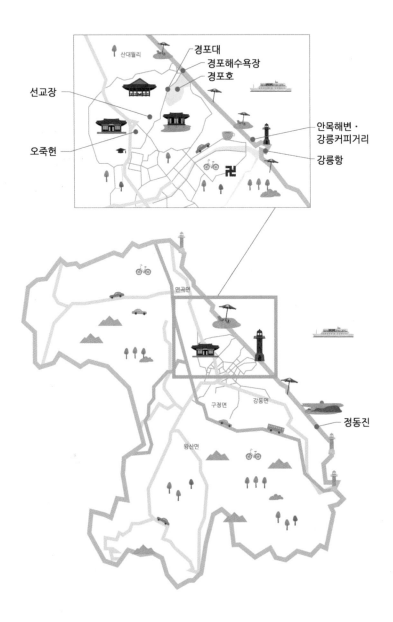

경포대
경포해수욕장
경포호
산대월리
선교장
오죽헌
안목해변 · 강릉커피거리
강릉항

연곡면
구정면
강동면
왕산면
정동진

천혜의 자연에 둘러싸인 커피도시 강릉

세계 교역량이 석유 다음으로 많은 원자재가 뭔지 알고 있나요? 힌트를 하나 주자면, 세계 사람들이 물 다음으로 즐겨 마시는 음료랍니다. 이제 모두 눈치챘죠? 네, 정답은 바로 커피입니다.

서두부터 커피 이야기를 꺼내니 커피 한 잔 마시고 싶지 않나요? 그렇다면 이번에는 커피축제가 열리기도 해서 커피를 즐기는 사람들이 성지 순례하듯 찾는 곳이 있는데, 그리로 한번 가볼까요? 커피거리와 경포호를 중심으로 낭만과 멋이 살아 있는, 2017년 올해의 관광도시로 선정된 강릉을 둘러보기로 해요.

강릉의 커피 문화 경관　　　　강릉 하면 역시 동해가 넓게 펼쳐진 해변이죠. 그래서 가장 먼저 도착한 곳이 안목해변이에요. 먼저 속이 뻥 뚫릴 것 같은 바다가 보일 테고, 그다음엔 뭐가 보일까요? 횟집, 음식점, 민박집이야 해변이면 어디에나 존재하는 것이고, 그다음에는 커피숍이 있고, 또 커피숍이 있고, 또 커피숍이……. 네, 커피숍이 엄청 많아요.

여기가 바로 커피거리이기 때문이죠. 강릉 하면 인류무형문화유산으로 선정된 단오제나 오죽헌, 선교장 같은 역사 유적지가 떠오르는데 커피라니 좀 어색하지 않나요? 강릉시는 사실 천 년 전부터 차(茶)로 유명한 곳이었다고 해요. 남항진 쪽에 있는 '한송정'이라는 정자 부근에 차 문화 유적지가 남아 있기도 하죠. 아마도 강원도 산골짜기에서 흘러내려오는 깨끗한 물과 바닷가의 멋진 경관이 함께 어우러져 차 맛을 더하지 않았나 싶어요. 차 맛은 분위기라고도 하니까요. 그러니 커피도 차의 일종이라 보면 아주 낯선 건 아닌 셈이죠.

안목해변

원래 안목해변은 예전엔 버스도 몇 번 안 들어오는 작고 조용한 어촌이었다고 해요. 조용한 해변을 거닐며 데이트를 즐기고 싶어 하던 연인들이 알음알음으로 찾아왔던 곳이 었다고 하죠. 커피자판기에서 커피 한 잔씩 뽑아 모래사장에 앉아 이야기하며 마시면 마치 영화의 한 장면 같지 않았을까요? 실제로 커피자판기의 커피 맛도 이곳을 커피거리로 만든 공신 중 하나랍니다. 예전의 일반 커피

커피거리

자판기가 커피, 설탕, 프림을 섞어 블랙커피, 설탕커피, 밀크커피를 제공했던 것과 달리 이곳의 자판기에서는 기본 재료 외에도 콩가루나 미숫가루 등과 같이 특별한 재료를 사용한 다양한 커피를 맛볼 수 있었다고 해요. 동전 몇 개만 있

1서(徐) 3박(朴)

바리스타(barista)란 이탈리아어로 '바 안에서 만드는 사람'이라는 뜻으로 주로 커피를 만드는 전문가를 지칭해요. 우리나라 커피 업계에서 인정하는 바리스타 1세대를 '1서 3박'이라고 하거든요. 성씨를 딴 거죠. 1서는 1980년대 원두커피 업계의 선구자인 서정달 선생을, 3박은 1990년대 로스팅과 커피 추출의 전문가인 박원준, 박상홍, 박이추 선생을 말한답니다. 🌸

으면 자판기 바리스타의 커피를 뽑아들고 멋진 바닷가의 자연 카페를 이용할 수 있는 셈이죠.

혹시 '1서 3박'이라는 말을 들어봤나요? 우리나라 바리스타 1세대를 통칭하는 말이랍니다. 그 3박 중 한 사람인

안목해변의 커피자판기(위)
보헤미안(아래)

박이추 대표가 운영하는 커피숍이 바로 이곳에 있어요. '보헤미안'이라는 카페인데요, 'Coffee School'이라는 푯말도 세워져 있죠. 이름 그대로 교육장으로도 사용되고 있어요. 이곳에서는 생두를 대형 로스터를 통해 볶아내고 핸드드립으로 커피를 내리는 모든 과정을 배울 수도 있어요. 또 박이추 대표의 커피 인생 이야기도 들을 수 있답니다. 보헤미안이란 이름은 유랑민족을 뜻해요. 커피를 통해 얻는 행복이 한곳에 머무는 것이 아니라 곳곳에 퍼지길 바란다는 뜻으로 지었다고 해요.

커피는 맛과 향이 참 다양하죠? 맞아요.

커피는 적도를 중심으로 형성된 커피벨트에 속해 있는 50여 개 국가에서 생산되고 있는데, 각 생산지역의 기후나 토양, 경작방법, 수확방법, 가공 처리과정 등이 커피농장마다 다르다고 해요. 그래서 커피의 맛과 향이 차이가 나는 거죠.

'테라로사'에도 한번 들러볼까요? 이곳은 한국인 최초의 그린빈바이어가 있는 곳이에요. 그린빈바이어가 뭐냐고요? 전 세계 커피 생산지와 커피농장을 찾아다니며 품질 좋은 커피를 찾는 사람을 일컫는 말이에요. 그린빈바이어가 최고 품질의 원두를 들여오기 때문에 세계에서 인정한 커피들을 강릉에서 맛볼 수 있는 거죠. 테라로사는 그린빈바이어의 활약으로 강릉이 커피 도시로 자리매김하는 데 큰 영향을 주었답니다.

테라로사에 가보면 로스팅 기계들을 볼 수 있어요. 원래 이곳은 커피숍이 아니라 생두를 들여와 볶아서 제조하던 커피공장이었대요. 로스팅 기계들은 생두를 볶을 때 사용하는 것이고요. 온실에는 나무가 하나 자라고 있는데, 네, 커피나무랍니다. 테라로사에서는 생두를 통한 커피의 제조, 판매, 시음은 물론이고 커피교실을 통한 교육까지 이루어지고 있어요. 커

테라로사(위), 로스팅 기계(아래)

피라는 테마의 문화적 공간을 만들려는 의도로 커피나무도 심었대요.

아, 테라로사(terra rossa)는 기반암이 석회암인 지역에서 나타나는 붉은색의 토양을 지칭하는 용어래요. 그런데 우리나라에서도 커피가 재배되고 있다는 거 알고 있나요? 앞서도 말했다시피 커피는 적도를 중심으로 남·북회귀선 사이에 형성된 커피벨트에서 재배됩니다. 이곳 강릉과

커피나무

기후적으로 맞지는 않죠. 그래서 강릉의 커피농장에서는 온실 속에서 재배되고 있답니다. 커피농장에는 커피박물관도 있어요. 커피커퍼㈜ 왕산점에서는 커피농장과 더불어 커피박물관도 함께 운영하고 있죠. 커피 만드는 체험도 할 수 있어요. 이곳 커피농장에서 매년 5~6월경 커피나무축제도 열려요. 2015년에 6회째 축제가 열렸죠. 안목 커피거리에서 개최되는 강릉시 주최 커피축제는 10월이고요. 두 축제 모두 다양한 커피 관련 체험활동을 할 수 있답니다.

커피농장(위), 커피박물관(아래)

대관령의 눈축제나 보령의 머드축제처럼 성공적인 지역 축제의 공통점은 그 지역의 지리적 환경을 잘 반영하고 있다는 점이죠. 커피를 주산지로 하는 나라도 아닌 강릉에서 커피축제를 한다는 것이 신기하기도 하지만, 그만큼 지역성을 잘 구축했다는 반증이기도 해요.

호젓한 해안가에 형성되어 있던 안목해변의 자판기커피에서 시작해, 커피 관련 종사자들의 노력으로 커피농장과 박물관, 커피숍 등의 커피 문화가 형성돼 강릉에 새로운 지역적 특성을 만들어낸 거예요. 경포호와 동해 바다의 멋진 풍경이 어우러져 커피 향이 더욱 깊답니다.

경포호를 중심으로 한 관광산업　　커피거리도 유명해졌지만, 역시 강릉 하면 제일 먼저 떠오르는 곳은 갈매기 몇 마리가 한가하게 노니는 넓은 백사장을 갖춘 경포대가 아닐

경포해수욕장

까요? 실제로 강릉시를 대표하는 관광자원에 대한 인식조사를 하면 매번 경포바다와 경포해수욕장-경포대와 경포호수-단오제 순으로 나온대요. 그만큼 강릉시를 대표하는 상징적 이미지 역할을 하는 거죠. 경포해수욕장은 강릉시의 여러 해수욕장 중 해수욕객이 가장 많이 찾는 동해안 최대의 해수욕장이기도 해요.

경포대와 경포해수욕장을 혼재해 말하는 경우도 많은데, 경포대는 경포호수를 포함하는 일대의 경치를 통칭하는 용어로 사용되기도 하지만, 엄밀히 말하면 경포호수 주변에 세워진 누각을 칭하는 용어랍니다. 경포호수 앞 바닷가 쪽으로 펼쳐진 사빈해안을 경포해수욕장이라고 부르는 거고요.

경포해수욕장에 가보면 모래가 엄청 많아요. 해수욕장으로 이용하는 모래사장을 지형학적 용어로 사빈이라고 해요. 사빈은 파도가 모래를 육지 쪽으로 쌓아올려 만들어놓은 거예요. 특히 동해안에 이런 식으로 모래해변이 발달해 있거든요. 사빈의 주된 구성물질인 모래가 동해안에 풍부하게 공급되기 때문이에요.

혹 학창시절 지리 시간에 '경동지형'이란 용어를 배운 걸 기억하나요?

경동지형

동쪽으로 치우치게 비대칭으로 융기하여 형성된 동고서저의 지형을 말해요. 그러다 보니 동해로 흘러가는 하천은 그 길이가 황해로 흘러가는 하천보다 짧고 경사가 급하게 되어서 크기가 비교적 큰 모래가 동해 바다로 배출되는 거랍니다. 더욱이 태백산지 내의 금강산, 설악산 등은 기반암이 화강암인데 화강암은 풍화를 거치며 석영, 장석, 운모 등의 알갱이로 쪼개져요. 이것이 바로 모래(사빈)를 구성하는 삼총사죠. 이렇게 만들어진 모래가 하천에 의해 바다로 흘러들고, 다시 파도에 의해 해안에 재배치되어 넓은 모래사장을 만드는 거예요.

그렇다고 동해안 어느 곳이든 이런 모래해안이 나타나는 건 아니랍니다. 강릉 지역을 경계로 북쪽으로는 원산 지방까지 모래해안이 나타나지만, 아래쪽에는 모래해안보다는 해안절벽과 같은 암석해안이 나타나요. 기반암 차이 때문인데요, 강릉에서 북쪽으로는 화강암이, 남쪽으로는 퇴적암이 분포하거든요. 화강암은 물리적으로 강한 암석이지만 일단 풍화가 시작되면 빠르게 해체되어 후퇴되고 경사가 낮아진답니다. 반면 퇴적

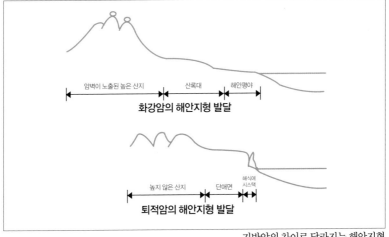

기반암의 차이로 달라지는 해안지형

경포호

암은 심하게 풍화되어도 수직절리의 발달만 이루어져 있으면 절벽들이 잘 발달하죠. 따라서 화강암지대는 대부분 해안과 떨어져 높은 산지가 발달하고 해안에 이르러서는 완만한 사면으로 이어지는 반면, 퇴적암지대는 높은 산지가 발달하진 않지만 해안에 이르러서는 절벽이 형성되는 거랍니다.

해변 뒤쪽으로 가면 넓은 호수가 있어요. 거울같이 맑은 호수라는 의미로 '경포호'라는 이름이 붙었죠. 이런 호수를 석호라고 해요. 동해안의 금강산 끝에 자리한 삼일포를 비롯해, 화진포, 청초호, 영랑호, 경포호 등 동해안에 발달한 호수들이 모두 석호랍니다.

자연적으로 만들어진 호수예요. 지구의 기온 변화로 인한 해수면 변동이 큰 영향을 미쳐 만들어진 거죠. 지금으로부터 약 1만 2천 년 전에는 현재보다 기온이 낮아 해수면도 지금보다 매우 낮았는데 이때를 최후 빙기라고 해요. 이후 지구 기온이 상승하면서 해수면도 상승하게 되었죠. 동해안 역시 해수면이 상승하여 침수되는 과정에서 산지 말단부의 골짜기 깊은 곳까지 바닷물이 밀려들어와 좁은 만을 형성하고 톱니와 같이 복잡한 해안선이 생겨난 거예요. 이후 배후 산지에서 하천을 통해 운반, 퇴적된 모래는 해안에서 한쪽 방향으로 흐르는 해류인 연안류와 파랑 등의 작용으로 만 입구에 긴 모래 퇴적물인 사주를 쌓아놓게 돼요. 사주가 계속 성장해 만 입구를 막아 바다와 격리된 호수가 형성된 거랍니다.

만 입구가 막혀 있으면 하천에서 공급된 퇴적물이 서서히 쌓여 호수 자체가 메워지기도 하죠. 그래서 이런 석호는 늪지나 충적지로 변해가요. 이런 현상 때문에 동해안의 해안선이 단조로운 형상이 되는 거고요.

경포호 주변에는 선교장이라는 곳이 있어요. 지금은 호수에서 멀리 떨어져 있지만, 배다리집이라는 의미의 선교장(船橋莊)은 150여 년 전 선교장 앞뜰이 경포호수였을 때 호수 위로 배를 엮어 다리를 만들어 건너다닌 집이라 해서 지어진 이름이에요. 그러니 그때보다 이만큼 호수가 메워진 거죠. 그렇다면 결국 경포호도 언젠가는 다 메워지고 마는 걸까요?

아마 강릉시에서 그렇게 내버려두진 않을 거예요. 1910년경에는 호수의 면적이 지금의 1.8배 정도 되었대요. 이후 퇴적물로 메워져 농경지로 이용하던 곳을 2005년부터 퇴적된 흙을 퍼내는 가시연습지복원사업을 실시해 오늘날의 습지로 복원한 거랍니다. 농경지로 이용하던 곳을 다시 습지로 복원했다는 말은, 습지일 때의 이득이 더 크다는 의미겠죠. 강릉시는 경포호와 경포호 주변의 관광자원을 이용해 관광도시의 이미지를 살리려 노력하고 있답니다. 봄철에는 경포호 주변을 따라 벚꽃축제도 열리고요.

경포대에 올라가 호수를 바라보는 풍경 또한 장관이에요. 경포대는 조선시대 시가문학의 대가인 송강 정철이 《관동별곡》에서 관동팔경의 으뜸이라 노래했던 곳이죠. 정자에 올라서면 전면으로 경포호가 보이고 그 너머 동해도 한눈에 들어옵니다. 주변의 아름드리 소나무들이 어우러진 경치가 실로 대단하죠.

이 누각은 고려 말 인월사터에 지어졌던 건데, 조선 중종 때 지금의 자리로 옮겨 지었다고 해요. 경치가 너무 멋져서 많은 문인들의 시문 속에 자주 등장하는 소재였다고 하죠. 누각 안에도 여러 시문이 걸

가시연습지(위)
경포대(아래)

려 있어요. 이곳에서 경포호를 바라보며 심성을 수양하면 문학적 영감이나 소재가 풍부하게 떠오를 수밖에 없을 것 같아요. 이곳이 동해안 제일의 달맞이 명소라고 하는데 이곳에서는 저녁에 여러 개의 달을 동시에 볼 수 있답니다. 하늘에 떠 있는 달, 동해 바다에 비친 달, 경포호수에 비친 달, 술잔과 연인의 눈동자에 담긴 달까지 말이죠. 정말 낭만적이지 않나요?

경포호가 지금보다 훨씬 넓었을 때 배를 타고 건너다녔다고 해서 배다리집이라는 의미를 지닌 선교장은 대문이 딸린 행랑채와 안채, 사랑채, 별당 및 정자까지 완벽하게 갖춘 조선 사대부가의 상류 저택입니다. 정취가 좋아 촬영장소로 인기가 많았죠. 영화 〈식객〉, 드라마 〈궁〉, 〈황진이〉 등이 이곳에서 촬영했대요.

마지막으로 오죽헌을 들러봐요. 여긴 겨레의 어머니라 칭송받는 신사임당이 민족의 스승이라는 율곡 이이를 낳은 장소랍니다. 강릉의 대표적인 인문관광자원이죠. 까마귀처럼 검은색의 대나무가 자란다고 해서 까마귀 오(鳥) 자를 붙여 오죽헌이라 이름한 거죠. 율곡의 아버지 이원수는 서울 사람이지만, 사임당이 홀로 계신 어머니를 모시기 위해 강릉에서 지내다 오죽헌에서 율곡을 낳았다고 해요. 비록 시집은 갔어도 친정부모를 보살피려는 효심 때문에 율곡이 이곳에서 태어났던 거죠.

이런 멋진 경치와 볼거리를 즐겼다면, 근처 두부 집에서 출출한 속을 달래보세요. 바닷물로 간을 맞춰 만든다는 초당두부의 맛이 강릉 여행의 묘미를 한층 더 부각시켜줄 거예요. 천혜의 자연을 관광자원으로 활용하고, 선구안을 가지고 커피도시를 개척해 전국의 관광객을 끌어모으는 강릉의 행보는 앞으로가 더욱 기대된답니다.

1. 경포대에서 바라본 경포호
2. 오죽헌
3. 오죽헌 대나무
4. 선교장

4부

세종·충청도

전의향교

소정면

전의면

전동면

조치원읍

연서면

미호천

연기향교

연동면

교과서박물관

부강역

부강약수

부강면

구들기마을

연기면

부강나루

정부세종청사

세종시청

합호서원

자연과의 조화를 추구하는
행정 중심 복합도시 세종

남아메리카의 브라질, 중앙아시아의 카자흐스탄, 서아프리카의 나이지리아, 이 세 나라의 공통점이 뭘까요? 이번 장에서 다루려는 세종시와 연관 지어 한번 생각해봐요. 브라질, 카자흐스탄, 나이지리아는 모두 비교적 최근 수도를 옮긴 나라랍니다. 넓은 면적에 비해 상대적으로 수도가 변방에 치우쳐 있어서 지역 간 균형 발전을 도모하기가 어려워 국토 중심으로 신도시를 건설해 수도를 옮긴 거죠. 세 나라의 신수도 건설사업이 성공적이었냐고요? 어떤 사업이나 장단점이 있기 마련이고 지역 변화는 비교적 긴 시간을 두고 지켜봐야 하기 때문에 단정 지어 평가하기는 다소 어려움이 있어요.

이 나라들 말고도 가까운 말레이시아나 스리랑카, 조금은 먼 미얀마나 코트디부아르도 비교적 최근에 여러 이유로 수도를 이전했답니다. 말레이시아나 스리랑카의 신수도는 엄청나게 넓고 방대하죠.

　우리나라도 숱한 논란을 야기하며 대규모 지역개발을 통해 세종특별
자치시가 형성되었어요. 국무총리 이하 각 행정부가 이전한 행정 중심 복
합도시죠. 성패를 섣불리 장담하거나 평가하기엔 아직 시간이 더 필요할
것 같지만, 그곳의 역사적 의의와 지리적 특성은 살펴볼 가치가 있다고 생
각해요.

도시 발달의 역사를 간직한 연기군

　세종시 탐방의 출발점은 향교가 있는 전의면으로 잡았어요. 향교
가 갖는 지리적 의미 때문인데요, 향교는 역사적·교육적 의미 못지않게
지리적인 의미 또한 중요해요. 향교가 입지했다는 건 조선시대에 최소한
지금의 군 단위 행정구역인 부목군현(府牧郡縣) 중 하나에 해당하는 중심지
였다는 증거거든요. 향교의 설치와 운영을 조선시대 헌법에 해당하는《경
국대전》에 명문화하고 그 성쇠를 인사고과에 반영할 정도로 중요시했죠.

　그러니까 현재 세종특별시 전의면이라는 면 단위의 동네가 예전에는
전의현의 중심지였던 셈이에요. 전의가 예전에 나름 큰 고을이었다는 증
거는 향교 말고도 '전의 이씨'의 본관이기도 하다는 점에서 드러납니다.
성씨의 본관 역시 향교와 비슷한 지리적 의미를 가지고 있거든요. 향교나

전의향교

전의 이씨의 본관

본관이 있다면 최소한 조선시대 이전부터 있던 행정구역의 중심 고을이었다는 걸 알 수 있죠.

성씨의 본관은 고려시대, 향교는 조선시대까지 거슬러 올라가니 오래된 고을이에요. 부산, 대전, 군산, 목포 등의 도시가 아무리 크고 역사가 깊다 해도 이 두 가지를 보유하고 있지는 않죠. 즉 이 도시들은 100여 년 전 개화기 전후에 발전하기 시작했다는 의미예요.

부산에 본관이 있다는 이야기는 들어본 적 없죠? 부산은 동래의 작은 포구 부산포가 커져서 지금의 부산광역시가 되었고, 그 후 확장되면서 인접한 동래군과 기장군을 편입해 동래향교와 기장향교를 품게 된 거랍니다. 대전도 그래요. 회덕과 진잠 사이의 넓은 들판이던 대전이 발전하여 회덕과 진잠 두 고을을 흡수한 까닭에 대전 변두리에서 회덕향교와 진잠향교를 만날 수 있는 거죠. 다양한 지역 변화가 있었다는 지리적 증거들인 셈이에요. 여기 세종시도 조치원이 발전하면서 연기와 전의의 발전은 멈춰버렸죠.

향교나 본관이 있는 고을에 가보면 전통적인 취락 입지를 확인할 수 있어요. 배산임수 말이에요. 전의향교가 있는 전의면 중심지를 보면 앞으로는 조천(鳥川)이, 양옆으로는 덕현천과 북암천이 있어 삼면으로 물이 흐른답니다. 뒤로는 운주산 산자락이 내려와 있고요. 아무리 큰 홍수가 나도 물에 잠길 일은 없는 지세죠.

하지만 그렇게 중심 고을이었던 전의면을 걸어보면 도시 발전이 멈춰버린 느낌이 바로 들어요. 지역 중심지가 조치원으로 이전하면서 시가지

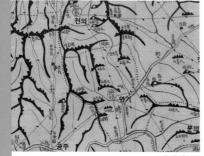
전의면(위)
〈대동여지도〉의 배산임수 입지(아래)

기능이 약해진 거죠. 그래도 연기향교 인근에 비하면 그럭저럭 면 단위의 분위기는 난답니다.

이제 세종을 이루고 있던 두 고을 중 아래 고을에 해당하는 연기군을 둘러보기로 하죠. 이곳도 남향에 배산임수의 조건을 갖추고 있어요. 〈대동여지도〉나 〈호서읍지〉에 나오는 옛 지도를 보면 더 정확하게 배산임수의 입지를 확인할 수 있죠.

연기향교 바로 앞을 흐르는 개천이 연기천이에요. 이 연기천을 경계로 신도시와 구도시가 나뉘어요. 연기천은 미호천으로, 미호천은 금강으로 유입되죠. 보통 배산임수 입지 하면 앞에 큰 강을 두는 것으로 생각하는데, 서울만 봐도 서울 사대문이 한강 옆에 위치하는 게 아니라 청계천 곁이잖아요? 청계천-중랑천-한강 순으로 유입하니 보통 큰 강의 지류에 입지한다고 보는 게 맞을 거예요.

좋은 입지는 역류하는 방향이라고 해서 역수(逆水)에 위치한답니다. 큰 강의 본류와 역류하는 지류에 입지하는 데는 장점이 있거든요. 우리나라는 여름철 장마와 태풍 때문에 큰 강이 범람할 위험이 크잖아요. 큰 강이 범람해도 침수 피해를 당하지 않으려는 선조들의 지혜였던 거죠. 혹자들은 풍수지리를 미신처럼 취급하기도 하는데, 우리나라 곳곳을 답사해보면 풍수지리란 우리 조상들이 수천 년을 이 땅에 살며 터득한 지혜의 결과물이라는 걸 알게 돼요.

연기향교

연기향교는 여름이나 가을에 오면 은행나무와 어우러져 참 멋져요. 향교나 서원 부근에 가면 은행나무가 많답니다. 공자님이 제자들을 교육시킨 곳을 행단(杏壇)이라고 했거든요. 그래서 조선시대 교육을 담당한 향교, 서원, 성균관을 행단이라고 했고, 주변에 은행나무를 심었던 거죠.

부강나루로 한번 나가볼까요? 이곳은 20세기 초까지 서해에서 올라오는 소금, 젓갈, 건어물 등의 집산지였어요. 예전엔 금모래가 빛나고 자갈밭과 미루나무가 어우러진 곳이었대요. 상상만 해도 아름답죠? 산업화가 진행되면서 잃어버린 풍경 중 하나랍니다.

지금은 수량이 적어 의아하지만, 예전엔 수량도 많고 강폭도 지금보다 훨씬 넓어 황토돛배 수십 척이 몰려와 해산물과 소금을 유통했다고 해요.

향교의 지리적 의미

향교는 조선시대 공립 중등학교에 해당해요. 《경국대전》에 향교의 설치와 운영에 대한 법조문이 있었고, 향교의 성쇠에 따라 관리들의 근무 성적에도 영향을 줬다고 하니 나름 최선을 다해 운영했을 거예요. 지역마다 낡은 향교를 신축해서 이전하기도 했고요. 향교가 있던 마을을 교동, 교리, 교촌리, 명륜동 등으로 불렀다고 해요. 전의향교는 숙종 때 이전했어요. 원래 있던 마을이 동교리인데, 이전한 후 서쪽 읍내리에 위치하게 된 거죠. 일제강점기 행정구역 통폐합(1914년) 이후에도 향교는 유림이나 종친회에서 비교적 잘 관리해왔어요. 안산향교, 시흥향교처럼 구한말 이후 혼돈의 시기에 사라진 곳도 있지만요. 대도시 중에서는 서울의 양천향교, 인천의 부평향교, 부산의 동래향교, 대전의 회덕향교, 대구의 현풍향교처럼 과거 행정구역의 중심지를 유추해볼 수 있는 향교들도 있답니다.

부강나루

대청댐

수량이 적어진 것은 대청댐이 세워졌기 때문이죠. 부강나루에서 멀지 않은 상류에 금강에서 가장 큰 대청댐이 있어요. 대청댐은 대전과 청주에 생활용수와 공업용수를 공급하기 때문에 방류량 자체가 적은 거죠. 그러니 부강나루가 옛 영화를 잃고 다소 초라해져버린 거예요.

미루나무는 다 어디로 가버렸을까요? 하천이 주기적으로 범람하면서 상류의 자갈과 모래를 공급해줘야 하는데 대청댐이 막고 있고, 또 직강공사를 하면서 저렇게 제방을 쌓아놓으니 물가를 좋아하는 미루나무가 사라질 수밖에요.

그토록 번성했던 부강나루였으니 주변에 상인과 주민들이 흥청거리는 포구취락이 자리 잡고 있었겠죠. 구들기마을이 그 시장의 중심이었는데, 100여 년 만에 시장이 흔적도 없이 사라져버렸답니다. 경부선 철길이 놓이면서 부강역이 생기고 역전취락으로 중심이 이전해버린 거죠.

부강의 또 다른 자랑거리인 부강약수로 가볼까요? 도시에서는 생수가 생활화되면서 약수터 문화가 거의 사라져가고 있잖아요. 하지만 여기엔 아직 이렇게 멋진 약수터가 있어요. 부강약수터도 사연이 많은 곳이에요. 예전에는 초정약수와 함께 충북을 대표하는 약수터였어요. 덕분에 한창때는 이 물을 마시고 위장병을 고치려는 사람들로 문전성시를 이루었다고 해요.

부강약수터

그런데 지금은 깨끗하게 잘 정비되어 있는데도 한 적한 기운이 감돌아요. 2004년 음용불가 판정이 나오면서 잊혀진 약수터가 된 거죠. 한동안 그렇게 방치되다가 부강약수의 추억을 잊지 못한 사람들이 나서서 이렇게 깨끗하게 정비한 거랍니다. 대장균이나 납 등 유해성분은 검출되지 않았지만 불소와 철분 성분이 많아 하루 일정량 이상 마시지 않는 조건으로 재개장했는데, 2014년 재검사 결과 불소와 탁도 등이 기준치를 초과해서 다시 음용불가 판정을 받았대요. 앞으로는 큰 도로가 지나고 뒤편으로는 등산로가 개설되면서 약수 수질에 문제가 생긴 게 아닌가 싶어요. 서민들의 역사가 서린 곳인데 좀 아쉬운 마음이 드네요.

이제 부강역입니다. 도로, 철도, 항만교통의 장단점을 알고 있나요? 간단히 정리하자면 이래요. 도로는 초기 비용이 적게 들고 집 앞에서 집 앞까지 문전연결성이 좋죠. 하지만 상대적으로 많은 물건을 옮길 수 없다는 단점이 있어요. 항만은 기반시설 건설비가 많이 들고 내륙으로 옮기려면 다른 교통수단이 추가로 필요하지만 대신 상대적으로 많은 화물을 옮길 수 있죠.

철도의 장단점은 그 중간인 셈입니다. 가장 큰 장점은 시간

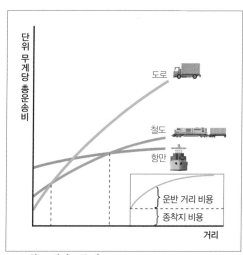
도로·철도·항만교통 비교

을 맞추어주는 정시성과 날씨의 영향을 거의 받지 않는다는 점이에요. 부 강나루는 겨울이면 얼고, 여름이면 홍수 때문에 제 기능을 못하는 날들이 많았는데, 부강역은 언제나 제시간에 기차가 드나들었다는 말이죠. 그런 이유로 부강역은 대전, 조치원, 청주 사이에서 물류기능을 특화시켜 역을 유지하고 있답니다. 근처를 둘러보면 화물회사, 물류회사, 컨테이너 등이 많이 보여요. 교통 지향의 공업입지라고 할까요.

사실 KTX가 들어서면서 부강역처럼 작은 역들은 이제 예전 비둘기호 에 해당하는 무궁화 완행만 정차하는 작은 역이 되어버렸어요. 그나마 부 강역은 물류기능이라도 남은 거죠. 전의역은 정말 간이역 수준이랍니다. 기차를 타고 두 정거장만 가면 조치원역이 나오는데, 지역 중심지 이동의 대표적인 사례가 바로 조치원이에요.

조선시대에서 일제강점기로 넘어오면서 지역의 중심이 많이 변하는데 그 원인 중 하나가 철도의 발달이에요.

금강 유역의 도시 발달을 예로 한번 들어보죠. 금강은 우리나라 최대의 곡창지대를 흐르면서 하운(河運)을 이용한 운송기능까지 담당했어요. 금 강 유역의 최대 시장은 강경시장이었답니다. 평양과 대구와 함께 조선의 3대 시장이었죠. 하지만 대전에서 경부선과 호남선 철도가 갈라지면서 허 허벌판 대전이 급성장했고, 강경 의 상업기능과 공주의 행정기능 을 흡수해버린 거예요.

중간 규모의 도시 이동은 조치 원이 대표적이에요. 경부선과 충 북선의 갈림길이 되면서 연기군

부강역

의 기능이 연기향교가 있는 연기리에서 역이 들어선 조치원리로 이동하게 된 거죠. 더 세밀한 중심 이동의 사례는 좀 전에 본 부강나루에서 부강역으로의 취락 이동이 되는 거고요.

조치원역

조치원역을 나오면 전면이 동쪽이에요. 시가지가 조천과 미호천의 범람원에 해당하는 곳에 들어서게 되어서 조천과 미호천을 인공제방으로 쌓고 나중에 벚꽃을 심었는데, 요즘은 조치원의 명소가 되었죠. 동향에 범람원이라니 전통적인 촌락 입지와는 다르죠. 이건 철도의 특징과 연관이 있어요. 도로와 달리 철도는 지형의 높낮이, 즉 기복이 심한 곳을 싫어하고 평평한 곳을 좋아해요. 특히나 철도분기점은 더 넓은 평지가 요구되죠. 공주보다는 대전, 전의나 연기보다는 조치원이 선택된 이유랍니다.

대한민국의 새로운 중심이 된 행복도시

행정수도라고 해서 큰 기대를 했다면 조금 실망할 수도 있는 곳이 세종시예요. 직접 가보면 일반 신도시 같은 인상이 강하죠. 대전이나 청주 인근에 신도시로 위성도시를 조성한 것 같은 느낌이 들거든요. 천도에 가까운 신수도 계획이 부분적인 행정 중심 도시로 그친 것은 많은 우여곡절이 있었기 때문이죠.

과거 정부부터 서울이 휴전선과 너무 가깝다는 안보적 이유로 서울 이전을 계획한 바 있어요. 하지만 보다 현실적인 이유는 바로 국토

세종시

함경북도
함경남도
평안북도
평안남도
수도권 면적
남한의 약 12%
황해도
강원도
서울
경기도
충청북도
충청남도
경상북도
전라북도
경상남도
전라남도
제주도

국토의 불균형 발전

의 불균형 발전 때문이에요. 우리나라 수도권 과밀은 현재 심각한 수준이거든요. 국토 면적의 12퍼센트 정도인 서울, 경기, 인천에 전체 인구의 약 50퍼센트가 살고 있으니까요. 세계 최대 도시권이라는 도쿄의 28퍼센트나 뉴욕의 8퍼센트와 비교해봐도 엄청난 쏠림 현상이죠. 그래서 수도권 기능을 지방으로 분산시키자는 대통령의 공약에 일정 정도 공감이 있었던 거고요.

하지만 반대 측 주장도 만만치 않게 현실적인 이유가 있었어요. 행정수도 건설이 대통령 선거에서 급히 나온 선심성 공약이라는 비난은 차치하고라도 행정수도라고 해도 실제로는 천도이니 국민투표가 필요하다는 주장도 있었고, 천문학적 비용이 드는데 그만한 투자 가치가 있느냐는 실용적인 반박까지 나왔죠. 통일이 된 후의 상황까지 고려해야 한다는 의견도 있었고요.

관습헌법 논란 쟁점 정리

예	쟁점	아니요
헌법전에 다 기록하는 것이 불가능해 불문헌법 필요	관습헌법이 존재하는가?	민법과 달리 헌법에 관습헌법 규정이 없음
서울이란 명칭과 600년 동안 수도의 지위를 가졌음	'서울=수도' 관습헌법인가?	국민이 강제력 있는 법규범으로 확신한다고 보기 어려움
관습헌법은 성문헌법과 동등한 지위와 효력을 지녔음	관습헌법이 헌법 개정 절차를 따라야 하나?	국민적 합의나 국회의 입법으로 가능

밀마루전망대

　　결국 이 문제가 헌법재판소까지 가게 돼요. 그 과정에서 관습헌법 이야기가 나오게 되죠. 2004년 판결에서 헌법상 명문의 조항이 있는 것은 아니지만 오랜 관행으로 성립된 불문헌법에 해당된다고 밝혀 정부의 행정수도 추진 계획은 전면 중단되고, 국토 균형 발전을 위한 행정 중심 복합도시 건설로 축소 진행하게 된 거죠.

　　행정복합도시의 중심은 동편에 위치한 정부세종청사입니다. 세종시에 2012년부터 2014년까지 15개 중앙행정기관과 20개 소속기관이 이전했어요.

　　밀마루전망대에 올라가서 보면 세종청사 건물들이 다 연결되어 있어 한 마리 용처럼 보여요. 용머리에 해당하는 1동에 국무총리실이 입주해 있고, 전망대에서 가까운 쪽이 15동으로 문화체육관광부예요. 개별로 보면 15개 건물이지만, 모두 연결된 단일 건물이나 마찬가지죠. 건물 사이로 하천도 지나고 도로도 지나는 엄청난 규모예요. 옥상으로는 3.5킬로미터에 이르는 어마어마한 정원을 볼 수 있고요. 사전 신청자만 방문할 수 있다고 하네요.

　　남동쪽을 빼고는 세종도시 거의 대부분이 아파트로 차 있어요. 이주 공무원과 그 가족들 외에도 인근 대전이나 청주, 공주 등지에서 입주민이 들어올 거라 기대하고 있죠. 저렴한 전세를 찾아 대전에서 세종으로 이사를 하기도 한대요. 세종시청에서 대전광역시청까지의 거리

정부세종청사

가 20킬로미터로 30분 정도면 갈 수 있다고 해요. 대중교통으로도 대전 지하철 마지막 역인 반석역까지 15분이면 접근 가능하고요. 충분히 생활권이 되는 거죠. 동남쪽으로는 대전, 북동쪽으로는 청주, 서남쪽으로는 공주와 인접해 있어요. 공주 시내도 10여 킬로미터라 20여 분이면 출퇴근이 가능하고요.

정부세종청사 하나로 세종시가 자족도시로 발전할 수 있느냐 하는 점은 아직 의구심이 들어요. 자족도시가 되려면 시간이 더 필요할 것 같아요. 대부분의 전문가들도 세종시의 발전을 위해서는 행정부처뿐 아니라 여러 대학과 연구기관, 첨단산업과 기업의 유치가 필요하고, 제주도 수준의 자치를 보장해야 하며, 교통과 환경을 개선해 명품도시로 건설해야 한다고 말하고 있죠. 그런 작업들이 충분히 이루어지지 않는다면, 대전이나 청주의 위성도시로 편입되는 수준이 될지도 모른다는 우려도 나온답니다.

세종시만의 특징이라면 대표적인 게 무엇이 있을까요? 우선 세종대왕을 기리는 의미로 도시 이름을 따왔으니, 한글을 도시에 녹여낸 것이 아닐까 싶어요. 가만히 보면 보도블록에 한글이 들어가 있어요. 아름동, 도담동, 한솔동 등 행정동 이름, 첫마을, 가재마을, 도램마을 등 단지별 이름,

한글이 들어간 보도블록

환경 친화적인 도시

보람로, 한누리대로 등 가로망 이름까지 모두 한글 이름으로 만들었죠. 유치원과 초·중·고교 이름도 대부분 한글 이름이고, 초등학교에서는 각 반을 가온반, 나래반, 다솜반, 라온반, 마루반, 빛솔반 등으로 명칭하고 있답니다.

두 번째 특징은 환경 친화적인 도시를 만들려고 노력한 점이에요. 신도시를 중심으로 끊임없이 이어지는 녹지대와 그 양옆으로 아파트단지 사이에 서쪽으로는 제천, 동쪽으로는 방축천이 흘러 바람길을 만들어두었죠. 이 두 하천과 금강이 합류하는 지점의 북쪽으로는 넓은 호수공원이 들어서 있고요. 산림청에서는 2017년까지 국립수목원과 산림박물관도 조성한다고 해요.

뿐만 아니라 가능하면 도보와 자전거를 생활화하도록 도시시설을 배치했다고 합니다. 사실 신도시임에도 주차난이 심각하거든요. 대로변에는 단속 때문에 불법 주정차 차량이 없지만, 이면도로는 주정차 차량으로 보행이 힘들 정도죠. 되도록 차량 운행을 줄이고 자전거와 도보 생활이 가능한 도시를 건설하자는 취지는 좋았지만, 현실적으로는 차량 없이 신도시 생활을 하기가 힘든 거죠. 세종시 조례에는 신도시 전체 면적의 0.65퍼센트를 주차장으로 확보하도록 되어 있는데, 실제 공급된 면적은 0.27퍼센트래요. 주차장은 절대적으로 부족한데 시민의식도 특별하지 않으니 신도시 초기에 나타나는 과도기적 현상이 드러나는 거죠. 조금 심각한 수준으로요.

심각한 주차난

BRT 교통체계

그래도 가로망과 대중교통은 신도시답게 잘 조성되어 있어요. 특히 세종시가 자랑하는 교통체계를 BRT(Bus Rapid Transit)라고 하는데, 지상으로 다니는 지하철이라 생각하면 이해하기 쉬워요. 지하철을 건설할 만큼은 인구가 많지 않은 곳이라 최적의 대중교통이라 할 수 있죠. 서울의 버스중앙차선과 비슷한데, 차이점이 있어요. 버스전용차선과는 다르게 일반 버스는 전용차선으로 운행할 수 없고, 오로지 BRT 버스만 다닐 수 있다는 거예요. 서울을 보면 중앙의 버스정류장에 버스가 길게 늘어서 있곤 하는데, 그걸 예방하기 위한 조치죠. 다른 하나는 우선 신호제를 적용한다는 점입니다. 교차로에서 BRT 버스에 우선권을 주는 거죠. 건설비도 많이 들지 않고, KTX 오송역에서 세종시를 지나 대전 지하철 반석역까지 48분 만에 연결된답니다. 세종시에서 오송역이나 반석역까지는 20분 내외면 갈 수 있고요.

국립세종도서관

호수공원을 걷다 보면 책을 펼쳐놓은 모양의 색다른 건물도 볼 수 있는데, 바로 국립세종도서관이랍니다. 새 건물에 책도 다양하게 구비되어 있어 호수공원과 더불어 세종시민들의 훌륭한 휴식처가 되고 있죠.

세종시는 생각보다 볼거리가 많아요. 금강과 금강 최대 지류인 미호천이 합류하는 지점에 위치한 합강리는 세종신도시 조성 공사의 마지막 지구라고 보면 돼요. 주민들은 떠났는데 택지개발을 미루고 있는 지역이죠. 한강의 두물머리 양수리나 교하신도시처럼 합강리라는 지명 자체가 하천 합류지점을 말해주는 거예요.

금강의 남쪽을 호남지방, 서쪽을 호서지방이라고 했다는 주장이 있듯이, 금강은 흐름이 느리고 넓어 강(江)과 호(湖)를 같이 사용한답니다. 그래서 마을 이름은 합강리인데 서원 이름은 합호서원이에요. 서원은 성현들에게 제사 지내며 교육도 하는 곳이죠. 앞서 본 전의나 연기의 향교와 기능과 목적은 거의 비슷해요. 다른 점이라면 향교는 국가가 설립한 관학으로 지금의 국공립 중등학교라 생각하면 되고, 서원은 지방 사람들이 설립한 사학으로 사립 중등학교에 해당해요. 지리적인 차이도 있어요. 공립학교에 해당하는 향교는 사또가 있는 부목군현의 중심지에 위치한 반면, 사립학교인 서원은 산수가 수려한 곳에 위치한 경우가 대부분이거든요. 그래서 전의향교와 연기향교는 읍내에, 합호서원은 금강과 미호천의 합류지점에 세워진 거죠. 병산서원, 소

합강리(위), 합호서원(아래)

국립지리연구원 우주측지관측센터

세종시를 거닐다 보면 신도시에서 동쪽으로 산 정상에 전망대처럼 전파망원경이 보여요. 지리학을 확장시킨 천문관측, 측지, 측량 등을 다양한 전시와 체험을 통해 알기 쉽게 꾸며두었어요. 평일 10시부터 17시까지 무료로 개방하고 있어, 아이들과 함께 방문하기에 무척 좋은 장소랍니다.

수서원, 도산서원 등 유명한 서원들이 대부분 경치가 좋은 하천변 산록이나 계곡에 위치했던 걸 생각해보면 될 거예요.

합호서원은 안향을 모시는 곳이에요. 합강리도 순흥 안씨 집성촌이고요. 서원과 향교의 배치는 비슷한데, 앞에는 교육을 위한 건물을, 뒤로는 제사를 위한 건물을 두었죠. 세종신도시가 건설되어도 합호서원은 그 자리에 두고 시가지를 배치한다고 해요.

합호서원 가까운 곳에 교과서박물관이 있어요. 국정교과서에서 이름을 바꾼 대한교과서가 지금은 완전 민영화가 되어서 교과서를 전문적으로 만드는 미래엔 출판사가 되었죠. 그 미래엔에서 운영하는 곳이에요. 옛날부터 지금까지 국내에서 발행된 교과서, 북한과 각국의 교과서, 추억이 어린 옛 교실을 재현해놓은 상설 전시장뿐 아니라 1980년대 서울에 있었던 국정교과서 시절의 인쇄기를 전시해놓은 공간도 있어요. 상설 프로그램, 토요 프로그램 등 다양한 체험활동을 할 수 있는 공간도 있고요. 옛날 지리책과 지도책 등 다양한 교과서를 구경할 수도 있죠. 이처럼 세종시는

교과서박물관

속속 들여다보면 볼거리가 참 많은 곳이기도 해요.

세종시가 당면한 문제들은 여전히 논의 중이고 해법을 모색하는 중이에요. 가장 큰 문제로 여겨지는 점은 조치원을 중심으로 하는 구 연기군 지역과 신도시라 부르는 지역 간의 이질감이 크다는 거예요. 새로운 신도시의 과도기로 생각하기에는 서로 별개의 지역으로 인식할 만큼 지역성이 확연히 차이가 나거든요. 조치원 사람들에게 세종시를 이야기하면 본인들 이야기가 아니라 생각하고, 신도시 사람들은 본인들을 예정지 사람이라고 또 구분한대요. 세종시의 지속적인 발전을 위해서는 이 두 지역 간의 물리적 결합뿐만 아니라 통합적인 발전도 깊이 고려해야 할 것 같아요.

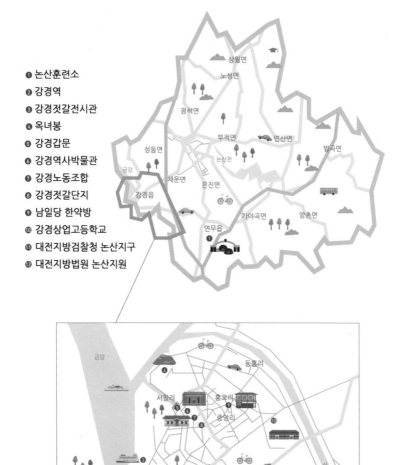

❶ 논산훈련소
❷ 강경역
❸ 강경젓갈전시관
❹ 옥녀봉
❺ 강경갑문
❻ 강경역사박물관
❼ 강경노동조합
❽ 강경젓갈단지
❾ 남일당 한약방
❿ 강경상업고등학교
⑪ 대전지방검찰청 논산지구
⑫ 대전지방법원 논산지원

이제 다시 시작을 외치는 도시 논산

군대를 갔다 온 남자들 중에는 논산에 대한 특별한 감흥을 가진 이들이 많을 거예요. 논산훈련소 앞에서 눈물을 흘리던 부모님이나 여자친구와 헤어지던 순간의 울적함, 그리고 친구들이 불러주던 〈이등병의 편지〉 노랫가락, 가족들의 시야에서 벗어나기가 무섭게 돌변하던 조교의 공포스러운 눈동자……. 아무튼 잊기 힘든 추억을 선사하는 곳이죠.

혹 군대 때문에 논산에 대한 불안 내지는 부정적 인식을 가지고 있었다면, 이번 여행을 통해 새롭게 다시 시작하려는 논산의 매력에 흠뻑 취해보는 시간이 되었으면 좋겠네요. 뭐, 아무래도 훈련소 앞을 지나쳐가지 않기란 불가능하겠지만, 논산은 의외로 역사가 깊은 볼 거리와 독특한 먹거리가 풍성한 지역이랍니다.

우선 근대문화유산지이자 젓갈의 고장인 논산시 강경읍으로 가보기로 해요.

강경의 번영과 근대문화유산

강경은 논산시에 속한 읍이에요. 강경이 논산에 속한 게 아니라 근처의 시 정도로 따로 생각하는 사람들이 의외로 많아요. 아니, 오히려 강경이 더 큰 도시가 아니냐고 되묻는 사람도 있죠. 사실 그럴 만도 해요. 과거에는 강경이 정말 어마어마하게 큰 곳이었기 때문이죠. 조선 후기의 3대 시장이라고 하면 평양과 대구 그리고 강경을 꼽을 정도였으니까요. 조선 2대 포구로도 원산과 함께 강경을 들곤 했죠. 그런 역사적 배경이 줄곧 남아 있었기 때문일지도 모르겠어요.

강경 하면 젓갈이 가장 유명하죠. 젓갈정식은 논산에 오면 꼭 먹어야 할 음식 중 하나랍니다. 명란젓, 새우젓, 낙지젓, 갈치속젓, 아가미젓, 청란알젓 등 없는 젓갈이 없어요. 식사 때 함께 나오는 조기도 염장한 것이죠.

강경이 젓갈로 유명한 이유는 강경젓갈전시관에서 확인할 수 있어요. 전시관이 배 모양이죠. 배의 위치도 재미있는 것이 바다 쪽이 아닌 육지를 향하고 있어요.

과거에는 배가 지나갈 수 있는 강이 매우 중요했어요. 오늘날의 고속도로라 생각해도 무방할 거예요. 가장 빠른 교통수단이고 교통로였죠. 그래서 우리 역사에 중요한 강이 몇몇 있는데, 그중 하나가 바로 금강이랍니다. 일단 엄청 크죠. 크다는 건 큰 배가 들어올 수 있다는 걸 뜻해요. 우리나라 황해는 조석간만의 차가 큰 것으로 매우 유명하죠. 바닷물이 밀물일 때는 그 밀물이 강을 거슬러 올라와요. 밀물이 그렇게 강을 거슬러 올라오면, 배들은 그 밀물을 따라 내륙으로 쉽게 이동할 수 있는

강경젓갈전시관

강경젓갈과 젓갈정식

강경에 가면 젓갈정식을 꼭 먹어봐야 해요. 그런데 젓갈을 파는 곳은 많지만 젓갈정식을 파는 식당을 찾기란 의외로 쉽지 않은데요. 강경 거리를 지날 때 자주 마주칠 수 있는 관광버스에 그 단초가 있어요. 오늘날 강경은 머물러서 밥을 먹고 잠을 자는 곳이 아닌, 잠시 들러 젓갈을 사는 곳이라는 인식이 강해서 그래요. 강경이 사람들에게 많

이 알려진다면, 젓갈정식을 파는 식당도 더 많이 늘어나겠죠?

거죠. 기록에 의하면 금강의 경우 바닷물이 부여 규암면까지 올라갔다고 해요. 배는 지금의 세종시 부강면까지 올라갔다고 하고요.

그래서 이 금강을 따라 정말 많은 포구들이 있었어요. 그중 조선 후기 가장 큰 포구가 바로 강경포였던 거죠. 금강 물줄기가 남동 방향으로 흐르다 남서 방향으로 급격히 방향을 바꾸는 곳, 금강을 거슬렀던 뱃사공의 입장에선 남동 방향으로 가다 북서쪽으로 방향을 바꾸는 곳에 강경이 위치해 있어요. 더군다나 논산천과 강경천이 합류하는 곳이기도 하고요. 논산천과 강경천도 배가 드나들 수 있었으니, 누가 봐도 한반도 남쪽 최고의 교통 요지였던 셈이죠.

젓갈전시관 전망대에서 본 금강

당연히 교통 요지에는 사람들이 모이게 마련이고, 그러면 시장이 형성되는 건 두말하면 잔소리죠. 바다와 강에서 들어오는 수산물과 호남평야의 곡물들이 이곳에 모이는 거예요. 쌀 400석을 실은 큰 배들이 이곳

강경젓갈골목

을 오갔던 것인데, 조선시대 강경에 북적거리는 사람들의 모습을 상상할 수 있겠죠?

이곳에 젓갈, 즉 염장법이 흥할 수밖에 없었던 건 매우 큰 시장이었기 때문이에요. 수산물은 어떻게 보관하느냐가 중요하잖아요. 오랫동안 상하지 않게 보관하기 위해 자연스레 염장법을 활용할 수밖에 없었고, 그래서 오늘날까지 젓갈류가 이곳을 대표하게 된 거죠.

금강을 따라 올라갔던 뱃길을 좇아 강경장이 열렸던 옥녀봉으로 한번 가볼까요? 참, 그보다 먼저 강경젓갈전시장을 둘러보아야 해요. 그런데 이 전시장 자리에는 과거 길쭉한 시설물이 하나 있었는데요, 지역사람들은 그 시설물을 등대라고 해요. 많은 배들이 오갔다는 증거죠. 그런데 그것이 등대가 아니라 물의 수위를 표시하고 기록하기 위한 시설물이라고 말하는 사람들도 있어요. 등대든 수위를 표시하는 시설물이든 그것의 존재는 강경과 금강이 교통의 중심지였다는 것을 말해주죠.

전시장을 지나 강을 따라 올라가다 보면 서창교라는 다리가 있어요. 앞에 갑문이 있는데, 강경갑문이랍니다. 이 물줄기가 강경천과 합쳐지고 바로 금강으로 빠지죠. 이 물줄기를 따라가면 강경젓갈골목이 나와요. 뒤에 다시 살펴보겠지만 옛 노동조합 건물, 은행 등 근대 건축물도 이곳을 따라 있답니다.

갑문은 일제강점기 때 생긴 거예요. 당시 갑문이 있던 곳은 인천과 이

강경갑문(위), 봉수대(아래)

곳뿐이었어요. 수위 차이가 있을 때 갑문을 통해 강경 중심으로 배가 들어온 거죠. 즉 금강 본류와 이곳의 수위를 조절해서 배가 들어오는 역할을 한 거예요. 이곳 사람들이 얼마나 조차에 민감했는지 간접적으로 알 수 있는 대목이죠.

갑문 옆에는 옥녀봉으로 오르는 계단이 있어요. 그 계단을 따라 옥녀봉에 오르면 강경은 물론 금강과 논산천이 한눈에 조망돼요. 봉수대도 있어요. 온통 평평한 곳인데 옥녀봉만 톡 튀어 나와 있는 게 신기하죠? 이런 걸 해면에 있는 섬 같다고 해서 '도상구릉'이라고 해요. 화강암의 차별침식 때문에 생긴 거예요. 주변의 바위엔 엄청나게 많은 금이 그어져 있는데, 이곳은 금이 많이 없어서 쉽게 없어지지 않고 오랫동안 남아 있는 거죠.

또 여기에 강경을 이해하는 중요한 열쇳말인 '조차'의 하이라이트가 있어요. 바로 해조문입니다. 풀 해(解), 조수 조(潮), 즉 조차를 설명하는 암각문이죠. 조석의 발생원인, 언제 물높이가 어떻게 되느냐 하는 것이 기록된 최초의 설명문이에요. 밀물이 그만큼 중요했던 거죠. 밀물에 몸을 맡긴 배가 이곳까지 올라온 거예요. 덕분에 큰 시장이 생겼고 염장기술이 발전한 거죠. 그러니 이 밀물이 강경을

옥녀봉(위), 해조문(아래)

침례교회 예배처

만들었다고 해도 과언이 아닐 거예요.

옥녀봉은 일제강점기 때 강경신사가 있었던 곳이기도 해요. 조선 후기 못지않게 일제강점기 때도 북적였던 곳이란 걸 알 수 있죠. 일본인뿐 아니라 중국인들도 많았다는데, 이 말은 곧 다양한 외국 문물이 들어오는 곳이었다는 이야기죠. 우리나라 최초의 침례교회 예배처도 있어서, 기독교 성지로 받아들여지기도 합니다. 하지만 사람들이 이곳을 작은 일본이라 불렀을 만큼 근대문화유산이 많은 곳으로 유명해요. 근대문화유산 하면 군산이 먼저 떠오를 텐데, 그에 못지않은 곳이 바로 이 강경이랍니다.

어떤 곳들이 있느냐고요? 강경이 상업 중심지였던 만큼 경제와 상업 관련 건축물이 많아요. 한일은행 강경지점이 보이네요. 광복 이후 한때는 젓갈 저장창고로 쓰이기도 했었는데, 지금은 강경역사박물관으로 활용하고 있어요.

옛 한일은행 강경지점(강경역사박물관)

강경노동조합 건물도 있어요. 역시 일제강점기 때의 건물인데 과거엔 2층이었어요. 그 앞까지 배가 왔다 갔다 했었죠. 군산노동조합보다 먼저 생긴 충청 지역 최초의 노동조합이라고 해요. 이곳이 특히 의미가 깊은 것은 일제강점기 때 일본에게 상권을 잃지 않으려고 봇짐장수부터 거상, 자본가들이 모여 단결하던 장소라는 점 때문이죠. 항일운동의 본거지 역할을 했던 거예요.

강경노동조합 건물

남일당   강상 교장관사

　본정통 거리도 걸어볼까요? 본정통이란 일제강점기 때의 중심지, 번화가를 의미해요. 오늘날로 치면 명동 같은 곳이죠. 물론 예전엔 번화가였지만 지금은 아니에요. 강경에서 근대문화유산 거리를 조성하고 있지만, 이곳은 아니랍니다. 이왕이면 과거 본정통 거리를 중심으로 근대문화유산 거리를 꾸몄으면 더 좋지 않았을까 하는 아쉬움은 남네요.

　이 거리 중간에 남일당 한약방이 있습니다. 1920년대 이곳이 호황이던 시절부터 현재까지 유일하게 남은 건물이라고 해요. 한옥 같지만 일본식 건축양식이 많이 가미된 건물로 귀중한 근대 건축물이에요.

　강경 사람들의 자랑 강경상고도 있어요. 흔히 강상이라고 부르죠. 학교 정문을 들어가 바로 왼쪽에 있는 건물은 교장관사로 활용되던 건물인데, 딱 봐도 일본식 건물이에요. 급한 경사의 지붕, 미로 같은 복도, 개인 주택에서는 찾아보기 힘든 포치(건물 입구의 지붕)가 특징이죠. 강경읍도 군산처럼 이곳을 근대문화유산의 중심지로 열심히 홍보하는 중이에요. 불행인지 다행인지, 개발되지 않았기에 살아남은 일본식 건물들이 중요한 자산이 된 셈이죠. 근대문화유산과 젓갈거리를 중심으로 "다시 시작!"을 외치

논산경찰서 주차장의 배

대전지검 논산지청

고 있는 거예요.

논산의 이 작은 강경읍에 검찰청과 법원 그리고 논산경찰서가 다 들어와 있어요. 논산의 정치·경제의 중심지는 논산시로 완전히 넘어갔지만, 이 기관들은 강경에 남아 있죠. 과거 강경의 위세를 알 수 있는 대목이긴 한데, 계속 이전 논의는 있다고 하네요. 경찰서 주차장에는 배도 있네요. 내륙까지 배가 들어왔다는걸 보여주는 걸까요? 재미있어서 피식! 하고 웃었답니다.

논산시와 연무읍의 성장

그렇게 잘나가던 강경이 강경시가 아닌 읍으로 남아 있는 이유는 무엇일까요? 교통의 중심이 수운교통에서 철도와 도로 같은 내륙교통으로 변했기 때문이에요. 사실 1905년 경부선이 개통되었을 때는 그렇게 강경이 쇠퇴하지 않았어요. 하지만 징조는 나타나기 시작했죠. 군산과 강경을 통해 세종시 부강에 공급되던 수산물을 이제는 인천과 부산에서 가져올 수 있게 되었으니까요. 공주와 청주도 강경의 상권에서 분리되었죠. 이제 그곳에서 굳이 배를 타고 강경에 올 이유가 없어진 거예요.

거기다 1911년 공주-논산-전주-목포를 잇는 도로가 강경을 비켜나서

논산훈련소

건설되고, 몇 년 후에는 호남선이 완전 개통되면서 수운교통의 역할이 대폭 줄어들었거든요. 화물이든 사람이든 이젠 철도를 통해 오갈 수 있게 되었으니까요. 상대적으로 대전과 조치원이 흥하게 되고 논산 내에서도 기차가 지나던 놀뫼라고 불린 지역(논산시)이 새로운 중심지가 되었답니다.

그러다 결정적으로 한국전쟁 때 공공기관이 모여 있던 강경이 집중 포격을 당하게 돼요. 마지막으로 1990년도에 완공된 금강하굿둑 건설로 금강을 통해 배가 들어오는 게 완전 불가능해졌고요. 그래서 중심지가 내륙교통이 좋은 곳으로 넘어가게 된 거죠.

그럼 이번엔 남성 독자들의 추억 혹은 공포심을 자극할 논산훈련소가 있는 연무읍을 들러볼까요? 논산훈련소는 한국전쟁 당시 이곳 논산에 제2육군훈련소라는 이름으로 세워졌어요. 당시 이승만 대통령이 연무대라는 이름을 지었죠. 당시에는 육군훈련소가 7개까지 있었다고 하는데, 지금은 유일하게 남아서 이름도 제2육군훈련소가 아닌 육군훈련소가 되었다고 해요. 이곳이 연무읍이 된 것은 연무대가 위치해 있었기 때문이죠.

그래서 연무읍은 입대하는 사람과 그

펜션들(위), 안녕고개(아래)

연무대

탑정저수지의 계백 장군 조형물

들을 배웅하러 온 사람들을 위한 독특한 경관들이 탄생하게 되었어요. 입소일이 매주 월요일과 목요일이라 그때는 엄청 북적이고 나머지 요일에는 한산하답니다.

주변엔 펜션들이 들어서 있는데, 입대와 외출을 위한 곳이에요. 입대일엔 이 일대가 전쟁터를 방불케 해요. 주차하기도 힘들고, 입대하기 전에 맛있는 음식을 먹이고 싶은 부모와 친구들 때문에 식당이 난리도 아니죠.

안녕고개라 불리는 곳도 있어요. 세워진 비석을 읽어보면 이곳이 예전엔 구자곡이었다는 걸 알 수 있는데, 9개 도에서 아들들이 모이는 곳이어서 그렇게 불렸다고 하네요. 신기하죠? 오늘날 안녕고개는 전국에서 모인 청년들의 안녕을 빌면서 "안녕"을 외치는 곳이 되었어요. 잠시 이 땅의 군인들의 안녕을 위해 기원해보는 것도 좋겠죠.

연무대 입구에 가보면 탱크 모형도 있고 탑도 있어요. 연무대역도 있고요. 연무대역은 일반 시민이 이용하는 곳은 아니에요. 교육을 마친 군인들이 전국으로 흩어질 때 이용하는 역이죠.

황산벌이라는 말은 들어보았을 거예요. 계백 장군이 결사항전을 펼쳐 신라와 최후의 일전을 벌였던 곳이죠. 그 황산벌이 바로 논산이랍니다. 정확히는 논산 탑정저수지 동쪽이죠. 백제와 신라, 황산벌에서 맞선 계백과 관창, 그들의 혼이 서린 이곳에서 그들의 정신을 가슴에 품고 나라를 지키라고 육군훈련소가 세워진 것일지도 모르겠네요.

논산은 '이제 다시 시작하는 곳'이에요. 예전 번성했던 강경이 근대문화유산의 중심지이자 젓갈 관광의 중심지로 다시 시작하려는 곳이고, 동시에 이 땅의 젊은이들이 나라를 위해 헌신하며 "이제 다시 시작!"을 외치는 곳이기도 하니까요. 논산의 새로운 시작이 더 좋은 결실을 맺을 수 있기를 기대하며 지켜보도록 해요.

① 대천해수욕장(머드축제)
② 주포산업단지
③ 사현마을
④ 웅천석재단지
⑤ 관창산업단지
⑥ 보령석탄박물관
⑦ 성주산
⑧ 성주사지
⑨ 보령냉풍욕장
⑩ 보령화력발전소
⑪ 갈매못성지
⑫ 이지함 선생 묘

머드축제와 화력발전의 도시 보령

서해안의 해수욕장은 갯벌이 함께 있는 곳이 많아요. 특히 우리나라 서해안의 갯벌은 규모 면에서 세계 3대 갯벌로 꼽히죠. 그래서 보령 머드축제가 유명해질 수 있었던 거예요. 머드축제는 이제 외국인들도 많이 찾는 세계적인 축제로 성장했다고 하네요. 신나는 바닷가에서 젊음과 축제를 만끽할 수 있어서 인기 만점이랍니다.

보령은 머드축제로 유명하지만 그 밖의 볼거리도 상당히 많은 곳이에요. 해산물과 관련된 먹거리와 축제, 폐광을 이용한 냉풍욕장, 어마어마한 규모의 화력발전소 등을 볼 수 있죠. 특히 여름의 보령은 뜨거움과 시원함을 동시에 누릴 수 있는 독특한 여행지랍니다.

그럼, 지금부터 보령 여행을 한번 떠나볼까요?

세계적인 머드축제를 가다

수도권에서 서해안고속국도를 따라 달리면 금방 보령에 닿아요. 머드축제 기간에는 사람들이 엄청나게 몰리는데, 아침 일찍부터 머드축제장에 들어가기 위해 길게 줄 서 있는 걸 볼 수 있죠. 갯벌 진흙 위에서 신나게 놀 수 있기 때문에 남녀노소 가리지 않고, 연인과 가족 단위로도 많이 찾는 곳이랍니다. 외국인들이 유독 많이 찾는 축제이기도 해요. 2014년 보령 머드축제 기간에 이곳을 찾은 사람이 330만 명 정도라고 하는데, 그중 외국인만 28만 명에 달한다니 규모 면에서 세계 10대 축제라 해도 손색이 없답니다. 세계 여러 언론에도 많이 소개되었고요.

특히 우리나라의 다른 지역 축제들이 볼거리와 먹거리 위주의 프로그램인 반면, 머드축제는 직접 체험 위주로 이루어져 있어 사람들의 발길을 더 많이 끄는 것 같아요. 스페인의 토마토축제, 독일의 맥주축제, 브라질의 리우축제 등 세계적으로 유명한 축제들을 보면 축제에 참가한 사람들이 서로 어울리며 신명나게 노는 게 인상적이죠. 보령 머드축제도 남녀노

머드축제의 인파들

소, 내국인과 외국인을 가리지 않고 마치 순식간에 친구가 된 듯 어울려 신나게 노는 모습을 목격할 수 있어요.

참고삼아 얘기하자면, 축제의 기원은 보통 신성한 종교의식에서 출발한 경우가 많아요. 유럽이나 남미의 카니발도 신을 기리던 제사의식에서 시작된 거죠. 자신들이 모시던 신을 위해 신나게 춤추고 노래하고 즐기면서 일탈하던 행위였는

머드축제의 진흙싸움

데, 지금은 유희적 측면만 남은 거라고 할 수 있어요.

그런데 우리나라 대부분의 지역 축제는 머드축제만큼 성공하지 못한 것이 현실이에요. 매년 문화체육관광부에서 40여 개 지역 축제를 선정해 지원금을 주며 장려하고 있음에도 예산 부족을 호소하거나 형식적인 명맥만 유지하는 경우가 많고, 성공 사례를 그저 베끼다 보니 비슷비슷해져 가치가 하락된 축제도 많아요.

그런 점에서 보령 머드축제의 성공은 좋은 표본이 될 수 있을 거예요. 지역축제가 이처럼 성공하려면 어떻게 해야 할까요? 우선 축제의 본질을 생각해야 해요. 지역 축제는 지역 홍보효과도 있기 때문에 그 지역을 대표할 만한 주제를 중심으로 삼되, 지역주민들과 함께 하는 축제여야 한다는 게 중요하죠. 축제를 통해 지역주민들의 화합과 공동체의식과 자부심을 키울 수 있고, 더불어 전통문화를 계승할 수 있어야만 하니까요.

그다음 지역의 경제적 이익 창출과 고용효과도 무시할 수 없겠죠. 수익 없는 축제는 지속되기 어려울 테니까요. 하지만 축제가 상업적인 면만 부각되거나 돈벌이 수단으로 전락해버리면 그 또한 더 이상 유지되거나 발전하기 어려워요. 지역주민과 외지인 모두 외면할 수밖에 없는 축제가 되어버리는 거죠. 결국 단기간의 이익만 좇아서는 축제를 발전시키기 어렵겠죠. 오히려 지역주민과 함께하는 축제가 되어서 그 수익을 지역주민에게 되돌려준다면 축제가 더 활성화되고 경제적 효과도 동반 상승할 거라고 보는 게 옳을 거예요.

보령 머드축제도 인기를 끌다 보니 부분적으로 지나치게 상업적으로 변질되는 게 아닌가 우려스러운 부분들이 있긴 해요. 하지만 아직까지는 지역주민이 적극적으로 참여하고 있기에 희망적이라고 말할 수 있어요.

머드광장에 쓰이는 진흙은 모두 대천 앞바다에서 직접 가지고 오는 거래요. 갯벌 진흙이 그렇게 피부에 좋다고 하네요. 화장품으로 만들어 쓰기도 하잖아요. 비단 사람 피부에만 좋은 게 아니라 갯벌의 효능은 무궁무진하답니다.

지역주민과 함께하는 축제

우선 갯벌은 육지에서 온 오염물질을 정화해요. 일본의 연구 결과 10제곱킬로미터의 갯벌은 인구 10만 명 정도의 도시에서 나오는 오염물질을 정화하는 하수종말처리장에 버금 간다고 하니 정말 대단하죠? 갯벌 속 다양한 미생물들이 활발한 분해활동을 펼쳐 오염물질을 정화하는 거랍니다.

또 갯벌은 바닷가에 살고 있는 다양한 어패류와 해양생물들에게 서식지를 제공하기도 하고, 많은 사람들이 체험 및 관광지로 찾기도 하죠. 뿐만 아니라 갯벌은 홍수에 의한 물의 흐름을 완화시키고 태풍과 해일이 발생하면 완충 역할을 해서 육지의 피해를 감소시켜주는 기능도 한답니다.

이렇게 중요한 갯벌이 여전히 대규모 간척사업이나 해양 오염 등으로 계속해서 파괴되고 있으니 참으로 안타까운 일이에요. 우리 모두가 갯벌을 잘 보존하려는 노력에 힘을 보태야 하지 않을까요?

한편, 머드축제가 열리는 머드광장에 가보면 머드화장품 홍보를 상당히 많이 하고 있어요. 이제는 머드화장품이 보령의 특산물이 되었다고 해도 과

충남 지역 해산물축제

충남 지역은 다양한 해산물이 잡히는 곳이에요. 그래서 해산물과 연관된 축제도 상당히 많답니다. 봄철과 가을철에 주로 집중되어 있는데, 봄철엔 보령 무창포 주꾸미축제, 당진 장고항 실치축제, 홍성 남당항 새조개축제, 당진 바지락축제, 보령 오천항 키조개 축제가 유명하고, 가을철은 홍성 남당항 대하 및 전어축제, 서천 홍원항 꽃게 및 전어축제, 안면도 대하축제가 유명해요. 축제 기간에 맞춰 가보면 맛있고 신선한 제철 해산물을 맛볼 수 있겠죠? ✿

언이 아니랍니다. 피부에 좋은 이곳 머드를 원료로 생산된 머드화장품은 세계 여러 곳에 수출을 하고 있으며, 머드축제와 더불어 급속한 성장을 보이고 있죠.

보령의 머드화장품 생산공장은 주포산업1단지에 위치해 있는데, 이와 같이 원료 산지에 생산공장이 입지하는 형태의 공업을 '원료 지향성 공업'이라고 해요. 일반적으로 원료 지향성 공업은 운송비에서 원료의 운송비가 차지하는 비중이 높은 경우예요. 원료의 부피나 무게가 많이 나가거나 쉽게 변질되는 경우가 이에 해당하죠. 대표적인 공업이 시멘트 공업과 통

머드화장품

머드화장품 생산공장

조림 공업이에요.

머드 역시 진흙이라 운송이 상당히 불편하죠. 그래서 원료 산지에서 제품을 만들어 이동하는 편이 훨씬 수월하기 때문에 산지인 이곳 보령에 입지한 거랍니다.

그럼 반대로 공장이 시장에 입지하는 경우도 생각해볼까요? 제품을 만들었을 때 무게나 부피가 증가하거나 제품이 쉽게 변질되는 경우가 여기 해당해요. 가구 공업, 음료수 공업, 제과 및 제빵 등이 대표적이에요. 부지가 저렴한 곳이나 교통이 편리한 곳에만 공장이 입지하는 건 아닌 셈이죠. 공장 입지에 영향을 주는 것은 이토록 다양하답니다. 집적이익 지향성 공업이나 노동 지향성 공업들도 있어요. 집적이익 지향성 공업은 연관성이 높은 공업이나 계열화된 조립 공업인 경우가 해당하는데, 주로 자동차 공업이나 석유화학 공업이 대표적인 사례죠. 노동 지향성 공업은 노동력의 비중이 높은 경우인데, 섬유나 신발 공업이 대표적이고요. 이런 경우 노동비가 저렴한 곳을 찾아 중국이나 동남아시아 등지의 해외로 공장을 이전하기도 하죠.

보령에서 나오는 공산품으로 유명한 것을 또 꼽자면, 남포면에서 만들어서 이름 붙여진 남포벼루를 들 수 있어요. 예로부터 보령의 성주산 일대에서는 남포 오석이라는 검은색을 띠는 고급 석재가 많이 나왔어요. 이 오석을 가지고 만든 벼루의 빛깔이 너무 고급스럽고 먹이 잘 갈려서 전국적으로 유명해진 거죠. 청라면의 남포벼루 전시관이나 웅천돌문화공원을 가보면 그 진가를 확인해볼 수 있어요.

남포벼루 전시관

여기서 문제. 남포벼루와 석공 예술품은 앞서 말한 공업 입지 중 어디에 해당할까요? 네, 역시 원료 지향성 공

웅천석재단지

업이에요. 석재는 그 특성상 원료의 무게가 많이 나가고 부피가 크다 보니 원료 산지에 공장이 입지하는 경우가 되는 거죠. 이곳 보령 웅천 지역엔 이곳에서 채굴하는 석재를 이용해 비석 등을 가공하는 대규모 석재단지가 위치해 있답니다.

웅천석재단지는 입구부터 온통 석재 공장들로 즐비하죠. 시내 전체가 석재단지라 해도 과언이 아니랍니다. 60여 개의 석재공장에서 대규모로 비석이나 조각상을 만들고, 남포 오석을 가지고 남포벼루나 웅천조각벼루 등을 수작업으로 만들기도 해요.

보령 시내에서 웅천석재단지로 넘어가는 길에 있는 남포면 사현마을은 포도로 유명한 곳이에요. 사질토양에서 재배된 포도는 다른 지역 포도보다 당도가 매우 높다고 해요. 1980년대 말부터 시작했는데, 이젠 마을 전체가 포도를 재배하고 있고 포도주공장도 있어요.

사현마을 포도밭 (위)
사현포도주공장 (아래)

보령은 서해안고속국도와 철도의 개통으로 교통이 빠르게 발달하면서 2000년대 들어 제조업의 성장세가 두드러지고 있죠. 특히 주포면과 주교면 일대에 주포산업단지, 관창산업단지 등의 대규모 산업단지가 조성되었어요.

관창산업단지에는 자동차 및 부품공장이 들어섰죠. 자동차 및 부품공장은 울산과 평택 등이 유명한데, 이곳 보령도 빠르게 성장하고 있어요. 인근에 자동차 관련 특성화 대학이 위치하고 있어 발전 가능성이 더 높다고 할 수 있죠.

남포 오석

보령의 성주산 일대에서 나는 검은 빛깔의 오석과 푸른 빛깔의 청석을 모두 일컫는 말이에요. 오석(烏石)은 까마귀처럼 진한 검은 빛을 띠며 더 단단하고, 청석(靑石)은 푸른 빛을 띠고 오석보다 약간 물러요. 중생대 호소성 퇴적층이 융기되어 형성되었는데, 셰일층은 청석이, 사암층은 오석이 된 거죠. 남포벼루는 오석 중 백운상석이라는 단단한 돌을 써요. 물이 잘 스며들지 않아 벼루로는 안성맞춤이라고 하네요. 1990년대 초반부터 중국산 오석에 밀리고 남포 오석을 구하기는 상당히 어려워져 오석 관련 산업이 쇠퇴했는데, 2015년 들어 성주산 일대에서 대규모 오석이 발견되어 석재산업이 다시 활기를 띠고 있답니다. 🌸

관창산업단지에 가보면 생각보다 많은 기업이 입주한 걸 볼 수 있어요. 자동차공장과 부품공장뿐 아니라 전기 관련 기업도 상당히 많이 입주해 있거든요. 자동차 관련 산업은 집적이익 지향성 공업이기 때문에 추후 관련 기업들이 더 들어올 가능성도 높아요. 인근에 보령화력발전소가 있어 전력 공급도 용이하고 기차역과 서해안고속국도 덕분에 교통도 상당히 편리하죠. 보령은 충청남도에 위치한 도시인데, 충남의 경우 수도권과 인접해 있다는 특수성과 서해안고속국도와 철도 등의 육상교통뿐 아니라 서해안의 해운교통도 발달되어 있어, 최근 많은 수도권 공장들이 이전하고 있답니다. 보령이 그 대표적인 곳 중 하나이고요.

인근의 주포산업단지는 1단지와 2단지로 나뉘어 있는데, 모두 농공단지 위주로 조성되어 있어요. 주로 머드화장품 생산공장 같은, 지역 특성을 살리는 공장들이 많이 입지해 있죠.

관창산업단지

보령 탄광의 변화와 화력발전의 성장

보령에도 탄광이 있었어요. 탄광은 주로 강원도에 있는 걸로 생각하겠지만, 이곳 보령에도 있었답니다. 하지만 보령의 탄전은 강원도 태백, 사북, 정선 등지의 탄전과는 약간 달라요. 석탄이 만들어진 시기가 다르거든요.

우리가 주로 알고 있는 석탄은 연탄의 원료인 무연탄이죠. 고생대 평안계 지층에 주로 매장되어 있어요. 이런 지층이 강원도에 많이 분포해 있는 거죠. 그래서 강원도 태백, 사북, 정선 등지에 탄전이 많이 있었던 거고요.

보령의 탄전은 그보다 늦은 중생대 대동계 지층에 매장되어 있는 석탄이에요. 참고로 석탄은 신생대 지층에서도 나온답니다. 북한에 위치한 아오지탄광에서는 신생대 3기층에 매장된 갈탄이라는 석탄이 많이 생산되거든요. 보령의 경우는 중생대 지층에서 만들어진 석탄이 많이 매장되어 있어 이를 채굴하기 위해 탄광이 꽤 생겼었어요.

보령석탄박물관 (위)
탄광아파트 (아래)

그중 성주탄광이 제일 유명했어요. 성주탄광에서 생산된 석탄은 서천화력발전소로 공급되었죠. 하지만 우리나라 대부분의 탄광처럼 석탄산업합리화정책 이후 1990년대 폐광되었어요. 지금은 우리나라 최초의 석탄박물관이 만들어져 있고요. 보령석탄박물관은 많은 사람들의 기증에 의해 만들어진 곳이랍니다.

이곳 석탄박물관은 원래 있던 탄광 위에다 그대로 지었다고 해요. 그래서 에어컨을 켜지 않아도 정말 시원하죠. 이 석탄박물관 앞의 마을

중생대 대동계 지층

중생대 대동계 지층은 쥐라기에 형성된 지층이에요. 중생대에 한반도에서는 대보조산운동이 아주 격렬하게 일어났는데, 이때 지각의 갈라진 틈인 지질구조선을 따라 대규모의 화강암이 관입했죠. 때문에 중생대에 형성된 지층엔 대부분 화강암이 분포해요. 그런 데 지각운동을 벗어난 일부 지역에서 육성퇴적층이 형성되었고, 이 퇴적층이 대동계 지층이랍니다. 보령을 비롯한 충청남도 일부에 있는 대동계 지층에는 석탄이 분포해요. 비슷한 시기에 형성된 호소성 퇴적층인 경상분지에서는 공룡화석이 발견되기도 하죠.

이 과거 성주탄광마을이었어요. 마을에 있는 아파트는 정부에서 탄광에 종사하던 사람들이 정착할 수 있도록 만들어준 임대아파트고요. 예전에는 탄광아파트라고도 불렸죠. 지금은 작은 마을이지만 1980년대에는 인구가 보령 시내보다 더 많았다고 해요.

남포역 주변을 가면 그 당시 석탄을 나르던 철로의 모습도 아직 남아 있어요. 성주탄광마을과 남포역 철로를 보면 그 당시 이 지역의 탄광이 얼마나 활성화되어 있었는지 짐작할 수 있답니다.

성주사지

이곳 가까이에 통일신라 유적지인 성주사지가 있다는 것도 기억해두면 좋겠죠. 성주사지는 지금은 절터에 덩그러니 석탑과 부도만 남아 있지만, 예전엔 상당히 큰 절이었다고 해요. 승려가 2천여 명이나 머물렀대요. 그리고 이곳에 있는 국보 제8호인 낭혜화상탑비 역시 남포 오석으로 만들어졌답니다.

보령은 석탄박물관 말고도 폐광을 이용해 관광상품을 개발한 것들이 꽤 있어요. 대표적인 것이 폐광동굴을 이용한 냉풍욕장이에요. 여름에 가면 엄청 시원한데요, 동굴에서 시원한 바람이 나오거든요. 여름 냉풍욕장 안의 온도가 12도 정도래요. 폐광동굴은 항상 이정도 기온을 유지하기 때문에 양송이버섯을 재배해 지역 특산물로 개발하기도 하고, 포도주를 숙성하거나 다양한 음식을 저장하는 곳으로 이용하기도 하죠.

냉풍욕장(위)
냉풍욕장 터널(아래)

보령시는 석탄산업합리화정책 이후 폐광으로 인한 급격한 인구 유출을 막기 위해, 대안으로 일찍부터 관광산업을 활성화했죠. 폐광을 이용한 관광상품 개발과 더불어 보령 머드축제가 대표적인 사례예요. 덕분에 같은 탄광이었지만 태백시의 현재 인구가 채 5만이 되지 않는 데 반해, 보령시의 경우 아직 11만 명 정도의 인구를 유지하고 있죠.

다른 농어촌 도시에 비하면 가히 성공적이라 말할 만하죠? 지금도 관광산업 활성화와 산업단지 개발, 보령화력발전소의 증설 등으로 인구가 조금씩 늘고 있는 추세고요. 지역의 특유한 상황을 스스로 잘 활용해 문제를 해결한 사례라고 볼 수 있어요.

보령엔 또 대규모 화력발전소가 있어요. 화력발전은 주로 전력 소비가 많은 지역에 입지하는데, 이곳 보령은 수도권에 인접해 있어 화력발전소에서 생산된 전기는

보령화력발전소

주로 수도권과 중부지역에 공급하고 있어요. 보령에너지월드는 보령화력 본부에서 에너지와 전기에 대해 홍보하기 위해 만든 일종의 홍보관이랍니다. 화력발전소 내에 위치해 있지만 일반인에게 개방되어 구경하는 게 가능해요.

화력발전소는 주로 화석연료인 석탄이나 석유, 천연가스 등을 많이 사용하다 보니 대기오염물질을 많이 발생시켜요. 화력발전소가 다른 발전소에 비해 소비지와 인접하여 빠른 시간 안에 저렴하게 건설할 수 있다는 장점이 있는 반면, 대기오염물질을 배출하고 화석연료를 수입에 의존하는 우리나라 입장에서는 연료비가 지속적으로 과다하게 발생하는 단점이 있죠. 주변으로 천연가스 저장소를 건설하고 있는데, 아무래도 석탄과 석유에 비해 대기오염물질 배출이 적은 천연가스의 비중이 빠르게 증가하는 추세예요.

신보령화력발전소

인근에 신보령화력발전소도 건립 중이에요. 충남 지역은 화력발전소가 계속 증설되고 있거든요. 인근 서천에도 대규모 화력발전소가 있고요. 우리나라의 경우, 인구가 증가하고 산업이 발달하면서 계속해서 전력 소비가 급증하고 있는데, 특히 수도권의 전력 소비는 더더욱 급증하고 있는 추세랍니다. 최근 원전 가동이 일시적으로 멈추는 빈도수가 늘고 있어서 이곳 충남 지역에 화력발전소가 더욱 늘어나는 것 같아요.

왜 수도권이 아니라 보령이냐고요? 수도권 내에 발전소 건설 부지를

송전탑

확보하기도 어려운 데다 연료를 대부분 수입하는 우리나라의 경우 항구가 있는 해안가에 입지하는 게 더 유리하니까요. 이곳만 해도 11만 톤급 원료수송용 대형선박이 접안할 수 있는 항구 시설을 갖추고 있어요.

하지만 발전소가 지역에 있으면 전력을 수도권으로 송전하기 위해 많은 송전탑을 건설해야만 해요. 밀양 송전탑 문제만 봐도 그 해법이 쉽지 않다는 걸 알 수 있죠. 보령은 그나마 인구가 밀집한 마을과 떨어져 있어 문제가 적은 편이지만, 충남 당진과 태안에서는 송전탑 문제로 인한 갈등이 매우 심하답니다.

화력발전소 근처에도 역사적 유적지가 꽤 있어요. 병인박해 때 5명의 신부가 순교한 천주교 갈매못성지와 《토정비결》로 유명한 이지함 선생 묘도 있죠. 화력발전소를 둘러볼 때 겸해서 볼 만한 가치가 있는 곳들이랍니다.

이지함 선생 묘(위)
갈매못성지(아래)

열정적인 축제와 뜨거운 화력발전소가 있고 시원한 바다와 냉풍욕장이 어우러져, 뜨거움과 시원함이 공존하는 도시 보령을 둘러보았습니다. 역사적 흔적도 많고 동시에 새로운 변화도 목격할 수 있는 매력적인 도시라는 점은 충분히 확인할 수 있었죠?

① 제천역
② 박달재
③ 천등산
④ 시랑산
⑤ 배론성지
⑥ 의림지
⑦ 청풍호
⑧ 충주호
⑨ 청풍문화재단지
⑩ 제천약령시장
⑪ 제천한방엑스포공원
⑫ 명암산채건강마을
⑬ 교리마을
⑭ 외솔봉

역사문화와 자연치유의 한방도시 제천

전 세계 74억의 인구를 같은 지역에 1미터 간격으로 모으면 어느 정도 면적이 될까요? 혹시 중국 정도의 땅덩어리를 생각했나요? 그렇다면 감이 좀 부족한 거예요. 사실 충청북도 면적이면 충분하다고 해요. 우리나라 9개 도 중 제주도를 제외하면 가장 작은 도인 충청북도에 전 세계 인구가 모일 수 있다는 게 신기하죠? 충청북도 면적이 7,433제곱킬로미터쯤 되니 산술적으로는 충분히 가능하답니다.

이번엔 충청북도의 도시를 둘러볼까 해요. 충청북도라고 해서 충청남도의 북쪽이라 생각하면 땡! 틀렸어요. 충청북도는 충청남도의 동쪽에 위치해 있거든요. 지금부터 충청북도, 그중에서도 제천 여행을 떠나볼까요? 제천은 2016년 올해의 관광도시로 선정된 도시이기도 하죠. 내륙교통의 중심지이자 역사문화의 도시이며, 자연치유의 도시이기도 한 제천에서 진정한 힐링을 체험해보길 권합니다.

내륙교통의 중심지이자 역사문화의 도시 　제천시를 지도에서 찾아

보면 우리나라 내륙 한

가운데 위치한다는 걸 알 수 있어요. 충청북도는 우리나라에서 유일하게

바다와 접해 있지 않은 내륙지역이에요. 그중 제천시는 충청북도 북부의

높은 산으로 둘러싸인 침식분지에 자리하고 있죠.

　얼핏 들으면 다른 지역과의 교통이 매우 불편할 것 같죠? 하지만 천만

의 말씀이랍니다. 열차를 타고 쉽게 갈 수 있으니까요. 2013년부터 코레

일이 특별 제작하여 운행 중인 중부내륙관광열차 덕분이죠. 일명 O-트레

인과 V-트레인입니다. 중부내륙순환열차(O-트레인)는 각각 서울과 수원

에서 출발해 제천역을 중심으로 중앙, 영동, 태백선을 순환하는 노선 열차

예요. 당연히 제천역이 핵심 역이죠. 백두대간협곡열차(V-트레인)의 V는

협곡(Valley)의 약자로 백두대간의 협곡 모습을 본떠 만든 거랍니다. 최근

에는 청량리에서 아우라지 구간을 다니는 A-트레인도 운행하는데, 역시

제천역을 지나니 제천은 열차를 타면 얼

마든지 쉽게 올 수 있는 곳이에요.

　중부내륙관광열차는 예전 중앙선 철

도와 태백선, 충북선 철도로 이용되던 노

선의 이름을 바꾼 것이랍니다. 이중 제천

역은 중앙선과 태백선, 충북선이 만나는

중요한 역이 되어 내륙의 교통도시로 발

전해온 거죠. 한국철도공사 충북본부가

제천에 있는 걸 보면 이 지역에 철도 수요

가 얼마나 많았는지 알 수 있겠죠?

O-트레인과 V-트레인(위)
한국철도공사 충북본부(아래)

제천역

이 지역 철도 이용객은 왜 그렇게 많았던 걸까요? 사실 중부내륙철도 노선은 애초 여객 수송보다는 시멘트, 석탄, 목재 등을 실어나르기 위한 산업철도로 개발된 노선이에요. 시멘트의 원료인 석회암이 단양, 제천, 영월에 걸쳐 널리 분포하고 있었기 때문에 제천, 영월에서 전국 시멘트의 거의 절반을 생산했거든요. 시멘트는 운송비가 많이 들어 시멘트 공장은 대부분 중앙선과 태백선 등 철도 주변에 세워졌죠. 또 정선, 태백 등에서 생산된 무연탄도 역시 중앙선과 태백선을 이용해 수송했어요. 그래서 이 지역에 철도교통이 발달했던 거랍니다.

과거 산업용으로 사용되던 철도 노선이 지금은 이름을 바꿔 관광용으로 사용되는 거예요. 산업의 변천에 따라 교통시설의 주요 활동 내용이 변화되는 거라고 할 수 있겠죠.

제천시를 여행할 때는 제천여행앱을 활용하면 많은 도움이 될 거예요. 제천시의 대표 관광지 및 체험 여행지를 방문하면 관광객이 제천여행앱으로 마일리지를 적립받아 제천시 가맹점에서 사용할 수 있거든요.

제천관광 마일리지 여행 가이드북

우선 제천의 관광안내소에서 카드를 받고, 스마트폰 앱(제천여행앱)에 회원가입을 한 후 카드를 등록해요. 관광지나 체험여행지에서 퀴즈를 푸는 등의 과정을 거치면 마일리지를 적립할 수 있어요. 마일리지가 3,000점 이상이면 카드를 사용할 수 있답니다. 스마트폰이 없다

박달도령과 금봉낭자(위)
박달재(아래)

면, 관광안내소에서 스탬프북을 받아 관광지에서 스탬프를 찍은 후 안내소를 방문한 다음 기프트카드를 받으면 돼요. 가맹점에서 사용할 수 있으니까요. 가까운 관광안내소에 가면 〈제천관광 마일리지 여행 가이드북〉이 있으니 참고하면 도움이 될 거예요.

아니, 제천에 스탬프나 마일리지를 받아 사용할 수 있을 만큼 체험 관광지가 많냐고요? 물론이죠. 제천은 역사와 이야기가 담긴 관광지가 많답니다. 제천시 캐릭터부터 한번 보세요. 누구일까요? 힌트로 "천등산~ 박달재를 울고 넘는 우리 님아~"라는 노래를 들려줄게요. 네, 바로 〈울고 넘는 박달재〉에 나오는 박달도령과 금봉낭자랍니다.

당연히 박달재를 넘어봐야겠죠. 박달도령과 금봉낭자의 애달픈 사랑 이야기가 담긴 박달재는 제천시 봉양읍과 백운면을 잇는 고갯길이랍니다.

박달재가 있는 산은 천등산이 아니라 시랑산이에요. 해발고도 691미터의 산이죠. 천등산은 이보다 서남쪽으로 약 8킬로미터쯤 떨어진 다릿재와 연결된 산이에요. 제천에는 '~재'라고 불리는 길이 많은데, '재'는 길이 나서 넘어 다닐 수 있는 높은 산의 고개를 뜻해요. 제천은 산으로 둘러싸인 분지에 위치하다 보니 이렇듯 고개에 얽힌 전설도 많은 거죠.

제천에서 또 유명한 역사 명소는 우리나라 천주교 역사에서 중요한 의미를 지닌 배론성지입니다. 1년 내내 천주교인들과 관광객들이 찾는 곳이에

배론성지

박달도령과 금봉낭자

경상도 선비 박달이 과거를 보러 한양으로 가던 도중 평동마을에서 하룻밤을 묵게 되었어요. 이때 마을 처녀 금봉에게 반한 박달은 금봉과 사랑에 빠지게 되죠. 과거 급제 후 혼례를 올리기로 약조한 박달이 한양으로 떠났고, 금봉은 매일같이 박달의 장원 급제를 빌었어요. 하지만 박달의 소식이 없어 상심한 금봉은 한을 품은 채 죽고 말았답니다. 한양에 온 박달은 과거 준비를 뒤로한 채 금봉만 그리다가 낙방했죠. 고향 내려가기를 차일피일 미루다 금봉을 찾아온 박달은 금봉의 장례 사흘 후에 도착해 그녀의 죽음 소식을 듣게 되죠. 박달은 목 놓아 울다가 언뜻 고개를 너울너울 춤추며 오르는 금봉의 환상을 보고는 반가운 마음에 달려가 금봉을 끌어안았는데, 그 순간 낭떠러지로 떨어져 죽게 되었답니다.

요. 신유박해 때 황사영 선생이 옹기굴에 숨어 지내며 박해 상황과 외국의 도움을 청하는 내용의 백서를 써서 북경의 주교에게 보내려다 발각돼 순교한 곳이죠. 신유박해를 피해 온 사람들이 농사를 짓고 옹기를 구워 생활하며 신앙공동체를 이루던 곳인데, 마을이 위치한 계곡이 배 밑창을 닮았다 해서 배론〔舟論〕으로 불렸다고 해요. 이곳에 한국 최초의 사제 배출을 위한 신학교 '성요셉 신학당'을 복원해두었어요. 우리나라 최초의 유학생이며 김대건 신부에 이어 두 번째 신부가 된 최양업 신부의 동상도 세워져 있어요.

의림지도 명소 중 하나예요. 제천 10경 중 제1경이라는 곳이죠. 삼한시대에 만들어진 저수지로 우리나라에서 가장 오래된 수리시설 중 저수지의 모습을 갖추고 있는 유일한 곳이에요. 제천의 역사적·산업적 뿌리가

1. 황사영 토굴
2. 의림지
3. 청풍호
4. 〈대동여지도〉의 남한강

얼마나 깊은지 웅변하고 있는 것 같죠? 둑 위에 자라는 소나무와 버드나무도 200~300년 된 나무라고 하네요. 2006년에는 국가명승 제20호로 지정되어 제천시에서는 의림지 명소화 사업을 추진하고 있답니다.

충북에는 바다가 없다고 했는데, 이곳 제천에 오면 마치 바다에 온 것 같은 느낌을 주는 곳이 있어요. 1985년 충주다목적댐이 완공되면서 만들어진 담수호인 청풍호 덕분이죠. 제천은 사방이 첩첩 산으로 둘러싸인 산간지방이지만 그 한가운데로 남한강이 관류하여 고대부터 긴요한 교통로 역할을 해왔어요. 그중 청풍은 남한강 하항으로 매우 중요한 곳이랍니다.

〈대동여지도〉를 보면 남한강이 두 줄로 표시되어 있는데, 제천 훨씬 위쪽까지 두 줄 표시가 있어요. 두 줄로 표시된 하천은 수운활동, 즉 배가 다닐 수 있었던 하천을 의미하거든요. 고려 말에서 조선 초 남해 바다에 왜구가 출몰하여 바닷길이 막히자 영남지방의 조세는 조령이나 죽령의 육로를 통해 백두대간을 넘어온 후 충주 부근의 남한강 수운을 이용해 서울까지 운반됐다고 해요.

충주에 댐이 건설되었으니 남한강의 수운활동 기능은 사라진 셈이죠. 하지만 댐 건설 때문이라기보다는 육상 철도교통이 개설되면서 하천의 수운기능이 쇠퇴했다고 보는 게 더 적절할 거예요. 현재 충주호에는 관광선이 운행되는데, 충주댐나루에서 제천의 월악·청풍나루, 단양의 장회·신단양나루까지 여객을 수송하고 있답니다.

청풍호 정도의 큰 호수가 생기려면 당연히 수몰지역도 생겼겠죠. 그래서 이곳 호수 주변에 청풍문화재단지를 만들어 수몰지역 안에

청풍문화재단지

있던 문화재들을 모아 전시하고 있답니다. 문화재뿐 아니라 고택 등을 복원해놓기도 했고요. 청풍호변에 설치된 무대에서 매년 여름 제천국제음악영화제도 열고 있어요.

자연치유의 슬로시티　　　제천의 재래시장에는 약초를 파는 상가들이 많아요. 제천약령시장은 대구, 전주와 함께 조선시대부터 내려오는 전국 3대 약령시장 중 하나죠. 제천이 내륙교통의 요지였기 때문에 많은 향토 약재 생산지와 인접할 수 있다는 이점으로 약재 거래가 발달한 것이랍니다. 지금도 서울 경동약령시장을 비롯해 제천, 대구, 영천 등이 거래량이 많은 약재시장이라고 해요. 제천의 대표적인 의학 인물로는 허준과 어깨를 나란히 한 이공기 선생이 있어요. 이공기 선생과 그의 아들은 의관으로 종일품직까지 오른 대표적 인물이라고 해요.

　그래서 매년 가을이 되면 제천에서 한방바이오박람회를 개최한답니다. 제천한방엑스포장에서 열리죠. 제천한방바이오박람회는 제천의 한방산업 및 한의학의 문화와 역사를 잘 보여주는 축제예요. 한방 마늘, 한방 한우, 약초 등 한방 관련 시설이 굉장하죠. 한방생명과학관에서는 건강을 찾아 떠나는 여행, 4D영상과 다양한 한방체험 등을 통해 우리의 신체, 질병의 역사, 한의학의 원리와 진단 및 치료법 등에 대해 알아볼 수 있어요. 한의학의 전통과 원리를 세계에 알리고 전통의약을 이해시키는 다양한 과학 체험활동도 할 수 있죠.

제천약령시장

　이 밖에도 약초탐구관, 발효박물관, 약초허

한방생명과학관

브전시장 등도 한번 둘러보세요. 엑스포공원에서는 방문객을 대상으로 다양한 체험 프로그램을 도입하고 약초 해설사도 배치해서 한방문화의 이해를 증진하고 전통의약의 소중한 가치를 전하고 있답니다. 공원도 잘 조성되어 있어서 아이들을 데려와 함께 놀기도 아주 좋아요.

제천에 온 이상 한방 체험을 할 수 있는 곳을 안 가볼 수 없겠죠? 명암산채건강마을 단지 내에 조성된 한방명의촌이에요. 주민들이 직접 채취한 각종 산나물로 맛깔나게 상차림한 음식을 맛볼 수 있죠. 상주하고 있는 한방 관련 의료진들로부터 질병을 진단받고 진료와 처방을 한곳에서 해결할 수 있답니다.

아픈 사람도 치료받으러 올 수 있지만, 일반인은 10인 이상 미리 예약만 하면 각종 한방 관련 체험 프로그램에 참여할 수 있다고 해요. 숙박시설도 있어서 자연 속에서 휴양하며 머물면 절로 건강이 증진되는 웰빙 치료가 가능하죠.

조선시대 일본 사신의 상경길이나 곡물 운반로 등이 현재의 중앙선 철도길과 일치한다고 해요. 상주, 문경, 충주를 잇는 영남대로 말이에요. 그런데 세종 때 이 길이 수정되어 경주, 안동, 영천을 거쳐 단양과 제천을 지나게 했다고 합니다. 그만큼 제천이 육로로도 아주 중요한 역할을 해왔다는 거죠.

청풍호의 수려한 경관을 따라 걷는 자드락길 트레킹 또한 힐링의 최적지 중 하나예요. 자드락길은 '나지막한 산기슭의 비탈진

한방명의촌

약초허브전시장 (위)
엑스포공원의 미로 (아래)

땅에 난 좁은 길'을 일컬어요. 1985년 건설된 충주 댐으로 생긴 청풍호를 둘러싼 산간마을을 둘러보는 길이죠. 작은 동산길에서 시작해 정방사길, 얼음골 생태길 그리고 약초길까지 7개 코스로 총 58 킬로미터쯤 된답니다. 청풍호를 이용한 약 4킬로미터의 뱃길 구간도 있고요. 한때 수운교통으로 이용되던 남한강 물줄기가 호수로 바뀌어 그 주변을 따라 걷는 육상 트레킹 코스를 만들어낸 거예요.

교통로라는 것이 항상 빠른 이동만을 뜻하는 건 아니죠. 자드락길 같은 트레킹 코스는 힐링과 여유를 찾을 수 있는 도로의 역할을 해요. 제1코스의 교리마을에서 시작하는 작은 동산길을 2킬로미터쯤 올라가면 외솔봉에 도착할 수 있는데, 이곳에서 내려다보는 청풍호의 풍경이 정말 인상적이랍니다.

자드락길 트레킹 코스 (위)
외솔봉 (아래)

혹시 슬로시티의 로고를 아시나요? 느림의 상징 달팽이가 마을을 이고 가는 모습이죠. 어머니가 어린아이를 업어 키우듯 달팽이로 상징되는 자연이 인간을 키운다는 의미를 담고 있어요. 제천 수산면에 이 로고가 그려진 걸 볼 수 있는데요, 맞아요, 슬로시티로 지정된 마을이랍니다. 패스트푸드를 반대하는 슬로푸드 운동으로 시작해 지역의 자연생태와 전통을 보전하면서 느림의 미학을 실천하자는 '슬로시티 운동'으로 발

슬로시티 수산면　　　　　　　　슬로시티 로고

전한 거예요.

　제천의 수산면과 박달재가 2012년 10월 슬로시티로 지정받아 국제슬로시티연맹 회원도시가 되었답니다. 이곳 마을 풍경도 아주 차분하죠. 여유가 담긴 느림 속에서 잠시 잊고 살았던 소중한 가치들을 되찾는 것이 가능한 마을이에요.

　제천은 천혜의 자연에 기대 천천히 걸으며 멋과 향을 느낄 수 있고, 한방을 통해 지친 몸과 마음을 낫게 할 수 있는 치유의 도시예요. 마음속 깊이 느림의 여유와 진정한 행복을 전해주는 도시랍니다.

5부

전라도

❶ 금강하굿둑
❷ 채만식문학관
❸ 진포시비공원
❹ 금강생태공원
❺ 임피역사
❻ 발산리 유적지
❼ 군산근대역사박물관
❽ 근대문화거리(구 조선은행 군산지점·군산세관)
❾ 월명공원(채만식 기념비)
❿ 동국사
⓫ 군산항
⓬ 해망굴
⓭ 새만금방조제

16

역사의 탁류를 건너
서해안시대를 열어가는 군산

군산은 학교 다닐 때 배운 채만식의 소설 《탁류》를 통해 많이 알려진 도시죠. 소설 속에서 군산은 일제의 억압과 조선인의 아픔을 고스란히 담은 곳으로 그려졌어요. 이곳엔 채만식 관련 지역도 많아서 채만식문학관, 채만식생가터 등도 찾아볼 수 있고, '탁류길'이라는 여행 경로도 만들어져 있어요. 채만식은 수필집 《다듬이 소리》의 〈금강 창랑 굽어지는 군산항의 금일〉에서 실제 군산을 여행하는 경로도 소개해두었답니다. 문학을 좋아하는 독자라면 작가가 들려주는 코스대로 돌아보는 것도 의미 있겠죠?

채만식의 글에 담긴 과거의 군산과 현재의 군산을 비교해보면, 우리가 밟고 걷고 있는 길 위로 과거의 군산이 이야기를 걸어오는 듯한 느낌이 들 거예요. 군산은 그야말로 역사의 탁류를 건너온 도시이기도 하거든요. 자, 이제 군산이 어떤 도시인지 한번 탐방해볼까요? 전라북도 군산이지만 충청남도 서천에서 출발하려고 해요. 이유는 가보면 알게 된답니다.

역사의 탁류를 건너온 도시

서천 금강하굿둑에서부터 탐방을 시작해보기로 해요. 왜 군산을 이야기하기 위해 이곳에 온 거냐고요? 군산이 금강 하구에 발달한 도시이기 때문이에요. 이 금강을 사이에 두고 충청남도 서천군 장항읍과 전라북도 군산시가 마주하고 있거든요. 예전에 하굿둑이 없을 때는 장항 사람들과 군산 사람들이 배를 타고 서로 왕래했죠.

금강하굿둑

채만식의 소설을 보면 주인공이 금강을 정기적으로 운항하던 연락선을 타고 군산에 도착하는 장면이 나와요. 일제강점기에도 금강을 정기적으로 오가는 연락선이 운영되었다고 하고요. 군산의 수산물도 연락선을 이용해 충남 내륙지방까지 운반되었어요. 학생들도 배를 타고 군산의 학교까지 통학했답니다. 교통정체도 없고 15분밖에 걸리지 않았다니 교통수단으로선 딱이었겠죠.

1934년부터 운항되던 장항-군산 간 뱃길이 2009년 10월 31일 마지막 운항을 마쳤어요. 하굿둑이 건설되고 도로와 철로가 하굿둑을 통과하게 되면서 장항선과 군산선이 연결됐거든요. 그 과정에서 새로운 군산역과 장항역이 문을 열게 되자 뱃길엔 예전만큼의 승객이 없게 되고, 결국 경제성이 없어 폐쇄하게 된 거죠.

금강 수운은 일제강점기에 경부선 철도가 개통되면서 군산에서 금강 상류로 연결되던 배편이 많이 축소되고 군산과 장항만 오가게 되었죠. 게다가 강을 중심으로 살던 우리 조상들과는 달리 오늘날엔 충남과 전북이라는 인위적 행정구역의 편제로 장항과 군산 지역 주민들이 과거처럼 많이 오가며 살지는 않게 되었어요. 학교도 학군이라는 인위적 구분이 생기면서 더는 충남에서 전북으로 다닐 수 없게 되었고요.

서해안고속국도가 개통된 후에는 서천과 군산에 각각 나들목이 생기게 되고 그 결과 금강하굿둑으로 오가는 자동차도 현저히 줄어들었어요. 장항 사람들은 이제 바로 앞의 군산이 아니라 더 먼 서천으로 가게 되고, 군산 사람들도 더 이상 장항이 그 옛날처럼 친숙하진 않게 된 거죠. 그래서 모처럼 그 옛날을 기억하며 서천에서 하굿둑을 건너 군산으로 가보려는 거예요.

하굿둑의 건너편 군산 쪽에 채만식문학관과 금강생태공원, 철새조망대, 진포대첩비, 진포시비공원이 있어요. 진포는 또 뭐냐고요? 혹시 진포대첩이라고 들어봤나요? 고려 말 최무선이 화포를 이용해 진포에서 왜구를 물리친 전투랍니다. 그 진포가 바로 군산이에요. 그래서 군산 여기저기서 진포라는 명칭을 자주 접할 수 있는 거고요.

채만식문학관은 입장료도 받지 않고 해설사가 설명도 잘해줘요. 시설도 깨끗하게 잘 유지되고 있고요. 채만식 작가에 대한 자부심이 대단하다는 걸 느낄 수 있답니다. 하굿둑 쪽으로 더 가면 캠핑장도 있고 생태학습장도 있어요.

하굿둑을 오가다 보면 임피역사 가는 길이라는 이정표를 볼 수 있는데요, 오늘날 군산은 임피현과 옥구현을 중심으로 형성되었어요. 그러니 임피역사도 군산에서는 의미가 깊은 곳이죠. 임피역사는 깨끗하게 잘 정비되어 있는데, 더는 사용하지 않고 있어요. 군산선과 장항선이 연결되면서 많은 역들이 폐역이 되었죠. 전주에서 익산을 거쳐 군산까지 다니던 군

채만식문학관(위)
하굿둑과 생태학습장(아래)

임피역사

산선의 여러 역도 폐역이 되었는데, 그 과정에서 간이역이었던 임피역도 폐역이 된 거예요. 하지만 임피역은 일제강점기에는 중요한 역 중 하나였어요. 원래 이 지역 평야가 넓거든요. 그래서 일제강점기에는 호남평야에서 생산된 쌀을 기차를 이용해 군산항으로 보냈죠. 임피역도 쌀을 실어나가던 곳 중 하나였고요. 전시실로 쓰는 객차가 있으니 둘러보면 재미있을 거예요.

군산으로 완전히 넘어가기 전에, 가는 길목에 있는 발산리 유적도 한번 살펴보죠. 발산리 유적은 발산초등학교 뒤편에 있어요. 그래서 평일에 오면 학생들이 공부하는 데 방해되지 않게 조용히 다녀야 해요. 이곳의 유물들은 당시 이 지역의 농장주였던 시마타니가 다른 지역에서 옮겨온 것들이에요. 일제강점기에 시마타니가 소장하던 유물이 해방 이후 이곳에 남게 된 거죠.

시마타니 금고

일제강점기 군산의 일본인 지주들은 작은 금고에서 2~3층 규모의 창고건물까지 우리나라 각지에서 약탈한 문화재나 금괴 등을 개인적으로 소장하고 있었대요. 그래서 군산 여기저기에서 일본인 지주나 재력가가 남겨둔 일본식 건물과 아주 견고한 창고들을 많이 볼 수 있죠. 금고 이름을 딴 카페들도 있고요.

한국전쟁 당시에는 북한군이 이 창고들에 우리나라 사람들을 가둬두기도 했다고 해요. 철문과

276

시마타니 금고 철창

철창까지 있어 감옥이나 다름없어요. 조선총독부조차 문제 삼을 정도로 도가 지나친 수탈을 한 일본인도 있었다고 해요. 군산에 살던 일본인 중에는 해방 이후 자기 재산이 아까워 한국인으로 귀화하겠다고 고집부리던 사람도 있었을 정도라고 하니 더 말해 뭣하겠어요.

이곳은 주변이 온통 평야예요. 진짜 넓죠. 그래서 쌀 미(米) 자나 들 야(野) 자가 들어 있는 지명이 많아요. 일제강점기 군산에는 큰 정미소도 12군데나 있었어요. 그 쌀이 다 일본으로 반출되고 당시 농민들은 쌀 구경도 못했다고 해요. 농지와 쌀은 일본인의 차지였고, 그래서 일본인 농장주의 집과 창고 흔적이 주변에 많이 남아 있죠. 그중 하나가 전국 최대 규모의 개인농장을 소유했던 구마모토 리헤이의 별장으로, 우리에겐 이영춘 가옥이라 알려진 곳이랍니다. 얼마나 컸던지, 구마모토 농장에는 철도까지 개설되어 있을 정도였다고 해요.

자, 이제 군산으로 완전히 들어가볼까요. 군산근대역사박물관이 있던 자리는 원래 장항과 군산 간 배가 도착하던 항구였어요. 군산을 찾아온 사람들의 여행 출발점이기도 했죠. 조금 걸어가면 군산세관이 나와요. 1900년대에 건립되어 일제강점기부터 최근까지 세관으로 쓰였다고 하네요. 벽돌까지 수입해서 지은 것으로 당시 군산세관은 서양 건축양식이 도입된 초기에 지어진 서울역, 한국은행과 같은 양식의 건물이래요. 근대 초기의 건축양식을 살펴볼 수 있는 좋

군산근대역사박물관(위)
군산세관(아래)

일제의 행정구역 통폐합

일제는 1914년 행정구역을 통폐합했어요. 1910년 이미 13도 12부 317군으로 행정구역을 개편했으며 1914년에는 전국을 13도 12부 220군으로 개편했어요. 당시 12부는 경성부, 인천부, 목포부, 대구부, 부산부, 마산부, 평양부, 진남포부, 신의주부, 원산부, 청진부, 군산부로 도청소재지 세 곳을 제외하면 모두 항구도시였답니다. 🌸

은 자료인 셈이죠. 군산항이 일제강점기에 어느 정도 위치였는지를 보여주는 것이기도 하고요.

조선시대 선유도에 있던 진을 옥구 북쪽으로 옮기면서 선유도는 옛날 군산이라는 뜻으로 고군산이 되고, 지금의 군산 지역에는 군산진이 설치되었어요. 옥구현은 나중에 군산과 분리되었다가 다시 군산과 합쳐지는 등 행정구역의 변화가 많았던 지역이죠.

유독 군산 주변은 행정구역의 변화가 잦았어요. 군산은 1876년 강화도조약 이후 부산, 원산, 인천, 목포, 진남포, 마산에 이어 1899년 5월 1일에 개항되었다고 해요. 개항 이후 각국 조계지가 설치되고 군산공원은 각국공원이라 불렸죠. 일제에 의해 강제 병합된 후 군산은 한가한 어촌마을에서 한순간 호남 제일의 항구가 된답니다. 그래서 세관이 설치된 거고요. 군산은 1910년 옥구부에서 군산부로 행정구역이 개편되었죠. 1914년 행정구역 개편 당시 전국 12개 부 중 경성부, 대구부, 평양부를 제외하면 모두 항구도시였어요. 당시 일제가 얼마나 수탈에 열심이었는지 알 수 있는 대목이죠.

항구로 물자를 가져오려고 도로와 철도를 만들게 되죠. 군산은 일제 입장에서는 매우 중요한 지역이라 조선을 강제 병합하기 전에 우리나라 최초의 신작로인 전주-군산 간 도로를 개통해요. 공사가 시작되면서 우리나라 사람들은 토지를 거의 빼앗기다시피 했죠. 나라가 힘이 없으니 국민

신작로(新作路)

'자동차가 다닐 수 있는 큰 길'이라는 사전적 의미를 지니고 있어요. 일제가 조선을 강제 병합해가는 과정에서 항구와 내륙 도시를 연결하기 위해 만든 도로예요. 이전에는 우리나라에 자동차가 다닐 정도의 넓은 도로가 없었다는 걸 강조하려고 일제가 새로 만든 길이라는 걸 부각해 신작로라고 불렀다고 해요.

들이 심한 고통을 받았던 거예요.

전주-군산 간 도로의 벚꽃이 참 아름다워요. 물론 일제도 그 당시에 벚꽃을 심었겠지만, 벚꽃 수명이 60년 정도이니 그것들이 지금까지 남아 있을 순 없고요, 지금 전군가도에서 볼 수 있는 벚꽃나무는 1975년 도비와 국고, 시·군비에 재일교포들이 700만 원을 기증해 심은 거라고 해요. 군산에는 벚꽃나무가 여기저기 있어서 벚꽃이 필 때 방문하면 장관이죠.

군산의 유명 먹거리, 보리만주

찰쌀보리쌀은 지리적 표시제 등록 농산물이기도 해요. 군산은 전국에서 두 번째로 보리 재배 면적이 넓은 곳이에요. 남부지방이다 보니 벼농사가 끝나고 가을부터 다음 해 봄까지 이모작 작물로 보리농사를 많이 짓죠. 한겨울 푸른 보리밭도 보고 보리로 만든 빵도 맛보면 좋을 거예요. 주로 찰쌀보리를 재배하는 군산에서 유기농으로 재배한 찰보리를 이용해 만든 음식을 파는 빵집이 있어요. 영화 촬영장소로 등장했던 곳이기도 하고, 찰보리를 이용해 만든 만주를 파는데 맛이 엄청 좋아요.

토막집 모형(위)
장미갤러리(아래)

5월이면 꽁당보리축제도 하는데 그때 방문하는 것도 좋을 것 같아요.

군산에도 스탬프 투어가 진행되고 있어요. 잘 챙겨 다니면 여러 가지로 유용하죠. 스탬프카드를 챙겨 박물관부터 들러보세요. 구경거리도 체험할 거리도 다양해요. 일제강점기 우리 선조들의 생활모습도 볼 수 있고 처음 보는 것도 많아요. 우리나라 사람들이 살던 토막집 모형을 보면 얼마나 힘들게 살아왔을까 짐작이 가죠. 군산은 특히 일본인에게 평지를 내주고 산지로 몰린 우리나라 사람들이 다닥다닥 붙어서 달동네를 이루며 살았다는 기록이 있어요.

박물관 근처에도 볼거리가 많은데요, 쌀 '미'에, 저장한다는 의미의 '장' 자를 쓴 장미동도 있어요. 문자 그대로 쌀을 저장해두던 지역이죠. 항구가 바로 옆이니 쌀 저장소가 필요했던 거예요. 그래서 쌀을 보관하던 창고를 개조해서 갤러리를 만든 곳도 있죠. 군산 시내에는 일제강점기에 지어진 건물들이 꽤 많이 남아 있어요. 일부는 버려진 채로 있고 일부는 개조되어 사용되고 있죠. 일본식 양식으로 지어진 게스트하우스도 있고요.

구 조선은행 군산지점도 스탬프를 찍을 수 있는 곳이에요. 바닥 터치스크린을 통해 그 시절로 돌아간 듯한 느낌을 받을 수 있어요. 불이농촌가옥 사진과 모형도 볼 수 있습니다. 우리나라 농촌은 뒤쪽으로 나지막한 산이 있고 산을 배경으로 가옥이 한곳에 모여서 마을이 만들어지고 마을 앞쪽에 농경지와 작은 하천이 배치되어 있는 배산임수형의 집촌(集村)인데, 군산의 농가들은 가옥이 드문드문 분포하는 산촌(散村)에 가까워요. 산촌은 각각의 가옥이 자신의 농지와 가까이 위치해 농지 관리에 유리하거든요. 협동작업이 많은 벼농사는 집촌이 유리하지만, 농경지의 규모가 커지면 효율적인 농경지 관리에는 좀 불리하죠. 그러니 일제 입장에서는 조선 농민을 토지와 조금이라도 더 가까이 살게 하면서 최대한의 노동력을 투입할 수 있게끔 한 거랍니다. 결국 우리나라 농민들의 노동력을 최대한 짜내겠다는 일제의 의도가 담긴 거죠.

구 조선은행 군산지점(위)
불이농촌가옥 모형(아래)

채만식 소설비도 꼭 들러봐야 해요. 조각상들이 세워져 있는데, 채만식 소설 속 등장인물들을 묘사한 거라고 해요. 월명공원에는 채만식 기념비도 있고 근처에는 구불길탐방지원센터도 있어요. 군산 도보여행 코스인 구불길은, 이리저리 구부러지고 수풀이 우거진 길을 자유롭게 걷는다는 의미를 담고 있습니다.

《탁류》에 나오는 미두장비도 있어요. 미두장은 미곡 거래를 할 때, 현실의 미곡 거래를 목적으로 하는 것이 아니라 미곡 시세의 등락을 이용해 약속으로만 매매하는 투기 행위를 말해요. 미두에 종사하는 사람을 '미두장이', '미두꾼'이라 부르고, 미두꾼이 모여서 미두 거래를 하는 장소를 '미두장'이라 불렀죠. 말이 좋아 시세에 따른 거래였지, 실제로 미두장은 투기 장소였어요. 우리나라 재산가는 파산 지

채만식 소설비

미두장비(위)
뜬다리부두의
부잔교와 위봉함(아래)

경에 빠지고 지주들은 토지를 수탈당하는 등 패가망신하는 사람들이 속출했다고 해요. 결국 미두장도 일제의 조선 토지 수탈 방법의 일종이었던 거죠.

뜬다리부두도 가보아야 해요. 인천이나 군산은 조차가 커서 썰물 때 배를 접안하기 힘들었어요. 그래서 특별한 항만시설이 필요했죠. 그게 바로 뜬다리부두예요. 우리나라에서 수탈한 쌀은 군산항을 통해 일본으로 반출되었는데 조차가 큰 군산에서 썰물 때도 안정적으로 배를 접안하기 위해 뜬다리부두(접안교)를 만든 거예요. 뜬다리부두 확장공사 기공식에는 총독까지 참석했을 정도였대요. 이 또한 수탈의 도구였던 셈이죠. 1934년 4기의 뜬다리부두 시설이 완공된 후 군산항의 쌀 반출량이 200만 석을 넘게 되었다고 하니까요.

빈해원도 가볼까요. 빈해원은 중국음식점이에요. 겉에서 보면 작아 보이는데 안에 들어가면 굉장히 넓답니다. 개업한 지 60년이 넘은, 군산에서 가장 오래된 중국음식점이에요. 원래 군산은 짬뽕으로 유명한 집이 많아요. 짬뽕의 기원을 보면 나가사키에 살던 복건성 출신 화교가 가난하고 배고픈 화교들이 싸고 배부르게 먹을 수 있도록 하려고 만든 거라고 해요. 일본과 교류가 많은 항구도시라 군산에도 소개된 거죠.

나가사키 짬뽕은 국물이 하얀색인데 우리나라 짬뽕은 붉은색이죠? 1960년대부터 70년대까지 화교의 재산 소유를 제한하면서 화교 중 일부

빈해원

가 해외로 떠나버렸고, 우리나라 사람들이 중식점을 시작하게 되었어요. 그러면서 한국인의 입맛에 맞도록 고춧가루를 사용하기 시작한 거예요. 짬뽕의 한국화죠. 화교의 재산 소유 제한으로 전 세계에서 유일하게 우리나라에만 차이나타운이 만들어지지 못했어요. 화교 입장에선 굉장한 민족 차별인 셈이죠. 그러던 것이 요즘은 지방자치단체에서 관광 목적으로 차이나타운을 조성하려는 걸 보면 이 또한 격세지감이 느껴지는 대목이에요.

허브도시를 꿈꾸는 군산

군산에는 빵집들이 유명해요. 특히 군산 명소인 이성당은 일제강점기에 일본인이 운영하다가 해방 이후 우리나라 사람에 의해 다시 문을 연 곳이에요. 일본은 빵을 군용식품으로 쓸 생각으로 도입했다고 해요. 익숙하지 않은 서양 이스트 냄새 때문에 처음에는 별로 인기가 없었죠. 그래서 일본인에게 익숙한 술에서 얻은 누룩으로 발효시키고 팥소를 넣은 빵을 만들어 선풍적인 인기를 끌게 되는데요, 지금도 술을 넣어 발효시킨 단팥빵을 만드는 빵집이 일본에는 있다고 하네요. 중국에서 건너온 팥과 서양의 이스트를 대신한 누룩으로 발효시킨 단팥빵은 대표적인 화혼양재의 사례라고 해요. 돈가스도 그렇고요. 그래서 서울 남산 근처에 왕돈가스가 유명한 것처럼 군산의 돈가스도 유명하답니다.

그런데 이성당은 우리나라에서 가장 오래되고 옛

이성당

화혼양재(和魂洋才)

화혼은 일본의 전통적 정신을, 양재는 서양의 기술을 말해요. 일본의 것을 혼으로, 서양의 것을 재로 삼는다는 뜻이죠. 근대화 시기 일본의 구호인데 기술과 정신의 영역을 구분한 근대화의 방법이죠. 동아시아인 중국은 중체서용(中體西用), 조선은 동도서기(東道西器)론이 있는데, 세 나라 모두 근대정신은 받아들이지 않고 외형만 따라하려고 하니 진정한 근대화를 이루기에는 한계가 있었죠. 🌸

날 분위기가 나는 것만으로 유명해진 게 아니에요. 군산은 토종 빵집이 유일하게 프랜차이즈 빵집과 경쟁해서 살아남은 곳이기도 하거든요. 프랜차이즈 빵집이 등장했을 때도, IMF 경제위기 때도, 이 빵집은 위기를 극복하기 위해 밀가루로 만들던 단팥빵을 쌀가루로 바꾸고 야채빵을 선보이는 등 새로운 시도를 통해 변화를 꾀했죠. 그 결과 위기를 극복한 것이고요. 군산에는 일제강점기부터 많은 빵집이 있었고 해방이 되고도 많았었는데 지금은 얼마 남지 않았다고 해요. 그런 와중에 살아남았으니 정말 대단한 거죠. 이 빵집은 서울의 한 백화점에 분점을 열었는데, 그곳에서도 단팥빵이 나오는 시간이면 장사진을 이룬다고 하네요.

가까운 곳에 있는 사가와커피라는 카페는 일본인 금고의 이름을 딴 곳이에요. 카페 옆에 일본식 정원도 볼 수 있죠. 2층 건물이 창고 건물이고 카페 이름과 같은 이름의 금고는 집 안에 있어 따로 볼 수는 없어요. 일본식 정원이 잘 보존되어 있는 이 집은 증축과 개조를 한 까닭에 등록문화재가 되지 못해 건물의 보수를 개인이 해야 한다고 해요.

사가와커피(위)
사가와정원(아래)

동국사

동국사는 일본 사찰이에요. 군산 곳곳에 남아 있는 식민지의 흔적 중하나죠. 해방 이후에도 일본식 사찰이 몇 군데 더 있었지만 동국사만 남은거예요. 동국사도 철거 위기는 있었지만, 주지스님의 노력으로 우여곡절끝에 살아남았다는군요. 조선총독부 건물 철거를 두고 논란이 많았는데, 군산은 일제강점기의 흔적을 통해 관광객을 불러들이고 있는 셈이죠. 일본 승려들이 세운 참사문비도 있어요. 일본인 중에는 올바른 한일관계 정립을 위해 노력한 사람들도 많아요. 동국사 뒤편의 대나무는 일본에서 가져다 심은 거라 느낌이 좀 다르답니다.

지금은 개집이 있는 자리가 원래 일본인 장병의 유골 안치실이 있던 곳이었어요. 1960년대 해체하고 유골은 금강에 뿌렸다고 하네요. 당시 일본 언론에도 보도되었죠. 나중에 알게 된 유족들 가운데는 유골 대신 동국사 마당의 흙을 퍼간 사람도 있었대요. 유족 입장에서는 서운했을 수도 있겠

일본에서 가져다 심은
동국사 대나무

죠. 유골을 다른 곳에 안치하고 일본인이나 세계인들에게 제국주의의 참상을 보여주는 현장으로 개발했더라면 어땠을까 싶기도 해요.

군산의 오래된 일본식 주택에는 간혹 그 집에서 태어난 일본 사람들이 놀러오기도 한답니다. 어릴 적 고향집이니 남다른 의미가 있겠죠.

군산에는 한국전쟁 때 배를 타고 이곳으로 월남한 피란민도 많았다고 해요. 전쟁 중에는 일제강점기 유곽 건물이 피란민 수용소 역할도 했고요. 그 유곽 자리에는 지금 화교학교가 들어서 있어요. 화재로 옛 모습을 찾아볼 수는 없지만, 자료에는 근처 시장에 유곽의 흔적도 남아 있다고 해요. 유곽은 해방 이후에도 남아 있었지만 여성단체의 요구로 철거되고 그곳에서 일하던 성매매 여성들은 개복동으로 옮겨가게 되었어요.

개복동은 성매매 여성을 감금하고 영업을 하다 화재로 사상자를 낸 개복동 화재사건의 현장이에요. 사건 이후 시민단체에서는 사망자를 위한 추념식도 갖고 당시 현장을 여성 인권 교육의 장소로 활용하려는 노력을 하고 있어요. 군산시도 개복동을 예술인 거리로 변모시키려는 노력을 기울이고 있고요.

사실 개복동 화재사건도 일제강점기의 아픈 상처라고 할 수 있어요. 일제강점기에 일제는 한반도의 주요 도시마다 유곽을 만들었고 몸 파는 일을 하는 일본인 유녀들을 우리나라에 들였어요. 일본 정부는 정부 주도로 유곽을 설치해 운영했고 강제로 잡혀간 우리나라와 동아시아 여성들을 전시에 자신들의 성노예로 끌고 다니며 말로는 표현할 수 없는 고초를 겪게 했죠. 일본군 위안부 문제의 진실이 분명함에도 일본 정부는 정부 차원에서 개입한 일이 아니라고 시치미를 떼고 있으니 실로 개탄스러운 일이 아닐 수 없어요.

해망굴(위)
군산의 달동네(아래)

이번엔 해망굴을 한번 살펴볼까요. 군산항과 군산 시내를 연결하기 위해 일제강점기에 만들어진 이 굴은 건설 당시 조선인 노동자를 엄청나게 착취했다고 해요. 공사하다 죽은 조선인 노동자들도 많았고요. 일제강점기 일본인이 군산 시내에 자리 잡게 되면서 우리나라 사람들이 언덕 위, 산 중턱, 군산 외곽으로 삶의 터전을 옮겨가게 되거든요. 그렇게 만들어진 동네 중 하나가 해망동인데, 재개발로 다시 삶의 터전을 잃고 사람들이 떠나게 되었으니 해망동 사람들에겐 해방이 되어도 달라진 게 없다는 마음이 들었을 것 같아요.

가지지 못한 사람들에게 재개발이란 삶의 터전을 하루아침에 잃게 되는 일이에요. 하지만 건물주나 외부의 시선으로 보면 환경이 깨끗해지고 집값도 오르니 이득이 되는 일인 거죠. 원래 주민들의 삶의 터전이라는 인식과 배려가 필요하지 않나 하는 생각이 드네요.

이제 군산의 새로운 미래가 될 곳들을 한번 둘러볼까요. 해망동 건너편에 수산시장이 있어요. 그곳에 가면 건설 중인 교각들이 보이는데, 바로 군장대교랍니다. 장항에서 군산의 해망동 쪽으로 연결되는 다리예요. 군장대교 덕분에 수산시장은 더욱 활기를 띨 거예요. 박대라는 생선도 많이 잡히는데, 군산 사람들이 박대를 먹기 시작한 건 일제강점기 때 일본 사람들이 먹질 않아 우리나라 사람들 차지가 되었기 때문이라고 해요. 고급 어종은 일본인들이 전부 가져가고 우리나라 사람들은 일본인들이 먹지 않

군산 수산시장 (위)
생선 말리는 모습 (중간)
풍력발전기와 현대조선소 (아래)

는 어종만 먹었던 거죠. 생선을 말리는 것도 일제강점기 때부터 시작되었다고 하고요.

새만금산업단지도 보이네요. 군장산업단지도 상당히 넓은데, 이곳은 더 넓어요. 풍력발전기도 보이죠. 보통 산 위에 많이 있는데 여기는 해안에 있어 색달라요. 사실 해안지역 역시 늘 바람이 불기 때문에 풍력발전에 유리해요. 크기도 엄청 크죠.

마지막으로 둘러볼 새만금방조제입니다. 방조제 길이가 엄청나게 긴데요, 세계 최장인 33.9킬로미터로 2010년 8월 2일 기네스북에 등재되었어요. 배수갑문을 보면 규모가 어마어마해요. 배수갑문을 통해 바다에서 육지로 육지에서 바다로 물이 드나들죠. 풍력발전기가 보이는 곳이 가력배수갑문이고 다른 쪽에 신시배수갑문이 있어요.

새만금이란 명칭은 전국 최대의 곡창지대인 만경평야와 김제평야가 합쳐져 새로운 땅이 생긴다는 뜻으로, 만경평야의 '만(萬)' 자와 김제평야의 '금(金)' 자를 따서 지은 거죠. 전라북도 김제시의 김제만경평야는 예부터 금만평야로 불렸는데, 새만금은 이 '금만'을 '만금'으로 바꾸고 새롭다는 의미를 덧붙인 거예요. 사업 주체였던 전북이 비옥한 평야를 새로 만들겠다는 의지를 담은 거죠.

휴경지가 증가하는 상황에서 간척으로 농경지를 조성하는 것은 무리

신시배수갑문(위)
가력배수갑문(아래)

한 일이에요. 간척사업이 이루어지는 동안 갯벌도 사라지고 매립을 위해 많은 산지도 사라지게 되었어요. 새만금 사업 초기에는 주변 산지가 사라지면서 마을사람들의 반발이 심해져 동제를 지내기도 했대요. 갯벌도 사라지고 해안선도 단조로워지면 해양 생태계에도 많은 영향을 끼치게 되는데, 사람은 많고 국토는 좁다는 생각에 간척사업으로 얻어지는 새로운 국토에만 신경을 썼던 거죠. 환경단체의 반발도 만만찮았고요. 이건 앞으로의 숙제예요. 새만금방조제 주변 지역을 어떻게 활용해, 환경도 보호하고 지역주민에게도 도움을 줄 수 있을지 방법을 찾아야 한답니다.

일제강점기 건물을 복원해서 많은 사람들이 군산을 찾고 있지만, 역사는 잊고 그저 영화 속 한 장면, 또는 줄 서서 먹어야 하는 먹거리의 매력 정도에만 빠진다면 아쉬운 일일 거예요. '역사는 흘러간 과거가 아니라 우리의 미래를 비추는 거울이다.' 박물관 거리의 표지판에 적힌 글처럼, 과거를 통해 미래를 생각해볼 수 있는 그런 군산이 되면 좋겠어요. 군산시의 표어가 드림 허브인데, 정말 서해안시대의 꿈이 이루어지는 허브도시가 되기를 기원해봅니다. 🌱

김만평야

청하면 만경강

공덕면 백구면

진봉면 만경읍

광활면 용지면

성덕면 백산면

김제역

황산면

축산면

봉남면

금산사

부량면

벽골제

원평 구미란
전적지

금산면

모악산

역사와 문화가 살아 숨 쉬는
벼고을 관광도시 김제

2015년부터 쌀시장이 완전 개방되었어요. 우리 농촌과 농민들이 더욱 힘들어질 텐데, 이 위기를 어떻게 헤쳐나갈지 정말 걱정이에요. 공업이 발달하지 않으면 개도국이 될 수 없고, 농업이 발달하지 않으면 선진국이 될 수 없다는 말도 있는데, 그야말로 우리 농업이 심각한 위기에 직면했다고 해야 할 거예요.

프랑스, 독일 등 선진국들은 식량자급률을 높이고 농업을 발달시키기 위해 엄청난 노력을 하고 있어요. 하지만 우리나라의 식량자급률은 2012년 기준 23.6퍼센트에 지나지 않아요. 다른 선진국에 비하면 턱없이 낮은 수준이죠. 기후변화와 자연재해는 더욱 극심해질 것으로 예상되는데 식량 주권은 물론 식량 안보조차 지키기가 쉽지 않은 상황이에요.

농업을 살리기 위한 방법 중 하나로 가족농을 보호하려는 나라들이 늘고 있어요. 우리나라 역시 가족농 보호에 애를 쓰고 있죠. 가족농이란 지역에 거주하면서 비교적 소규모로 농사를 짓는 농가를 말해요. 상반되는 개념은 기업농인데, 외지의 사장님이 직원을 뽑아 대규모로 농사를 짓는 형태죠.

그렇다면 우리나라에서 쌀을 가장 많이 생산하고 있는 도시, 김제로 가서 우리나라의 농업을 살펴보기로 해요. 가족농도 알아보고요.

우리나라 농업과 농경문화의 중심

우리나라는 국토의 70퍼센트가 산이에요. 어딜 가나 동네 뒷산이 있는 나라죠. 이런 우리나라에서 유일하게 지평선을 볼 수 있는 곳이 김제입니다. 북쪽으로 만경강, 남쪽으로 동진강이 흐르는 사이에 펼쳐진 광활한 김제만경평야를 가지고 있으니까요. 호남평야의 중심이기도 하고, 우리나라에서 쌀을 가장 많이 생산하는 고장이기도 해요. 쌀과 보리 생산량이 전국 1위거든요. 동진강과 만경강이 바다와 만나고 광활한 만경평야를 가진 농업 중심지죠. 동쪽으로는 793미터의 모악산이 우뚝 솟아 있고요. 서쪽부터 바다, 들판, 산이 어우러진, 그야말로 갖출 건 다 갖춘 고장이랍니다.

하지만 1987년 대선 공약으로 내세워진 후 1990년부터 시작되어 현재까지 진행 중인 새만금 간척사업의 중심지가 되면서 내륙도시가 되어가는 중이에요. 넓은 들판과 너른 갯벌이 조화를 이루는 고장이었다면 더 좋지 않았을까 싶지만, 지자체와 정부와 주민들이 전북 지역 발전에 도움이 되도록 힘을 모으고 있대요.

김제에 가면 정말 사방 어디를 둘러봐도 논이 끝없이 펼쳐져 있어요. 김제가 이렇게 평탄한 지형이 된 과정을 살펴볼까요? 중생대 쥐라기에 대규모로 대보화강암의 관입이 있었어요. 김제는 그 대보화강암층이 우세한 지역이에요. 그 화강암이 심층풍화를 받아 오랫동안 침식당한 결과 현재의 드넓은 평야가 만들어진 거죠. 신생대 제3기에 한반도의 북동부가 크게 융기하지만 서남부는 융기가 거의 일어나지 않았고, 이후 해수면이 상승하면서 충적지가

김제의 논

발달했죠. 김제 본류하천인 만경강, 동진강과 그 지류인 부용천, 두월천, 신평천 등 하천 주변에 충적지가 넓게 발달해서 김제가 우리나라 최대의 충적지를 이룬 거랍니다. 그래서 군데군데 야트막한 구릉지가 남아 있고 하천 주변에는 충적지가 분포하는 거죠.

　지금껏 김제의 지형적 요소를 살펴보았다면 이제 도시 성장의 역사를 한번 알아볼까요? 일제강점기 우리나라 도시는 전통 도시와 식민지형 신흥도시로 나누어볼 수 있어요. 전북에 국한해서 보자면, 전주, 고부(정읍), 태인이 전통적 도시라면, 군산, 익산, 김제, 신태인 등지가 식민지형 도시라고 할 수 있죠. 그러니까 식민지형 도시는 일제강점기 식민지 정책과 맞물려 도시로 성장한 지역이라는 의미예요. 김제는 작은 촌락이었지만, 1899년 군산의 개항, 1912년 호남선 개통, 그리고 뒤이은 일본인들의 이주와 더불어 본격적으로 도시화되었어요.

　1912년 호남선 철도가 놓이면서 김제에도 역이 생겼고, 그 김제역 앞에 일본인 마을이 형성되었죠. 조선인의 이주도 활발했고요. 김제는 최대 쌀 수출항이었던 군산으로 쌀을 모아 보내는 배후지였거든요. 쌀과 같은 농업뿐 아니라 정미, 양조 등의 식품가공업을 중심으로 산업화와 도시화가 계속되어 일제강점기 내내 김제역을 중심으로 도시가 성장했어요.

일본 자본은 전북 지역에서 농업 부문에 대한 집중적인 수탈을 자행했고, 김제는 식민지 착취의 원활한 수행을 위한 기능만 성장을 거둔 터라 조선시대부터 형성되었던 전통 상권은 몰락하고 일제의 자본주의 상품 소비를 위한 새로운 상권의 중심지들이 성장하게 되었죠. 이런 과정은 일제강점기 우리나라 대부분의 지방 도시들이 경험한 성장과정과 유사하다고 할 수 있어요.

하지만 그토록 번성했던 김제역이 이제는 한산해요. 최근엔 김제역이 KTX 무정차역이 되면서 더 한산해졌죠. 부산이나 인천 같은 식민지형 대도시들은 해방 이후에도 정부 정책에 따라 별다른 단절 없이 산업도시로 성장한 반면, 김제는 그렇지 못했어요. 김제는 일제강점기에는 일본인들이 개간하고 개발했던 주요 대상지였어요. 하지만 해방 이후 급격히 이루어진 우리나라 경제개발 시기에도 여전히 농업을 담당하는 도시로 남게 되면서 상황이 달라진 거죠. 일제강점기에 급격히 개발됐던 김제의 도시 형태가 1970년대까지도 별다른 변화 없이 유지될 정도였으니까요. 1980년에 와서야 도시계획이 이루어졌고 김제역 앞 도로가 두 배로 확장되었어요. 그때서야 김제역 도로변에 늘어선 일본식 건물들을 철거했죠. 물론 아직도 많이 남아 있긴 하지만요. 김제의 이런 모습은 현재 우리나라 농업 중심지들의 일반적인 모습이라고 볼 수 있어요.

김제에는 벽골제라는 특별한 유적이 있습니다. 국가 사적 111호예요. 백제 시기에 만든 큰 저수지죠. 김제는 우리나라 농경문화의 중심지이자 호남 제일의 곡창지대예요.

김제의 일본식 건물

벽골제단지(위)
벽골제단지의 한옥마을 (중간)
벽골제 제방(아래)

옛 이름은 마한시대엔 벽비리국, 백제 때는 벽골군(벼의 고을), 통일신라시대엔 김제(황금 들판)였어요. 모두 벼와 관련 있죠. 그러니 관개시설이 발달할 수밖에 없었어요. 그래서 이곳 부량면 원평천 하류에 벽골제를 조성한 거예요.

벽골제 단지로 가면 한옥마을이 조성되어 있어요. 조경도 잘되어 있지요. 아기자기한 조형물도 많고요. 언덕이 보일 텐데 바로 그 언덕이 벽골제 제방입니다. 농경체험 청소년 수련관 전망대에 올라가면 벽골제의 위용을 실감할 수 있답니다.

벽골제 제방은 2.6킬로미터 정도가 남아 있어요. 한때는 약 3.2킬로미터에 달했다고 하니 정말 엄청나죠. 보수공사에 참여한 인부들이 짚신에 묻은 흙을 털어 모았더니 산이 되었다고 해서 그 산을 신털미산이라고 불렀다는 얘기가 있을 정도예요. 지금은 많이 훼손돼서 벽골제 다섯 수문 중 장생거, 경장거 두 개만 남아 있어요. 제방 안쪽의 넓은 농경지가 다 저수지였던 셈이죠.

벽골제 저수지는 축조된 후 1600년간 호남평야에 물을 대주었대요. 그러다 1925년 일본인 지주들이 제방을 관개용 수로로 개조하고 저수지는 농경지로 간척하면서 거의 훼손되어버렸죠. 그 후 발굴과 복원을 거쳐 옛 모습을 일부 찾은 거예요. 현재도 복원 작업을 계속하고 있고요. 1925년 수

장생거(위)
경장거(아래)

로로 개조된 상태 그대로 거의 남아 있고, 용수로의 기능도 하고 있답니다.

크기가 상당하죠? 백제가 워낙 평야가 많아서 삼국 중 농업이 제일 잘되는 곳이었어요. 벼농사 중심지이다 보니 '보'나 '제언' 같은 관개시설과 농업기술이 발달했다고 해요. 삼호라 불리는 김제 벽골제, 정읍(고부) 눌제, 익산 황등제가 모두 백제 지역에 있었죠.

토헌 박초는 벽골제를 동방거택이라 하고, 성호 이익은 국지대호라고 했어요. 저수지는 많지만, 동방의 거대한 호수라든가 나라의 큰 호수라 불린 곳은 벽골제뿐이었어요. 벽골제의 위상이 얼마나 대단했는지 알 수 있겠죠? '나라 안의 큰 호수'라는 설명답게 벽골제는 지방을 나누는 기준이 되기도 했어요. 《정조실록》 등에 호남 명칭의 유래가 벽골제 호수의 남쪽을 의미한다는 기록이 있으니까요.

"조선팔도가 흉년이라도 호남이 풍년이면 살 수 있다"는 얘기가 있어요. 그만큼 기름진 곡창이라는 상징적 의미를 지닌 곳이 호남인데, 그 광활한 평야에 생명 같은 물을 대주던 거대한 저수지가 바로 벽골제였던 거죠. 백제 때부터 일제강점기까지 우리 조상들이 생명처럼 쌓고 고치고 사용했던 벽골제를 보면 선인들의 지혜와 노고가 느껴져 깊은 감동을 줘요.

김제지평선축제의 중심지도 바로 이 벽골제예요. 6만 평 규모로 조성된 벽골제단지를 중심으로 벽골제 서쪽의 광활한 지평선에서 축제가 벌어지죠. 볼거리가 많은데요, 벽골제단지 한옥마을, 농경문화박물관, 각종 농경문화체험 시설, 농경체험 수련관 등이 있어 가족 단위, 학급 단위로 와도 좋아요. 조정래 아리랑 문학관도 있어요. 소설《아리랑》의 주요 배경이 바로 김제만경평야거든요. 평화롭고 풍요로운 농촌에서 전통 농경문화가 살아 숨 쉬는 현장을 체험할 수 있죠. 10월 초에 열리니 꼭 들러보세요.

아리랑문학관(위)
김제지평선축제(아래)

김제지평선축제는 축제가 갖추어야 할 미덕이 잘 살아 있어요. 지역의 소중한 문화와 전통을 공유하고 널리 알리며 지역성을 강화해나가는 축제죠. 벼가 익어가는 들판에서 사라져가는 농경문화를 체험하는 것은 그 자체로 충만한 경험과 교육이 될 거예요.

이제 서두에서 이야기했던 가족농에 대해 알아볼게요. 우리나라 농가는 3,000평(1헥타르) 이하 소농이 66퍼센트 이상이에요. 3헥타르 이상이면 대농이라 할 수 있는데 9퍼센트 정도 된대요. 소농은 아무래도 농가소득을 보전하기가 힘들어 경영규모를 키우려는 노력을 많이 하고 있죠.

2015년엔 쌀시장이 완전 개방되어서 분위기도 썩 좋진 않다고 해요. 관세율은 유지해준다고 하지만, 애초에 수입 쌀의 가격이 터무니없이 낮아서 승산이 있겠나 하는 우려가 깊죠. 쌀 소비도 계속 줄어들어 남아도는 실정이니 벼농사 비중을 줄일 수밖에 없고요.

게다가 우리나라 농가 중 노인 한두 명이 농사를 짓는 경우가 65퍼센트나 된대요. 농가의 84퍼센트가 후계자가 없고요. 농가인구는 1990년 715만에서 2011년 296만 명으로 줄었죠. 65세 이상 농부 인구의 비율은 급격히 늘고 있고요. 농가 평균 소득 또한 도시 대비 60퍼센트 수준입니다. 여

쌀시장 개방 반대 시위

러 지표만 봐도 우리나라 농업의 미래가 우려스러운 상황이에요.

농가는 파산 지경이 되어서도 씨를 뿌리고 물을 대고 생산을 계속해야 하는데, 나라 밖 수천 헥타르에서 대량 생산하는 기업농들을 이기기가 쉽지 않은 거죠. 우리나라도 대규모 기업적 농장을 운영하면 어떻겠느냐고요? 대량생산은 우리나라 환경에 이롭지도 적합하지도 않아요. 우리나라는 산이 많고 사계절이 뚜렷해서, 이런 다채로운 자연환경에서는 다품목 소량생산이 잘 맞는다고 하네요.

그러니 농업과 환경을 살리려면 결국 가족농을 보호하는 수밖에 없어요. 사실 우리나라 농가의 대부분은 가족농이거든요. 얼마 전 대기업에서 토마토농장 사업을 추진하려고 했지만 시민단체와 농민들의 반대로 무산되었죠. 우리 정서에 기업농의 진출은 맞지 않았던 거예요. 그런데 가족농을 보호하는 게 쉽지도 않아요. 앞서 여러 지표에서도 확인할 수 있었듯이 말이죠. 농사를 물려줄 사람이 없으니 소작을 주든지 그만 짓게 되는 건데, 그래서 요새 김제는 적극적으로 귀촌 귀농 인구 유치를 위해 노력하고 있답니다.

사실 농촌 인심도 옛말이 되어가고 있어요. 살아남기가 워낙 어렵다 보니 점점 각박해지고 뭐든 물질적으로 해결하려는 물질만능주의가 판치는 건 피할 수 없는 일이겠죠. 물론 사회가 변하는데 농촌만 그대로일 수는 없겠지만, 그래도 다양한 가족농들이 공동체적 관계를 유지하는 그런 이상향을 포기하진 않았으면 좋겠어요.

요즘 세계적으로 환경이나 식량문제 차원에서 가족농이 얼마나 중요한지 각성하고 적극적으로 보호하려는 정부들이 많아요. 2014년은 UN이 정한 세계 가족농의 해이기도 했죠. 재해나 시장변동 때문에 망할 걱정 없이 적절한 노동의 대가가 보장되고 생산비를 확보할 수 있도록 국가 차원에서 지원해줄 필요가 있어요.

작물 생산뿐 아니라 가족농의 기능은 정말 소중하거든요. 예를 들어 대기업이 김제에 어마어마한 땅을 사 모으고 5만 평 규모의 토마토농장을 지어 수출한다고 해봐요. 서울에 있는 사장님 이하 임원들이 지시를 내리면 김제에 있는 직원들이 농사를 짓겠죠. '씨를 뿌리고 싹이 트고 꽃이 피고 작물이 자라는 과정을 살피며 행복해하는 농민'의 개념은 없어지겠죠. 모두 분업화될 테니까요. 물대기 담당, 제초제 담당, 비료살포 담당 등등. 공업이 그랬던 것처럼 농업에서도 인간소외 현상이 일어날 거예요. 우리 삶과 동떨어져버리는 거죠. 농업은 생명을 다루는 일인데 말이에요.

다양한 경작 형태

가족농은 마을을 이루면서 농촌의 문화를 형성하고 풍습과 전통을 전승하는 역할을 해요. 또 가족농은 전통적으로 생태나 자연을 생각하고 적절함을 유지하려는 습성이 있어요. 가족농은 벼농사도 짓고 오디농사도 짓고 복분자농사도, 호박농사도, 고구마농사도 짓는 비교적 소규모의 다양한 경작을 해요. 수천 년 내려온 지혜와 경험으로 이런저런 작물을 다작하며 땅을 살려내는 거죠. 기업농이라면요? 토마토를 연작하며 생기는 곰팡이를 다른 작물로 상쇄하는 게 아니라 곰팡이를 살균하며 토마토를 생산할 가능성이 크죠. 기업은 수익을 추구할 수밖에 없기 때문에 생태계의 다양성을 무시하기 쉽거든요. 가족농이라면 다른 작물을 심는 지혜와 유연성을 발휘할 순간에도 말이죠.

결국 가족농이 생태적으로나 문화적으로나 건강하고 우수하다는 거예요. 경제논리로는 기업농이 나을지 몰라도 그 지역의 문화나 정서까지 고려하고, 자연과 문화, 식량의 건강한 확보를 추구한다는 점에서는 가족농이 월등한 거죠. 노동집약적 소규모 경영은 일자리도 많이 창출할 수 있고요. 세계 각국이 가족농을 보호하려고 애쓰는 이유가 이렇게 많답니다.

희망의 중심지 모악산과 주변 명소

이번에는 김제의 명소들을 한번 둘러볼까요? 김제의 광활한 들판에 홀로 우뚝 솟아 있는 산이 모악산이에요. 이야깃거리를 많이 품은 산이기도 하죠. 모악산으로 가는 길에 원평장터를 먼저 들렀다 가기로 해요.

원평 구미란 전적지가 보이나요? 금구 원평 동학농민운동 집회소였고, 동학농민운동의 격전지였던 곳이죠. 동학농민운동은 원래 경주에서 시작되었지만 김제 원평에서 크게 세력이 확대되었어요. 최후까지 일본군에 맞서다 궤멸한 곳도 바로 이곳 원평이고요. 이 자리에서 장터가 열려요. 그런데 솔직히 말하자면 옛 영광이 사라진 쇠락한 모습을 하고 있어요.

김제 인구가 9만 명 정도 돼요. 농업 위주로 공업이 발달하지 못하다 보니 인구도 줄고 쇠퇴해 보이죠. 워낙 고령화도 심해서 젊은이들 보기도 쉽지 않고요.

자, 모악산으로 가볼까요? 모악산은 김제와 전주에 걸쳐 있는 노령산맥 자락의 산이랍니다. 이 산을 경계로 서쪽은 호남평야, 동쪽은 동부 산간지역으로 나뉘어요. 1971년 도립공원으로 지정되었고요. 옛날엔 '엄뫼', '큰뫼'라고 불렸는데, 둘 다 아주 높은 산이란 뜻이에요. 후에 한자가 들어오면서 '엄뫼'를 '어머니산'으로 의역해 '모악'이라 불렸고, '큰뫼'는 '큰'을 음역하고 '뫼'는 산으로 의역해 금산이라고도 불렸죠. 모악산은 김제의 넓은 평야지역에 홀로 우뚝 선 까닭에 이 지역 사람들에게 성스러운 공간으로 여겨져요. '위대한 어머니의 산'이라 불리면서요.

중생대 쥐라기에 관입한 편마상화강암 돌산이에요. 금이 함유된 화강암인 함금석영맥이 많고요. 함금석영맥은 오랜 세월 풍화를 거치며 인근 하천에 의해 이동하거나 퇴적되면서 모악산 주변을 유명한 사금산지로 만들었어요. 덕분에 모악산 주변에는 유난히 금 관련 지명이 많아요. 김제, 금구, 금천. 차례로 금이 나오는 제방, 금이 나오는 도랑, 금이 나오는 냇가라는 의미죠. 이 지역들에서 1900년대 초부터 사금채취가 시작되었고 한때 골드러시를 이룬 적도 있었다고 해요. 관련 서비스업도 붐을 이루었고요. 일제강점기에 본격적인 금광산업이 시작되면서는 국내 금 생산량의 30퍼센트를 차지할 정도로 호황이었지만, 일제강점기 이후 생산량이 급감하면서 명맥이 끊겼고 지금도 사양길이랍니다.

구미란 전적지(위)
동학농민운동의 격전지(아래)

모악산

　모악산은 흔히 미륵신앙의 본거지, 신흥종교의 성지로 불려요. 불교가 들어오기 이전부터 신선사상이 뿌리내린 성산으로 추앙받았죠. 그런 기운을 믿는 사람들이 많아서인지 모악산은 계룡산과 더불어 각종 토착종교의 산실, 도를 닦는 사람들이 수련하는 영험한 산으로 알려져 있어요.

　미륵신앙은 혼탁한 말세를 구원할 미륵불을 믿고 기다리던 신앙이에요. 백제 유민으로 차별과 수탈에 시달리던 이 지역 사람들이 자신들을 고통에서 구해줄 영웅을 기다리며 지상에 유토피아가 열리길 기원했죠. 미륵신앙은 사회 혼란기와 격동기에 고조되었고 억압받던 피지배층이나 소외계층이 신봉했어요. 그러니까 이곳이 일종의 희망의 중심지였던 셈이죠. 나라 안에서 가장 넓은 들판과 큰 호수를 가지고 있어 가을이면 황금들판이 넘실대는데도 늘 수탈과 압박에 곤궁한 삶을 살았던 김제 사람들에게는 더

절실했을지도 모르겠어요.

그래서 견훤도 미륵을 자처하며 모악산 전주를 도읍 삼아 후백제를 세웠고, 정여립은 모악산 자락에서 새 세상을 꿈꾸며 세력을 모았던 거예요. 전봉준의 동학농민군은 모악산 아래 금구, 원평에서 세력이 크게 확장됐고요. 새로운 세상을 꿈꾸는 사람들이나 선각자들이 미륵과 신선이 뒤섞인 황금들판의 산에 모여들었던 거죠.

이 지역의 그런 기풍이 조선시대 말에는 개벽사상으로 이어져요. 모악산은 낡은 시대(선천시대)가 가고 새로운 시대(후천시대)가 열린다는 후천개벽사상이 시작되고 확대되는 기지가 됩니다. 동학농민운동이 원평장터에서 궤멸된 후 모악산에 다시 증산 강일순이라는 인물이 출현했어요.

동학농민운동의 실패 후 좌절한 민중들에게는 새로운 정신적 안식처가 필요했던 거죠. 증산은 모악산 동쪽에 있는 대원사에서 득도하고 모악산 서쪽의 제비산 자락의 구릿골이라는 마을에 터를 잡고 9년 동안 교리를 설파했어요. 증산 사후 증산도의 수많은 종파가 생겨났죠. 현재도 모악산 자락에만 증산교 교파가 35개 이상이라고 해요.

증산이 새로운 세상을 설파한 금산면의 구릿골이에요. 주로 동곡약방(구릿골 약방)에서 교리를 설파했다고 해요. 구릿골 주변엔 증산이 교리를 설파한 곳, 살았던 곳, 시신이 안치된 곳 등이 산재되어 있어요. 그래서 모악산 구릿골 일대를 증산교 성지라고 하죠.

모악산의 명소 중의 명소는 금산사예요. 절터가 엄청 넓고, 큰 건물들이 우뚝우뚝 서 있어 위용이 대단하죠. 본당인 금산사 미륵전은 무척 유명한데요, 우리나라에서 유일하게 볼 수 있는 3층 법당입니다. 각층엔 대자보전, 용화지회, 미륵전이라는 현판이 붙어 있는데, 다 미륵전을 지칭하

1. 동곡약방
2. 금산사
3. 미륵입상
4. 금산사 미륵전
5. 김제지평선축제

는 표현들이라고 하네요.

밖에서 보면 3층 건물인데 안을 보면 한 층으로 되어 있어요. 거대한 미륵입상이 있는데, 높이가 무려 12미터나 돼요. 금산사는 신라 불교의 주류였던 교종 계통 법상종의 중심 사찰이었고, 법상종이 미륵신앙을 기반으로 하는 종파라 석가모니불을 모신 대웅전보다는 미륵불을 모신 미륵전이 절의 중심이지요. 즉 미륵신앙의 중심 사찰인 셈이에요.

금산사는 세상을 구원할 미륵을 자청하며 후백제를 세운 견훤이 그의 아들들에 의해 유폐되었던 절이에요. 미륵이라더니 결국 금산사에 유폐되었다는 게 아이러니하죠.

탁 트인 들판과 독보적 수리유적인 벽골제, 그리고 미륵신앙을 간직한 모악산까지, 이렇게 김제를 둘러보았어요. 여러 주제를 다루었는데, 직접 김제에 와서 하나하나 둘러보며 더 깊이 생각하는 시간을 가져봐도 참 좋을 거예요. 물론 김제지평선축제는 빼먹지 말아야겠죠?

진도대교
명량해협(울돌목)
진도타워

군내면

고군면

운림산방

가계해변

신비의
바닷길

의신면

지산면

임회면
고방리

모도 금호도

진도 아리랑마을

상조도

하조도

신비로운 조류와 예향의 도시 진도

2015년 현재까지 우리나라 역대 최다 관객 수를 보유한 영화는 〈명량〉이에요. 이순신 장군의 지략과 카리스마로 우리나라 수군이 왜적을 해전에서 격퇴시키는 장면이 통쾌함을 안겨주었던 영화죠. 영화에서 주요하게 다룬 해전은 제목에도 나와 있듯이 명량해전인데요, 단 12척의 함선으로 133척의 왜선을 상대로 승리한 기념비적인 해전이죠. 그 무대가 되는 명량은 어디일까요?

명량은 우리나라 최서남단에 위치한 전라남도 진도군과 해남군 사이에 있는 해협이랍니다. 명량해협에서도 가장 폭이 좁은 곳은 약 300미터밖에 되지 않아요. 이러한 좁은 해협은 적은 병력의 군대가 숫자가 많은 병력의 적군을 상대하기에 최적의 지형적 조건이 될 수 있죠. 그래서 이순신 장군이 명량을 전략적 요충지로 삼은 것이고요.

전략적 요충지로 삼은 데는 좁은 해협 외에도 또 하나의 결정적인 지리적 요인이 있어요. 영화에도 등장하는데, 혹시 기억하나요? 답은 명량이 있는 진도로 가서 직접 확인해보기로 해요.

신기한 조류가 휘몰아치는 보배섬

서울에서 자동차로 서해안고 속국도를 타고 달리면 5시간쯤 걸려 진도에 갈 수 있어요. 진도로 들어서는 관문이 진도대교인데 그 아래 흐르는 해협이 명량해협이에요. 진도대교의 모습이 올림픽대교와 닮았죠? 네, 맞아요. 진도대교는 올림픽대교와 마찬가지로 우리나라 최초의 사장교랍니다. 진도군은 1970년대까지 배로만 갈 수 있는 섬이었어요. 1984년에 진도대교가 개통하면서 육지와 연결된 거죠. 진도대교 덕분에 육지와의 접근성이 좋아져 진도군은 본격적으로 발전하게 되었어요.

대교 아래 명량해협의 물살이 상당히 거세요. 명량해협은 순우리말로 '울돌목'이라고 해요. 조수가 썰물 때 물을 따라 강가에 부딪혀 요란한 울음소리를 낸다고 해서 그렇게 이름 지은 거죠. 강한 바람도 불지 않는데 이런 현상이 나타나는 건 조류 때문이에요. 울돌목은 우리나라에서 가장 빠른 조류가 흐르는 곳이거든요.

우리나라 서해안이 조류가 센 것도 있지만, 특히 울돌목은 특유의 독특한 해저지형 때문에 물살이 유독 세답니다. 우선 밀물 때 남해의 바닷물이 좁은 울돌목으로 한꺼번에 밀려와서 서해로 빠져나가요. 아무래도 많은

진도대교(위)
울돌목 물살(아래)

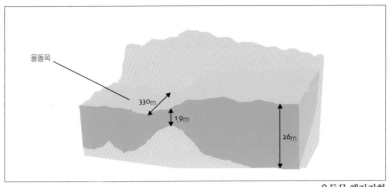

울돌목
330m
1.9m
26m

울돌목 해저지형

바닷물이 좁은 해협을 빠져나가려고 하니 빠른 급류를 만들 수밖에 없겠죠. 게다가 울돌목 해저에는 수십 개의 암초가 솟아 있는데 물살이 암초에 부딪혀 방향을 잡지 못하고 소용돌이치기도 해요. 이순신 장군은 이런 조류의 움직임을 완벽하게 알고 있었기 때문에 일본 수군을 명량해협으로 유인했던 거죠.

좁은 해협이라는 지형적 특징, 거센 조류의 흐름, 그리고 하루 두 번 조류의 흐름이 바뀌는 시간까지 정확하게 파악하고 있었던 이순신 장군은 최적의 전략으로 객관적 열세의 상황을 압도적인 승리로 바꿔버린 거예요. 생각만 해도 짜릿하고 대단하죠. 이런 울돌목과 진도대교를 한눈에 조망하려면 진도타워에 오르면 돼요. 진도타워 바로 옆에는 울돌목 해양에너지공원이 위치하고 있어요. 바다를 이용한 에너지 발전에는 세 가지 정도가 있는데요, 조력발전, 조류발전, 파력발전이죠. 그렇다면 이곳 울돌목에 조류발전소가 있으리란 건 쉽게 예상할 수 있겠죠?

해양에너지는 화석연료를 대체할 수 있는 에너지자원으로 각광받고 있어요. 특히 삼면이 바다이고 조석간만의 차가 큰 우리나라 서해안은 해

해양발전에너지 양식

조력발전 조석현상에 의해 생기는 해면 높이의 위치에너지를 전력으로 변환하는 발전방식이에요. 만조 때 유입된 바닷물을 높은 위치의 저수지에 가두었다가 간조 때 방수해 발전기를 돌리는 거죠. 우리나라에는 시화호에 조력발전소가 있어요.

조류발전 빠른 조류의 흐름이 나타나는 해역에 댐이나 방파제 설치 없이 조류를 이용해 바닷속 터빈을 돌리는 발전방식이에요. 울돌목 조류발전소가 대표적이죠.

파력발전 파랑의 에너지를 이용하는 발전방식이에요. 파랑에 의한 해면의 승강운동을 피스톤으로 공기의 흐름으로 만든 다음 공기 터빈을 돌려 발전기를 돌리는 양식이랍니다.

진도타워(위)
울돌목 해양에너지공원(중간)
울돌목 시험조류발전소(아래)

양에너지를 이용하는 데 매우 유리하답니다. 조류발전은 간단히 말해 바닷물의 흐름으로 터빈을 돌려 에너지를 생산하는 발전양식이니 당연히 유속이 빠를수록 경제성이 좋아지겠죠. 그런 최적지가 바로 울돌목인 거예요.

조류발전이 지닌 장점은 다른 수력발전이나 조력발전과 달리 댐이나 방파제가 필요 없다는 것이죠. 그러니 비용이 적게 들고 선박 움직임에 제약이 적을 수밖에요. 또 장애물이 없으니 어류의 이동이 자유롭고 친환경적이라고 할 수도 있답니다.

다만 울돌목의 발전소는 아직 시험조류발전소예요. 본래는 400여 가구가 1년 동안 사용할 수 있는 규모(1,000킬로와트)의 전기를 생산할 계획이었는데 설비 시설의 고장이 잦고 사업 경제성이 낮은 데다 주변 경관 저해 등의 이유로 지자체와 갈등을 빚으면서 지지부진한 상태랍니다. 자연적 조건은 갖추어졌지만 발전기술이 부족한 셈이죠. 우리나라는 화석연료를 이용한 발전기술은 매우 뛰어나지만, 대체에너지에 대한 연구는 선진국에 비해 부족한 편이에요. 미래는 분명 에너지전쟁이 될 테니 분발해야 할 부분이죠. 지속가능한 발전을 위해 친환경적 신재생에너지를 얼마나 활용할 수 있는가가 무척 중요해질 전망이랍니다.

자, 이제 가계해변으로 가보죠. 혹시 성경에 나오는 '모세의 기적'을 알고 있나요? 모세와 그를 따르던 이스라엘 민족이 약속의 땅으로 가던 중 그들의 신 여호와가 홍해 바다를 갈랐던 이야기 말이에요. 그와 비슷한 현상이 이곳 진도에서도 나타난답니다. 바로 이 가계해변에서요. 바다 한가운데로 사람들이 걸어가는 걸 볼 수 있죠. 진도 신비의 바닷길이라고 해요. 바다 갈라짐 현상인데요. 사실 이런 현상은 우리나라 서해안에서 10곳 넘게 관찰할 수 있어요.

조석간만의 차이가 큰 날에는 썰물로 바닷물이 줄어들 때 바다 아래 상대적으로 높이 솟아 있는 능선 같은 모래언덕이 물 위로 드러나요. 이 모래언덕을 지리용어로 사주(砂洲)라고 해요. 이 사주가 가까운 섬에 연결된 것을 육계사주라고 하고요. 육계사주로 인해 육지와 이어진 섬을 육계도라고 하죠. 가계해변에서 멀리 보이는 섬이 '모도'인데, 바로 육계도랍니다. 1년에 대략 30~40일 정도 이런 현상이 나타나죠.

가계해변(위)
신비의 바닷길 축제(아래)

뽕할머니상

특히 매년 3~5월 사이 가장 조차가 큰 시기에 사흘 동안 신비의 바닷길 축제를 개최한답니다. 진도군에서 가장 큰 축제라고 할 수 있어요. 이 축제는 유래가 남달라요. 본격적으로 외부에 알려진 계기는 1975년 주한프랑스 대사였던 랑디가 진도에 와서 물이 갈라지는 현상을 보고 대한민국에서 모세의 기적을 보았노라고 프랑스 신문에 기고한 것이에요. 덕분에 세계적으로 유명해졌죠.

신비의 바닷길에 가보면 할머니와 호랑이 상이 있는데, 그걸 뽕할머니 상이라고 불러요. 신비의 바닷길과 관련해 뽕할머니 설화가 전해지고 있거든요. 옛날 옛적 이 지역에 호랑이의 침입이 잦아 마을사람들이 모도라

진도의 맛 자랑, 진도 미역

미역이 잘 자라기 위해서는 수심이 깊고 파도가 세야 해요. 진도는 지리적으로 한반도 최서남단에 위치해 파도와 조류가 강한 외해의 청정지역이 많습니다. 이런 자연환경을 이겨내며 바닷물 위로 솟은 수많은 바위 틈에서 진도 자연산 돌미역은 그 가치를 드러내고 있죠. 진도 미역은 조선시대부터 대표적인 진상품 중 하나였어요. 조선 중종 때 발간된 《신증동국여지승람》에도 진도의 토산품 중 최고로 미역을 꼽고 있답니다. '진도

곽'이라고도 불리는 진도 미역은 딸을 가진 어머니가 혼숫감으로 준비할 정도로 잘 알려져 있대요.

는 섬으로 피신하면서 뽕할머니만 남게 되었대요. 뽕할머니는 헤어진 가족을 만나고 싶어 용왕님께 기원했고, 용왕님이 그 소원을 들어주어 다음 날 바닷길을 만들어준 거라고 해요. 이 이야기가 풍습으로 남아 지금의 축제로 승화된 거예요. 신비로운 자연현상과 민속문화가 어우러져 지역 축제를 만들어낸 셈이랍니다. 전라남도는 이 신비의 바닷길을 유네스코 세계문화유산으로 등록시키기 위해 노력하고 있어요.

이곳 특산품 코너에서는 진도 미역을 팔아요. 미역 하면 진도 미역이 최고라는 이야기가 있을 정도로 유명하답니다.

그림과 노래, 민속이 살아 있는 진도　전라도 여행이라고 하면 뭐니 뭐니 해도 상다리가 부러질 만큼 한 상 가득 차려 나오는 백반 정식을 빼놓을 수 없죠. 역시 식도락은 여행에서 중요하니까요. 하지만 여러분은 먹는 것이 전부라고 생각하

운림산방

지 않았으면 좋겠어요. 사실 전라도는 전통문화와 예술이 살아 숨 쉬는 지역이거든요. 특히 진도군은 예향의 고향이기도 해요. 그래서 다음 여행지로 진도 미술의 본산이라 할 수 있는 운림산방을 선택했답니다.

아름답고 고풍스러운 공간이에요. 뭔가 마음이 고요해지고 한 편의 풍경화를 보는 듯한 느낌을 받게 되죠. 운림산방은 조선시대 동양화의 한 분파인 남종화의 대가 소치 허련이 살면서 그림을 그린 곳이에요. 그의 후손들이 대대손손 꾸며온 거대한 화실인 셈이죠.

소치 허련의 그림

그래서 운림산방에는 나무, 꽃, 연못, 초가집 등이 아름다운 자태를 뽐내고 있어요. 진도는 지리적 특성상 육지와 멀지 않은 섬이거든요. 때문에 특히 고급 관리와 명망 있는 사대부의 인기 유배지였죠. 그 덕에 적절한 문화적 배경을 만들 수 있었던 거예요. 이런 배경 속에 말년의 소치 허련은 섬이라는 속세와 떨어진 격리의 공간에 칩거하면서 유유자적한 삶을 토대로 아름다운 미술작품을 그려냈어요.

섬이라는 고립된 공간이 예술가들에게는 예술창작의 최적지가 된 거죠. 아무래도 산수화를 그리기 위해서는 몸과 마음이 평온하고 무위자연의 마음가짐이 필요할 테니까요.

매주 토요일 운림산방의 미술관에서는 지역 작가들이 그린 그림을 경매에 내놓는 '남도예술은행 토요경매'가 열려요. 흥미로운 볼거리이니 한번 들러봐요. 경매에 참여하지 않더라도 구경하는 건 괜찮답니다.

남종화(南宗畵)

남종화는 중국 산수화에서 유래를 찾을 수 있는 동양화의 한 분파예요. 남종화가 본격적으로 유입된 조선 후기는 한국의 승경(勝景)을 화폭에 담은 진경산수화와 주로 서민 계층의 생활을 담은 풍속화가 많이 그려지던 때랍니다. 이처럼 한국 정서와 자아의식의 표현이라 할 미술 경향들과 더불어 중국 회화의 전통을 반영하는 남종화가 꾸준히 확산되었죠. 남종화의 특징은 자연을 직접 보고 그리는 게 아니라 그 아름다움을 마음에 담은 후 그리는 것이라고 해요. 🌸

이번엔 진도 아리랑마을로 가볼까요? 그 전에 임권택 감독의 영화 〈서편제〉를 봤느냐고 물어야겠네요. 영화를 보면 돌담길에서 주인공 일행이 노래를 부르는 장면이 나와요. "아리〜아리랑 쓰리〜쓰리랑 아라리가 났네〜 아〜리랑 음〜 음〜 음 아라리가〜 났네." 이 민요의 제목이 뭘까요? 네, 바로 〈진도아리랑〉이에요.

진도 아리랑마을에 가면 아리랑체험관이 있어요. 건물 형태가 장구와 비슷하게 생겼죠. 체험관에 들어가보면 〈진도아리랑〉에 대해 더 깊이 알 수 있어요. 특히 〈진도아리랑〉은 섬 지역 여성의 삶과 밀접한 관련이 있는데요, 육지의 다른 아리랑들과는 달리 주로 여성들이 만들고 불렀던 노래이기 때문이에요. 그래서 '아리랑타령'이라는 별칭도 가지고 있어요. 〈진도아리랑〉의 가사는 시부모의 권위에 대한 부정, 유교적 사회 질서에 대한 일탈 행위, 남편의

남도전통미술관

Musical instruments used to perform Arirang

아리랑체험관

무능력 비판 등이 주요 내용이랍니다. 〈진도 아리랑〉이 개화기 시절에 활발하게 전승되었 던 것은, 가사의 내용이 지리적으로 섬이라는 고립된 공간 속에서 억압받아온 여성들의 한 을 잘 담아내고 있기 때문이기도 하지요. 체 험관 안에는 직접 〈진도아리랑〉을 불러볼 수 있는 곳도 있으니 맘껏 실력 자랑을 해보는 것도 재미있을 거예요.

이제 배를 타고 조도라는 섬으로 들어가 볼게요. 이곳에서 전라남도 지정 무형문화재 중 하나인 〈조도 닻배노래〉의 흔적을 만날 수 있어요. 닻배란 조선시대 닻그물로 조기를 잡던 고기잡이배예요. 닻배노래는 이 닻배에 서 그물을 끌어올리거나 내릴 때 부르는 어 로요(漁勞謠)를 말하죠. 지역마다 닻배노래를 불러왔지만, 지금까지 계승되어온 곳은 조도 뿐이랍니다.

예로부터 조도 주변에서는 고기가 많이 잡혔어요. 조도 일대는 서해와 남해의 분기 점에 위치하고 있어, 여름에는 쿠로시오 난 류, 겨울에는 서해안의 요동성과 압록강 일 대에서 발원하는 연안 한류가 해안선을 따라 남하하여 풍요로운 어장을 이루거든요. 이런 지리적 위치 때문에 조도 주민들은 자연스럽게 어로 활

조도 닻배노래

동에 종사하게 될 수밖에 없었죠.

물론 현재는 닻배로 조기잡이를 하는 어로 행위는 사라졌어요. 어업의 현대화와 수익 면에서 양식업의 우위 때문이기도 하지만, 결정적인 이유는 따로 있어요. 바로 일제강점기 시절, 일본 어민의 조선 진출로 한국의 어장이 잠식당했는데, 조도 주변 어장도 마찬가지였거든요. 식민지 지배구조 속에서 외부의 의도에 의해 우리 전통어업의 상당 부분이 해체되고 말았죠. 그러니까 슬픈 역사의 현장이기도 한 셈이에요.

진도는 이처럼 미술과 음악 같은 예술의 향기가 짙은 곳이랍니다. 맛난 먹거리를 즐기면서 동시에 역사와 예향에 흠뻑 취할 수 있으니, 이보다 멋진 곳이 이 땅에 몇이나 될까요?

웃장
순천시청
조은프라자
신대지구
순천역
아랫장
순천만국제정원
순천만자연생태공원

월등면
황전면
주암면
권
서면
송광면
해룡면
외서면
별량면

세계적인 명소로 발돋움하는
생태도시 순천

순천 하면 뭐가 떠오르나요? 혹시 고추장을 자신 있게 외쳤다면, 순창과 헷갈린 거예요. 음식 이야기가 나왔으니 순천의 가장 유명한 먹거리를 가르쳐줄까요? 바로 꼬막과 맛조개랍니다. 그럼 꼬막 철이 아니면 갈 필요가 없겠다고요? 천만에요. 순천은 자연과 풍경만 보러 가도 충분한 가치가 있는 곳이거든요. 그중에서도 순천만의 가치는 엄청나죠. 대한민국의 대표적인 생태도시 순천을 상징하는 곳이니까요. 순천만 습지에서 자연을 보면 저절로 마음이 치유되는 힐링 효과를 경험할 수 있어요. 국제정원박람회도 열려 볼거리는 또 덤이고요.

순천만이 얼마나 가치가 있느냐 하면, 순천만 습지가 람사르협약에 등록되어 국제적인 관심과 보호를 받고 있을 정도랍니다. 자, 그럼 지금부터 생태수도 순천, 그 순천의 생태도심 순천만을 여행하는 생태관광을 떠나볼까요.

자연이 주는 아름다운 선물의 도시　　순천만국가정원은 2013년 국

제정원박람회 이후 우리나라

에서 가장 잘 꾸며진 정원이 되었어요. 정원이라는 공간을 통해 인간과 자

연이 조화를 이룰 수 있고 그 문화가 퍼지도록 이바지하고 있는 곳이 바로

순천만국가정원이에요. 그래서 이곳은 2015년에 국가 1호 정원으로 지정

되었답니다.

　정원이 엄청나게 넓어서 걸어서 보는 데만 해도 서너 시간은 족히 걸릴

거예요. 천천히 정원을 둘러보면서 순천만자연생태공원 쪽으로 이동하려

면, 동쪽부터 시작하는 게 좋아요. 동문에서 출발해 순천호수정원, 세계

각국 정원, 메타세쿼이아길, 꿈의 다리, 한국정원, 순천만 국제습지센터,

스카이큐브 정원역, 이 순서대로 돌아보려고요.

　관람 시 유의사항은 꼭 챙겨야겠죠. 금연, 금주, 일부 물품 반입금지,

채집 불가, 길로만 다니기. 관광산업을 육성하면서 순천시가 정원 관리를

엄격하게 하고 있어요. 자연을 보호하고 공간을 쾌적하게 유지하는 것이

관광지의 핵심이니 관광할 때는 유의사항을 꼭 지켜주세요.

　우선 순천호수정원이에요. 지형과 물이 잘 어우러져 있죠. 순천의 실제

지형과 물을 축소해서 표현한 공간이랍니다. 인공적인 느낌이 강하긴 해

도 경치 자체는 굉장히 예뻐요. 이곳에 있는 정원들은 인공적으로 꾸민 공

간이긴 하지만, 자연 그대로의 느낌을 살리려고 애를 많이 썼어요. '갯지

렁이 다니는 길'도 있죠. 실제 갯지렁이를 사육하는 곳은 아니고요, 갯지

렁이가 구불구불 움직이는 모습을 테마로 꾸민 공간이에요. 이런 식으로

자연에서 공간의 모티프를 얻으려고 노력한 정원인 거죠.

　이어서 세계 각국의 정원들이 나와요. 중국 정원, 태국 정원, 독일 정원

1. 순천만국가정원
2. 순천호수정원
3. 갯지렁이 다니는 길
4-6. 세계 각국의 정원들

한국정원(위)
참여정원(아래)

등 다양하죠. 2013년 순천만국제정원박람회에 참여했던 나라들이 각국의 고유한 방식으로 정원을 꾸민 거예요. 각 나라별로 공간이 넓지는 않지만, 정원들의 모습이 다른 걸 확인할 수 있는데요, 모두 디테일이 살아 있어요. 국제정원박람회를 개최하면서 각 나라의 정원문화에 정통한 전문가들이 노력한 결과랍니다. 입구에서 신청하면 무료 해설도 들을 수 있어요.

그런데 우리나라 정원은 보이지 않는다고요? 한국정원은 꿈의 다리를 넘어가면 있어요. 같은 나라 사람이라 팔이 안으로 굽는 것인지는 모르겠지만 한국정원이 가장 예뻐 보이는데요. 서양 정원들에 비해 인공적인 느낌도 덜하고요. 자연을 통제하려 했던 서양과, 자연과 어우러지려 했던 동양의 자연관 사이의 차이를 엿볼 수 있죠.

참여정원으로 되어 있는 부분도 있어요. 참여정원은 다양한 단체들이 각자의 개성을 살려 꾸민 정원이랍니다. 정원 문화의 확산과 더불어 각 단체를 홍보하기 위해 조성한 거죠. 이미 30여 개의 단체들이 참여한 정원이 조성되어 있어요. 근처

동물원(위)
국제습지센터(아래)

순천만자연생태공원

에는 동물원도 있는데요, 규모가 크진 않지만 귀여운 동물들이 많아요. 볕이 좋으면 미어캣이나 사막여우들이 밖에 나와 있기도 해요.

이제 순천만자연생태공원으로 가기 위한 사전답사로 국제습지센터를 들러보죠. 이곳의 잘 정리된 자료들을 보면 순천만은 정말 다양한 생물들이 살고 있다는 걸 알 수 있어요. 실제로 습지 생물들을 볼 수 있기도 하고, 환경 분야의 선진 도시들에 대한 정보도 가득하죠. 볼거리와 배울 거리가 상당히 많은 곳이랍니다.

정원역에서 스카이큐브를 타고 생태공원으로 가볼까요. 스카이큐브는 모노레일처럼 생겼는데, 케이블카와는 조금 느낌이 달라요. 환경을 중요하게 생각하는 생태수도 순천인 만큼 자연에 부담을 주는 차량 통행을 줄이기 위해 이런 교통수단을 들여온 거죠. 왕복 교통료가 비싸다고 느낄지도 모르겠지만, 환경보호를 위한 기여라고 생각을 바꿔봐요. 천연의 자연, 멋진 경치를 유지하고 보전하는 데는 비용이 드는 법이니까요.

이제 내리면 순천만자연생태공원입니다. 갈대밭이 넓게 펼쳐진 게 먼저 눈에 들어와요. 특히 가을에 오면 장관이랍니다. 뭔가 고요하고, 자연의 소리만 들리는 느낌이죠? 조용한 바다의 매력을 만끽할 수 있어요. 사람들이 많이 찾는 바닷가는 뭔가 시끌벅적 어수선한데, 순천만은 그런 느낌이 별로 없어서 관광지 같지 않은 평온함이 있어요. 사람들이 많은데도 평화롭고 고즈넉한 분위기가 살아 있는 곳이에요.

동천과 갈대밭이 보여주는 풍경이 사람을 품어주는 것 같아요. 계절에 맞게 오면, 갯벌에서 생태체험을 하거나 철새들을 볼 수도 있어요. 계절

순천만 갈대밭

별로 생태체험 프로그램을 운영하고 있지요. 아이들을 위한 프로그램도 따로 준비되어 있어, 자녀들이나 학생들을 데리고 오기도 좋아요.

순천만은 낙조도 전국에서 으뜸으로 꼽혀요. 동천과 갈대밭, 그리고 석양이 만드는 풍경이니 얼마나 멋지겠어요. 사진작가들이 석양을 찍을 때 가장 많이 찾는 장소 중 하나이기도 하고요. 혼자 사색에 잠겨 걷기에도 더할 나위 없죠. 천문대도 있어서 바다와 갯벌, 새들이 보여주는 고즈넉한 모습에 밤하늘의 별까지, 그야말로 자연을 즐기기에는 최적의 장소랍니다.

순천만은 매일매일 입장객의 수를 제한하고 있어요. 하루에 만 명까지 입장이 가능하죠. 만 명이 차지 않은 경우에는 예약을 하지 않아도 상관없

순천만 낙조

순천만 습지

지만, 관광객이 몰리는 시기엔 예약을 해두는 게 좋아요. 1년 이용권을 가지고 있거나 순천시민인 경우에는 예약 없이 입장 가능합니다. 이런 조치는 물론 자연을 지키고자 하는 순천의 노력 중 하나죠. 덕분에 앞서도 말했다시피 왁자지껄한 관광지의 느낌이 아니라 자연을 있는 그대로 즐길 수 있는 순천만의 모습을 만날 수 있는 거예요.

사실 순천만국가정원이나 습지가 관광지로 이렇게 성공할 거라고 예상한 사람은 많지 않았대요. 자연보다는 경제적인 요소를 중시하는 사회 분위기 때문이었죠. 주변의 여수시나 광양시는 공업기능을 유치하면서 빠른 속도로 발전했거든요. 그래서 순천시도 순천만에 공업기능을 유치하려는 계획을 가지고 있었어요. 순천만을 매립하고 여수처럼 공단을 지으려 했던 거예요. 그랬더라면 당장은 순천이 경제적으로 성장했겠지만, 이 멋진 풍경들은 다 사라지고 말았겠죠.

순천시만의 힘으로는 이 지역을 생태수도로 만들기 쉽지 않았을 거예요. 그런데 람사르협약에 순천만이 등록되면서 관심이 집중되고 덕을 보았죠. 순천만을 유네스코 세계자연유산으로 등록하려는 시도도 여전히 지속되고 있는데, 순천시나 인근 지역주민의 이해관계가 충돌하는 부분이 있어 차질이 빚어진다고 해요. 지역개발이나 어업활동 위축 등을 걱정하는 주민들도 있기 때문이죠. 이해하기 어려운 건 아니에요. 사실 순천은 시내가 아닌 주변지역 주민들은 대부분 농업과 어업에 종사하고 있거든요. 주민들 중 일부는 지금도 순천만을 개척해 공업단지로 만들기를 희망하는 사람도 있죠. 사실 지역주민들의 마음을 하나로 모으고 정책을 추진하는 게 쉬운 일은 아니에요. 그만큼 더 활발한 논의를 통해 서로의 입장을 이해하고 함께 상생하는 방향을 모색해야겠지요.

순천에 왔으면 꼬막 정식을 먹어봐야 해요. 꼬막은 보성 벌교 꼬막이 유명한데, 벌교 바로 옆의 순천, 고흥에서도 꼬막이 많이 난답니다. 예전부터 주변에 비해 교통이 상대적으로 발달한 벌교읍이 가장 유명해진 거고요. 그런데 요즘은 벌교에서 꼬막이

순천 꼬막

많이 나지 않아서 애를 태우고 있대요. 태풍이 올라와 갯벌을 뒤집어야 꼬막 생산량이 늘어나는데, 최근 그런 일이 별로 없었고, 동천 하류지역의 축사들에서 나오는 폐수도 영향을 미친 것으로 보고 있어요. 맛있는 꼬막을 먹기 위해서라도 자연보호는 정말 중요한 거예요.

생태관광과 함께 발달하는 생태수도

이제 순천 시내로 한번 들어가 보기로 해요. 순천역은 전라도 전체에서 손꼽힐 정도로 이용객이 많은 역이에요. 전남 동부권에서는 교통의 요지이기 때문이죠. 여수나 광양으로 가려면 거쳐야 하는 곳이기도 하고 경상남도 쪽으로 이어지는 경전선이 통과하는 역이기도 하거든요.

순천시청

이렇게 교통이 잘 발달되어 있어서 관광산업이 발달하는 데도 더 유리했어요. 순천 시내도 도로가 잘 깔려 있고 버스 운행 역시 많은 편이에요. 교통이 편리한 데다 숙박시설도 나쁘지 않아 여행객들이 이동 중의 베이스캠프로도 많이 이용한다고 하네요.

순천시청이 위치한 일대가 순천 구도심이에요. 순천시청, 순천종합버스터미널, 순천대학교 등이 모여 있어 상업, 서비스 기능이 집중되어 있었다고 해요. 하지만 지금은 덕연동 일대와 덕연동에서 이어지는 해룡면 쪽으로 신도심이 연결되어 있어 중심지가 이동했죠. 신도심에는 순천역이 있고, 백화점이나 대형 병원, 대형 할인마트들이 들어와 있어요.

드라마 〈응답하라 1994〉에서 순천 사람과 여수 사람이 백화점이 있다 없다 하며 싸우는 장면이 나왔는데 기억하나요? 순천은 교통이 발달해 있어서 인구수에 비해 상업기능이 굉장히 발달되어 있어요. 홈플러스 같은 경우도 순천에는 두 군데나 있지만 인구가 더 많은 여수에는 입점하지 않았죠. 인구가 많지 않은 데도 상업기능이 유지된다는 것은 순천의 주변 지역에서 물건을 구매하러 많이 온다는 이야기일 거예요.

5일장

특히 순천 상업기능의 특징으로 5일장을 들 수 있어요. 순천은 현대적인 대형마트들이 많은 데도 5일장이 명맥을 잘 유지하는 곳이랍니다. 구도심 지역 위쪽에 웃장이, 아래쪽에 아랫장이 서요. 웃장은 끝자리가 0일과 5일에, 아랫장은 2일과 7일에 선다고 합니다. 재래시장의 느낌을 그대로 간직하고 있고 규모도 굉장히 커요. 전국의 5일장 중 가장 큰 규모를 갖고 있는 시장이기도 하지요.

황금백화점

재래시장이 버티고 있다는 건, 그만큼 순천시에서 상업기능을 살리려고 노력하고 있다는 의미입니다. 특히 웃장과 아랫장은 구도심을 지탱해주는 마지막 보루 같은 역할을 하고 있죠. 재래시장이 도심을 버티게 한다는 게 아이러니하기도 하죠. 사실 구도심에는 전국에서 매장 규모가 가장 컸던 황금백화점이 있었다는데, 현재는 폐건물 상태로 남아 도시의 고민거리가 되고 있다고 해요.

순천도시재생사업의 핵심으로 구도심의 이 폐건물을 정원으로 만들자, 상가를 다시 조성하자, 의견이 분분하대요. 순천 구도심의 공동화현상은 심각한 상태라 빈 점포들이 많아요. 여러 가지 노력을 기울이고는 있지만 아직 해결법을 찾아내진 못한 모양이에요. 인구가 많지도 않은 상태에서 대형 상업기능들이 신도심 쪽으로 많이 생겨나다 보니 문제가 발생한 거죠.

사실 신도심 쪽도 공동화현상이 생기고 있어요. 조은프라자라는 큰 건물

순천도시재생사업

이 현재 황금백화점처럼 비슷한 상태로 방치 중이죠. 시장 선거 때 조은 프라자를 살리겠다는 공약이 나왔을 정도로 방치해두기엔 아까운 건물이래요. 신도심이 공동화라니 의아하죠? 신도심 근처의 신대지구가 개발되면서 인구가 빠져나간 게 가장 큰 원인이랍니다. 구도심 재생사업에 시가 힘을 쏟고 있는 상황에서 신도심 공동화까지 진행되는 기미가 보이는 거죠.

도심이라면 도시의 가장 중요한 곳인데 서둘러 대책을 마련할 필요가 있겠죠. 그런데 순천에서는 도심만큼이나 순천만 일대 관광지도 중요하다 보니, 조치가 더욱 더딜 수밖에 없는 것 같아요. 도심이 소외되는 흔치 않은 상황인 거죠. 외부인들의 입장에서는 관광지가 개발되는 걸 바라겠지만, 순천 지역주민들의 바람은 다를 수도 있을 거예요.

세계적인 명소로 발돋움하고 있는 순천만 일대와, 지역주민들이 삶의 터전으로 살아가는 도심이 함께 발전하는 방안을 순천시가 찾을 수 있기를 바라봅니다. 🐦

산수유마을

지리산

화엄사

피아골

연곡사

송만갑 선생 생가
동편제 전수관

산동면

광의면

용방면

서시천

마산면

상사마을

운조루

구례읍

섬진강

토지면

문척면

간전면

구례장

자연으로 가는 우리 길과
산수유의 고장 구례

"남자한테 참 좋은데, 정말 좋은데, 뭐라고 설명할 방법이 없네"라는 카피의 TV 광고 기억하나요? 바로 산수유 관련 제품 광고였죠. 왠지 남자라면 꼭 먹어야만 할 것 같았던, 웃기면서도 설명할 길 없는 매혹의 광고 말이에요.

3월 말이면 산수유축제가 시작되는 곳이 있어요. 바로 전라도 구례랍니다. 산수유를 실컷 즐길 수 있는 고장이지요. 산수유축제뿐 아니라 사계절이 아름답고 지리산이 위치하고 있어 둘레길을 걸으며 만나는 자연도 더없이 예쁜 곳이에요.

그럼, 지금부터 농촌과 관광이라는 키워드를 가지고 삼대(三大) 삼미(三美)의 고장, 봄 여름 가을 겨울이 모두 아름다운 산수유마을 구례로 탐방을 떠나보기로 해요.

농촌과 관광, 구례 이해하기

섬진강은 무척 아름다운 강이에요. 특히 섬진강변 벚꽃길은 아주 유명한데요, 벚꽃이 만개하면 그야말로 장관을 이룬답니다. 섬진강은 구례-하동 구간이 가장 아름다워요. 드라이브 코스로는 더할 나위 없고요. 구례로 가

벚꽃길

는 길에 만날 수 있는 자연풍경 중 하나죠.

구례는 이중환이 《택리지》에서 삼대 삼미의 고장이라고 칭한 곳이에요. 삼대 삼미, 세 가지 큰 것과 세 가지 좋은 것이란 과연 무엇일까요? 우선 삼대는 큰 산인 지리산, 큰 강인 섬진강, 그리고 큰 들판을 가리켜요. 사성암의 능선에서 조망하면 구례 전경이 한눈에 들어오는데 들판이 넓게 펼쳐져 있거든요. 웅장한 지리산으로 둘러싸여 있고 평탄한 들판이 그 안에 펼쳐져 있다 보니 더 넓게 느껴지는 거죠. 구례의 들판은 아주 전형적인 분지 지형이랍니다.

구례분지는 북서-남동 방향으로 서시천을 따라 길게 발달해 있어요. 이 지역 지질은 비교적 침식에 강한 변성암이 우세하죠. 그래서 분지가 깊게 개석된 상태로 좁은 편이에요. 서시천이 남쪽에서 섬진강으로 유입되는 거랍니다.

서시천 상류 산동면 일대의 분지는 해발고도가 최고 200미터 내외예요. 곡저평야로 더 좁게 형성되어 있고 서시천 하류로 갈수록 범위가 넓어져서 구례읍 쪽의 서시천 하류 분지는 해발고도 50~100미터

구례 전경

돌산과 흙산의 비교

변성암은 대개 입자가 미세한 광물들로 이루어져 있어서 풍화를 받으면 미세한 모래나 점토 크기의 물질이 생산돼요. 이런 미세한 물질은 빗물에도 잘 씻겨내려가지 않아서 토층이 두터운 흙산이 잘 발달하죠. 지리산, 덕유산, 태백산, 소백산, 오대산 같은 흙산은 편마암계 변성암이 풍화되어 토양층으로 덮이면서 산줄기가 완만하고 부드러운 모습으로 나타납니다. 흙산은 산림이 잘 우거져서 물이 마르지 않아 사람들이 살기에 좋은 터전을 제공하고 생태 댐의 역할도 한답니다.

반면 화강암은 풍화를 받으면 입자가 큰 모래를 많이 만들어내요. 모래는 빗물에 쉽게 씻겨내리기 때문에 토층이 얕아 삼림이 빈약한 편이거든요. 그래서 북한산, 설악산, 금강산, 월출산 등과 같이 암석 경관이 수려한 돌산이 발달하는 거예요. 🌿

정도로 상류지역보다 낮아요. 비교적 넓게 발달해서 대표적인 곳이 구례분지라 할 수 있죠. 또 다른 작은 분지도 있어요. 이곳은 중생대 퇴적층이 1,000미터에 이르는 두터운 퇴적분지로 알려져 있지요.

분지라고 하면 화강암 침식분지가 흔한데, 이곳은 변성암 침식분지 혹은 퇴적분지예요. 같은 변성암 지역인데 분지가 형성된 건 절리 때문이에요. 절리가 발달한 곳들이 하천에 의해 침식되면서 분지가 된 거죠.

구례는 지리산과 섬진강으로 만들어진 전형적인 배산임수 지형으로 사람이 살기 좋은 곳으로 유명해요. 그래서 《택리지》에도 구례를 가장 살기 좋은 곳으로 꼽았던 거죠. 구례가 매우 비옥한 땅이라는 기술도 있고요. 구례분지는 변성암 산지인 지리산을 개석한 섬진강이 흐르고 있어서 충적층도 넓고 비옥한 편이에요.

지리산은 산세가 무척 부드러워요. 변성암 흙산이라 우뚝 솟은 바위를 보기 어렵고 느낌이 푸근한 거죠. 흙산의 특징이 아주 잘 나타난 산이에

지리산

요. 보통 돌산이 빼어난 경치를 자랑한다고들 하지만, 지리산의 웅장함과 풍요로운 푸근함도 절경이랍니다.

그럼, 삼미는 뭘까요? 구례의 세 가지 좋은 것은 바로 구례의 자연환경, 즉 빼어난 경치와 넉넉한 인심, 그리고 농사 소출이래요. 삼대 삼미는 결국 지리산과 섬진강과 분지가 어우러진 천혜의 자연환경을 가진, 산수가 빼어나며 인심이 좋고 농사가 잘되는 곳이라는 의미죠.

그렇게 좋은 곳이 지금은 인구 3만 명이 채 안 되는 촌 중의 촌이 되어 버렸어요. 1980년대 글씨체로 쓰인 오래 된 간판들도 볼 수 있죠. 과거에는 큰 산과 큰 강을 끼고 있어 물류가 활발하고 발달했 었지만, 섬진강이 더 이상 물류를 담당하지 않고 농업에서 공업으로 산업이 변화하면

오래된 간판

서 잘나가던 구례는 오래된 간판 같은 장소가 되었어요. 하지만 최근 이런 곳들이 관광지로 부상하고 있어요. 낙후된 이미지로 받아들이기보다는 옛 추억을 간직하고 훼손되지 않은 자연을 보여주는, 한번 가보고 싶은 곳으로 말이죠. 공업이 발달하지 못하면서 낙후되었지만 그 덕분에 관광지가 될 수 있는 반전의 기회를 맞은 셈인데, 구례가 슬기롭게 이 길을 개척해나갈 수 있기를 기대해봐요.

산동면 산수유마을로 한번 가볼까요? 노란 산수유꽃들이 뭉게뭉게 피어오르듯 만발할 때 가보면 마을 전체가 온통 봄, 봄, 봄을 외치고 있는 듯 보인답니다. 산수유마을은 봄엔 노랗고, 여름엔 짙푸르고 시원한 숲길과 계곡을 보여주죠. 가을엔 타오르는 단풍과 새빨간 산수유 열매가 장관이고요. 그야말로 계절별로 다양한 매력을 느낄 수 있어요.

김훈의 《자전거 여행》을 보면 "산수유는 꽃이 아니라 나무가 꾸는 꿈처럼 보인다"는 구절이 나와요. 실제로 구례에 와보면 그 말이 무슨 뜻인지 실감이 난답니다. 냇가, 밭고랑, 돌담 사이 등등 어디서든 비집고 나온 산수유나무가 온 동네 그득하지요. 돌담길과 비밀스런 숲길들도 정말 사랑스럽답니다.

구례는 전국 최대의 산수유 군락지예요. 산수유 전국 생산량의 70퍼센트 이상을 차지하고 있을 정도니 진정한 산수유마을인 셈이죠. 특히 이곳 산동면은 일조량이 풍부하고 배수도 잘되고 토양이 비옥해서 산수유 재배에 최적지예요. 산수유는 약 1000년 전 중국 산동성에 사는 처녀가 구례군 산동면으로 시집올 때 처음으로 가져와서 심었대요. 그래서 지명도

산수유마을

산동이 된 거고요. 구례 산수유는 칼륨, 칼슘, 아연 같은 무기성분이 풍부하고 사과산이 가장 많이 검출되어 신맛이 강한 독특한 맛을 가지고 있어요.

산수유 열매는 맛은 시고 성질은 따뜻해서 몸을 보호하고 기력을 보충하는 데 좋대요. 항암작용도 하고 요통, 신경통, 폐결핵을 치유하는 데도 쓰이고요. 아주 명약이죠. 새콤달콤한 맛이 은은한 산수유차는 판매도 하니 집에서 즐길 수도 있답니다.

지리산 둘레길, 구례 즐기기   이젠 지리산 둘레길을 걸어볼까요. 지리산 둘레길은 총 300킬로미터에 달하고, 그중 구례 지역만 85킬로미터나 돼요. 구례, 하동, 산청, 함양, 남원의 지리산 자락 120여 개 마을이 모두 둘레길의 연결고리가 된답니다. 구례 구간에는 총 7개 코스가 연결되어 있고 각 구간마다 4시간에서 6시간이 소요된다고 하네요.

둘레길 중 한 코스를 잡아 걸어보기로 해요. 중간에 화엄사도 들르고 운조루도 살펴볼 거예요. 아, 상사마을도 가봐야죠. 구례가 장수마을이 많기로 유명한데 그중 특히 상사마을은 장수촌으로 가장 먼저 꼽힌대요. 전국 최고의 장수마을로 선정된 적도 있다고 해요.

사실 이 지역 사람들에게 지리산 둘레길 구간을 추천해달라고 하면 각자 다 다른 구간을 권해준답니다. 그만큼 구간마다 매력이 다양하고 볼거리가 풍부하다는 뜻이겠죠. 둘레길 구례 구간은 특히 봄철에 인기가 많다고 하니 기회가 된다면 봄철 구례의 지리산 둘레길을 한가로이 거닐어보면 좋을 거예요.

본격적으로 구례 지리산 둘레길 명소를 둘러보기 전에 섬진강변의 지

지리산 둘레길

지리산 둘레길은 2007년 2월 도법스님(현 조계종 화쟁위원장)을 중심으로 만들어졌어요. 지리산 둘레 3개 도(전북, 전남, 경남)와 5개 시군(남원, 구례, 하동, 산청, 함양)의 21개 읍면 120여 개 마을로 이어져 있죠. 285킬로미터의 장거리 도보길과 지리산 곳곳에 있는 옛길, 고갯길, 숲길, 강변길, 논둑길, 농로길, 마을길 등이 고리 형태로 연결되어 있답니다. 둘레길 대부분은 해당 지역 거주민들의 동의를 구해 개설된 것으로, 여타 관광지와 달리 무분별한 개발을 지양하고 지역 환경과 역사문화 자원을 활용하는 지속가능한 발전 모델 창출을 표방하고 있어요.

역색 가득한 향토음식을 한번 먹어보는 것도 좋겠죠. 참게탕과 은어회도 이 지역의 유명한 먹거리 중 하나예요. 은어는 여름철이 제철이지만 언제 먹어도 맛있지요.

은어회는 허영만 화백의 《식객》 22권 〈임금님 수라상〉 편에도 나와요. 임금님 수라상에 오르는 귀한 물고기라 백성들은 못 잡게 했대요. 진짜로 생선에서 수박향이 난답니다. 쫄깃쫄깃하고 보들보들하며 수박향인 듯도 하고 오이향인 듯도 한 시원한 향이 나죠. 민물고기인데 비리지 않고 깔끔해요. 참게탕도 구수한 진국이라 정말 밥도둑이 따로 없어요.

배가 두둑해졌으면 구례장을 둘러보는 것도 흥미로울 거예요. 구례장은 구례읍에서 열리거든요. 구례 하면 대

참게탕 (위)
은어회 (아래)

동편제 전수관

부분 화개장만 생각하는데 화개장터는 영호남의 교류의 장이자 바다와 내륙을 잇는 전국적인 장이었고, 구례읍은 구례의 중심지로 생활권을 이루고 있기 때문에 구례장도 선답니다.

구례는 또 동편제의 중심이에요. 그래서 동편제 명창 송만갑 선생의 생가와 동편제 전수관도 있어요. 서편제는 들어봤죠? 서편제와 동편제의 차이를 간단히 알아볼까요? 판소리는 크게 서편제와 동편제, 그리고 중고제로 구분해요. 서편제는 말 그대로 '서쪽 지역의 판소리'라는 뜻인데요, 섬진강 서쪽인 광주, 나주, 담양, 화순, 보성의 소리를 가리키는 거예요. 그리고 섬진강을 기준으로 전라도 동쪽 지역, 그러니까 남원, 순창, 곡성, 구례, 흥덕의 소리를 동편제, 또 충청과 경기 지역의 소리는 중고제라고 부른답니다. 예전엔 교통이 좋지 않다 보니 구전되어 전수되는 특성상 지역마다 소리가 달랐던 거죠.

동편제는 발성을 두껍고 무겁게 하고, 소리의 끝을 짧게 끊어서 불러요. 되도록 잔 기교를 부리지 않는 꿋꿋한 소리를 내죠. 서편제는 애절하고 슬픈 느낌을 강조하고 가벼운 발성을 내요. 소리의 끝을 길게 늘이고 기교적인 소리를 선호하죠.

자, 다시 구례의 명소를 찾아가볼까요. 우선 화엄사부터 들러봐요. 엄청나게 큰 절이에요. 건물 하나하나가 천 년은 족히 된 듯한 고풍스러움을 간직하고 있어요. 잘 보존된 예술작품이나 다를 바 없죠. 화엄사는 고찰

화엄사

중에서도 손꼽히는 절입니다. 544년에 창
건했으니 천 년도 넘은 사찰이지요.

화엄사 각황전

각황전은 국보 67호, 대웅전은 보물
299호예요. 화엄사는 구례의 오래된 사찰
일 뿐 아니라 조선 중기 건축사 연구에 귀
중한 자료로 활용되고 있어요. 절이라고 하
면 대체로 대웅전이 제일 크고 화려한 법인데, 화엄사는 각황전이 가장 크
고 화려해요. 대웅전은 다섯 부처 중 석가모니불을 본존불로 모신 법당을
말하기 때문에 가장 큰 법인데, 각황전이 더 큰 건 화엄사만의 특징이죠.

화엄사 근처에 유명한 올벚나무가 있어요. 수령 300년이 넘은 나무랍
니다. 지리산에 유일하게 남은 올벚나무예요. 지리산 5
대 천연기념물이 올벚나무, 천년송, 사향노루, 흰무늬반
달곰, 수달이거든요. 그중 하나인 올벚나무가 화엄사에
있는 거죠. 가만히 보고 있으면 사람을 끌어들이는 묘한
매력이 느껴지죠.

화엄사 근처의
올벚나무

이제 둘레길을 걸어 상사마을로 가보죠. 앞에서도 말했
듯이 상사마을은 장수촌으로 유명해요. 지리산을 배경으로 앞에는 섬진강
이 흐르는 멋진 곳이죠. 차량이나 공장이 많지 않아 소음, 공해가 적은 농어
촌 지역, 배산임수 지역이면서 해발고도 300~400미
터 정도의 야트막한 곳, 이런 곳이 장수촌으로 꼽힌답
니다. 전남에는 그런 곳들이 많아서 전국 장수마을의
30퍼센트 정도가 여기에 있다고 해요. 그중에서도 구례
가 많고요. 앞으로는 물과 공기가 깨끗한 곳이 더 귀해

상사마을 이정표

운조루가 있는 한옥 전경

질 전망이라는데, 구례는 귀한 자연환경을 잘 보존했으면 좋겠어요.

길을 따라 걷다 보면 오미마을의 운조루가 나와요. 운조루는 1776년(영조 52년) 낙안군수 유이주가 세운 99칸 한옥 대저택이죠. 이 저택은 우리나라 3대 명당터인 오미리에서도 명당에 자리 잡은, 호남을 대표하는 양반 집이에요. 운조루터가 풍수지리상 전국 최강 길지이자 금환락지라고 불리는 명당이라고 해요. 금환락지가 무슨 뜻이냐고요?

이 지역이 토지면 오미리예요. 토지면의 토지(土地)라는 이름이 원래 금가락지를 토해냈다는 뜻의 토지(吐指)였대요. 옛날에 가락지는 여인들이 소중히 간직하던 정표로 출산할 때나 빼는 것이라서 이곳에서 가락지

운조루

를 빼놓았다는 건 곧 생산을 의미하는 것이거든요. 그리고 이곳의 형세도 금가락지가 떨어진 모양을 하고 있대요. 그래서 토지면 오미리 일대를 금환락지, 풍요와 부귀영화가 마르지 않는 명당이라고 하는 거죠.

원래는 99칸이던 대저택은 64칸 정도가 남아 있고 지금도 주인들이 생활하고 있어요. 대저택의 사랑채가 바로 운조루죠. 그 옆은 공부방으로 쓰고 있다고 하네요. 대문 양옆은 행랑채인데, 지금은 민박을 하고 있으니, 최고의 명당자리에서 하루 묵어가는 것도 즐거운 일이겠죠?

'타인능해' 쌀독

여기 쌀독을 한번 보세요. '타인능해'라고 쓰여 있어요. 타인도 열 수 있게 하여 주위에 굶주린 사람이 없게 하라는 뜻이에요. 곡식을 꺼내가는 사람이 부끄럽지 않도록 주인의 눈에 띄지 않는 곳에 이렇게 쌀독을 두었다고 해요. 명당에 살 자격이 있는 사람들 같죠? 명당이 아니더라도 그 인품 때문에 후손들이 복을 받았을 것 같아요. 운조루가 조금 방치된 느낌이 있는데 훼손되지 않고 잘 보존될 수 있도록 많은 관심이 필요할 듯해요.

이번엔 부도(사리탑)로 유명한 연곡사로 가볼까요. 사리나 유골을 봉안한 것을 탑이나 부도라고 해요. 사찰 안에 세워지면 탑, 사찰 밖에 세워지면 부도라고 그러죠. 연곡사에는 현존하는 가장 오래된 부도인 동부도와 북부도, 두 점의 부도가 있어요. 굉장히 세밀하고 화려한 것으로 보아 누구인지 모르나 대단한 사람의 사리나 유골이 봉안되어 있을 것 같아요.

다음은 피아골 계곡입니다. 피아골은 원래 피밭골이에요. 피를 재배하는 피밭이 많아서 붙여진 이름이죠. 수수, 조, 쌀 할 때의 그 피 말이에요. 그런데 피밭이라고 하니 왠지 으스스하죠? 사실 이곳이 해방 이후 1960년대까지 수많은 빨치산들이 죽어 그 피가 골짜기를 가득 흘렀다 해서

동부도(좌), 북부도(우)

피아골

피아골이라 불린다는 얘기도 있답니다. 이 또한 우리 역사의 가슴 아픈 부분 중 하나죠.

구례는 지리산 입구예요. 광양, 하동, 곡성, 남원의 결절지인 구례는 지리산으로 입산하는 빨치산들의 집결지였어요. 그러다 보니 빨치산과 관련된 양민학살도 극에 달했던 곳이죠. 사실 빨치산 중에는 새로운 세상을 꿈꾸던 지식인층이 많았다고 해요. 빨치산들이 마지막 항전을 벌인 곳이 바로 지리산이에요. 그러니 지리산은 남부에 있지만 분단의 아픔이 짙게 배어 있는 곳이랍니다.

지리산에 온 김에 지리산 생태와 관련해 도로 문제를 좀 언급해야겠어요. 〈어느 날 그 길에서〉라는 지리산 주변 도로의 로드킬을 다룬 다큐멘터리 영화가 있는데, 그 내용이 정말 충격적이랍니다. 도로를 좀 최소화할 필요가 있겠다는 생각이 들어요. 도로 때문에 지리산이 마치 섬처럼 혼자 떠 있는 것 같거든요. 이래서는 주변과 생태적 교류가 불가능해요. 마구잡이 개발과 도로 건설로 우리나라 백두대간과 생태환경이 말도 못하게 훼손되고 있답니다.

야생동물이 멸종되어가는 이유 중에서 사냥보다 더 위험한 것이 '로드킬'이라고 해요. 로드킬은 운전자의 안전도 위협하지만 생명에 대한 윤리적 차원에서도 심각한 문제예요. 로드킬은 정말 무의미하고 비참한 죽음이에요. 야생동물의 천국이라 불리는 지리산 주변이 그 정도이니 다른 지역은 어떻겠어요.

가끔 왜 길에 뛰어들어 로드킬을 당하느냐며 야생동물을 탓하는 사람들도 있어요. 하지만 그건 동물과 생태에 대한 이해가 너무 부족한 까닭이

삵(위), 반달곰(아래)

에요. 가령 삵 같은 육식동물은 행동반경이 원체 넓어 먹이를 찾고 잠자고 번식하기 위해서는 도로를 건너다니며 살아갈 수밖에 없는 거죠. 동물들 역시 위험한 걸 알면서도 생존을 위해 목숨을 걸고 길을 건너다 죽음을 당하는 거죠.

지리산에 자생하는 식물이 824종이고 동물은 421종이나 된다고 해요. 그야말로 지리산은 우리나라 생태계의 마지막 보루라 해도 과언이 아니에요. 이런 지리산의 생태계가 도로에 의해 주변과 단절되어 섬처럼 고립되는 것이 아니라 주변과 어울려 사람과 야생동물이 공존할 수 있는 장소로 변모해갔으면 정말 좋겠어요.

하지만 도로는 계속해서 여기저기 건설되고 있고, 차량 속도는 점점 빨라지고 있죠. 생태 이동통로는 아직 많이 부족하니 별 도움이 되지 못하고 있고요. 지리산 주변 도로부터라도 당장 제한속도를 낮추고 더 이상 도로의 무분별한 확장이 없도록 해야 할 것 같아요. 불필요한 도로는 숲으로 복원하고요.

사람만 살 수 있는 국토를 만드는 것은 그 자체로 위험한 발상이에요. 건강한 생태계가 파괴되어 궁극적으로는 인간에게도 해로운 일이 될 테고요. 다행히 지리산에 방사한 반달곰들이 잘 정착하고 있다고 해요. 2015년 3월 기준으로 37마리가 있다고 하는군요. 탐방로를 벗어나지 않으면 만날 확률은 거의 없다고 하니 마주칠까 걱정은 안 해도 된답니다.

자연과의 아름다운 동행이 가능한 지리산 둘레길이 되기를 진심으로 바라봅니다. 🌱

6부

부산·경상도

하늘재
공용버스정류장
주흘산
문경새재
이화령
석탄박물관
고모산성
점촌시외
고속버스터미널
동로면
문경읍
마성면
가은읍
산북면
호계면
산양면
농암면
영순면

고갯길 넘어 관광도시로 나아가는 문경

우리 옛 선조들은 경상도에서 한양까지 어떻게 다녔을까요? 과거엔 두 다리가 최고의 교통수단이었을 테니, 걸어서 산맥을 넘었겠지요. 부산의 동래에서 소백의 산줄기를 지나 꼬박 걷다 보면 열나흘이 걸렸다고 해요. 그 먼 길을 산을 넘어 다른 지역으로 이동해간 거예요.

굽이굽이 고개를 따라 넘어갔겠죠. 그 옛날 어떻게 그 높고 험준한 산들 사이에 길을 만들었을까요? 옛길을 찾아 걷다 보면, 우리 선조들의 수많은 발자국이 다져놓은 길의 흔적을 확인할 때가 있어요. 우리 조상들은 토목기술을 통해 산을 깎거나 자연을 훼손해 넓고 큰 도로를 만들려고 하지 않았어요. 사실 우리나라는 높은 산지는 아니더라도 국토의 70퍼센트가 산지라 길을 닦아놓지 않으면 왕래하기가 힘들었을 텐데도 말이에요.

여기엔 이유가 있어요. 풍수지리에서는 산을 용(龍)이라 했고, 산이 품고 있는 정기가 산줄기를 따라 흐른다고 보았기 때문이에요. 자연의 순리에 순응하여 도로망도 구축한 거죠. 그래서 산과 산 사이의 낮은 언덕을 따라 길이 만들어졌는데, 그 낮은 산등성이를 고개라고 하는 거예요. 그리고 그런 고개를 재 또는 영(嶺)이라고 하고요. 통과한다는 의미가 담겨 있는 거죠.

우리나라의 대표적인 재 중 하나가 바로 문경새재예요. 이번에는 경상북도 문경으로 가서 옛 고갯길을 넘어볼까요.

선조들의 발자취 따라 문경새재를 넘다　　요즘 고속도로를 타면 서울에서 부산까지 4, 5시간이면 갈 수 있죠. 그런 거리를 옛 선조들은 열나흘에서 열엿새까지 걸려 갔다고 해요. 참 고단한 여정이었겠죠? 그래도 이틀이나 차이가 난다는 건 좀 더 빠른 길과 더딘 길이 있었다는 이야기일 거예요. 조금이라도 더 빠른 길이 어딘지 알아보려면 조선시대 도로망을 조금 이해해볼 필요가 있겠네요.

조선시대에는 한양을 중심으로 X자형 도로망을 구축했어요. 각 지역에서 수도 한양으로 가는 주요 길은 9대 간선도로로, 그중 영남지방에서 서울을 잇는 천 리 길(960여 리)을 영남대로라고 해요. 소백산맥을 넘어가는 영남대로는 또 세 갈래의 길로 나뉘는데 좌도, 중도, 우도라고 하고요. 그중 중도가 바로 문경새재 길이고, 가장 빠른 길이었어요.

참고로 영남의 좌도가 추풍령, 우도가 죽령이라고 생각할 수도 있는데, 그 반대예요. 항상 수도인 한양의 경복궁에서 바라보는 시선을 기준으로 좌우를 생각해야 하거든요. 왕조시대였으니 왕이 계신 그곳, 바로 경복궁이 중심일 수밖에 없었던 거죠.

문경새재의 '새재'는 무슨 말일까요? 새로 난 길이라는 뜻도 있고, 어떤

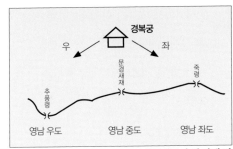

영남대로의 세 갈래 길

이는 '새'를 '사이'로 풀이해 하늘재와 이화령 사이의 고개라는 뜻으로도 해석한다고 해요. 한자어로는 조령인데, 새 조(鳥) 자에 고개 령(嶺) 자를 써요. 새도 날아서 넘기 힘든 고개라고도 하고, 경상도에서 '쌔'라 부르는 억새가 많아 억새풀이 우거진 고개라는 뜻에서 유래했다고도 하네요.

우리나라에서 가장 역사가 오래된 고개는 하늘재(계립령)예요.《삼국사기》에 따르면 신라 아달라왕 때, 북쪽으로 거슬러 올라가고자 가장 낮은 고갯길을 만든 것으로 전해지거든요. 삼국시대에서 고려시대까지 소백산맥의 고갯길로 활발히 이용되다가 조선시대 관문이 새재에 설치된 이후 문경새재(조령)가 대표적인 고갯길로 부상하기 시작해요. 하늘재가 더 완만한 고갯길이었지만, 충주까지 이르는 길이 새재보다 더 멀었기 때문이죠.

그러니 삼국시대와 고려시대 때만 해도 충청도와 경상도를 잇는 주요 교통로가 하늘재였던 셈이에요. 북으로 진출하고자 하는 신라와 남으로 내려가고자 하는 고구려의 전투 지역이었을 테고요. 그러다 계립령 이후 새롭게 난 길이라는 의미의 문경새재가 생기고, 셋 중 가장 최근에 이화령이 생긴 셈이에요. 이화령은 1925년 일제에 의해 개통된 신작로거든요.

삼국시대와 고려시대에는 하늘재, 조선시대에는

문경새재(조령)

349

문경의 백두대간 고갯길

새재, 20세기에는 이화령, 이렇게 시대에 따라 고갯길의 번성이 달랐던 거죠. 이화령이라고 하면 왠지 주변에 배나무나 배꽃이 많아야 할 것 같은데, 사실 지형적인 연관성은 없어요. 그냥 일제에 의해 붙여진 이름이죠. 그래서 2007년 옛 이름을 되찾아 이화령을 '아우릿재'라고 부르고 있답니다. 일제강점기 조선총독부는 백두대간의 기를 막기 위해 영남대로의 조령 부근에 일부러 이화령 길을 닦았어요. 좀 더 완만한 산세를 보여주는 곳이기도 했기 때문에 신작로를 개발한다는 명분을 내세웠죠. 그러면서 점차 새재 길이 쇠퇴하고 교통로와 더불어 번성했던 새재 너머 상초리 주민들의 삶터도 함께 쇠락하게 되었어요.

국도 3번에 있는 이화령의 터널은 1998년에 개통되었지만 건설 시 예상했던 교통량에 비해 통행량이 현저히 적어 적자가 지속돼왔어요. 중부내륙고속도로가 놓이면서 급속도로 차량이 줄어들기 시작하다가, 2007년 결국 통행료를 내던 요금소는 폐쇄되었죠. 현재는 일제에 의해 한반도의 신작로화 명분으로 도로로 바뀌어버렸던 백두대간을 다시 잇는 사업을 통해 생태축이 복원되었답니다. 시대에 따라 길은 끊임없이 변하고, 그에 따라 우리들의 삶의 터전도 달라지는 셈이지요.

이제 문경새재를 넘어볼까 하는데, 출발 전에 이 고장의 향토음식인 묵조밥으로 든든히 배를 채우고 가는 것도 좋을 거예요.

문경새재는 과거길이었어요. 조선 태종 때 새재의 고갯길이 뚫리면서 500여 년 동안 한양으로 가는 가장 빠른 통로 역할을 했죠. 당시 부산의

ONOFFOFFoff off

문경새재와 음식

험준한 산지에 의존해 살던 주민들은 산에서 나오는 조, 옥수수 등의 잡곡류와 도토리 등으로 주된 식사를 했어요. 깔깔한 조밥은 어르신과 아이들이 삼키기엔 힘들기도 했지요. 그래서 도토리와 녹두로 묵을 쑤어놓고 조밥과 함께 양념장에 비비거나 국물과 함께 말아 먹곤 했대요. 그러면 매끈매끈한 도토리 덕에 깔깔한 조밥도 잘 넘어갈 수 있었던 거죠. ✿

동래에서 한양까지 이르는 고개는 추풍령, 문경새재, 죽령 이렇게 3개가 있었어요. 물론 추풍령은 보름 길, 죽령은 열엿새 길이었던 데 비해 새재는 열나흘 길이었으니 가장 빠르기도 했지만, 그와 상관없이도 유독 선비들은 문경새재를 고집했다고 해요.

왜냐하면 문경이라는 지명 속에 '경사스러운 소식을 듣는다'라는 뜻이 내포되어 있었기 때문이죠. 게다가 추풍령을 넘으면 추풍낙엽처럼 우수수 떨어지고, 죽령을 넘으면 대나무의 미끈미끈함 때문에 미끄러질까 걱정했대요. 우리가 시험 날 미역국을 먹지 않는 것과 같은 이치인 셈이죠.

문경새재는 3개의 관문으로 되어 있는데, 제1관문은 영남 제일관문이라는 주흘관이에요. 사실 관문의 축성은 우리의 아픈 역사에서 비롯되었어요. 임진왜란 때 문경의 길을 막지 못해 한양 땅까지 내주었다는 그 설움에서 출발하죠. 문경 길이 한양도성까지 가는 데 중요한 군사적 길목이었거든요. 아무래도 한양까지 도달하려면 험준한 소백산맥의 고개들을 넘어야만 했으니까요. 그래서 어떤 학자들은 임진왜

문경새재 과거길

주흘관

란 때 신립 장군이 험준한 조령의 산세를 활용한 전술을 펼치지 않은 것을 한탄하기도 했답니다. 3개의 관문은 그런 경험 이후 방어를 목적으로 세워진 관방시설이에요.

임진왜란 때 의주까지 피난을 가게 된 선조는 왜란이 끝나자 새재에 조곡관(제2관문)을 설치했고, 병자호란이 끝난 후인 1708년 숙종이 가장 험준한 조령에 훗날 다시 닥쳐올지 모를 환란을 대비하라며 주흘관(제1관문)과 조령관(제3관문)을 설치하게 했죠. 이미 전쟁으로 황폐해진 후에 쌓은 것이니 소 잃고 외양간 고친 셈이랄까요.

관문 벽을 보면 공사실명제로 공사를 책임진 사람의 이름이 새겨져 있어요. 처음 축조한 관문이 쌓은 지 3년 만에 무너져버렸거든요. 그래서 두 번째 공사에서는 성곽을 지은 도성수나 석재를 운반하던 책임자의 이름을 성벽에 새기도록 한 거죠.

문경새재를 넘는 흙길을 따라 곳곳에 조선시대의 흔적들이 남아 있어요. 선비들뿐만 아니라 수많은 서민들이 목을 축이고 갔을 주막도, 관리들에게 숙소를 제공하고 말을 관리하던 조령원터도 이 길목이 조선의 주요 도로였음을 알려주고 있죠. 특히 조령원, 동화원 등은 관리들이 출장으로 오고 갈 때 숙식의 편의를 제공했던 장소이기 때문에 정부

조곡관(위), 조령관(아래)

관료들도 주로 지나던 도로였다는 걸 보여주고 있답니다.

혹시 〈문경아리랑〉을 들어봤나요? "문경새재는 웬 고개냐, 구비야 구비야 눈물이 난다"라는 소절이 있는데, 마음이 짠하죠. 조정에 진출하여 세상을 바꾸어보겠다, 백성들을 위해 한 몸 바쳐 일해보겠다, 마음먹으며 고개를 넘었던 수많은 청춘들이 과거에 낙방하여 무거운 발걸음으로 되돌아오던 길이었을 테고, 수많은 백성들이 먹고살기 위해 넘나들었던 고단한 길이자 귀양 가던 자들의 유배길이기도 했을 테니까요.

주막(위), 조령원터(아래)

문경은 영남과 서울을 잇던 대로 역할도 하지만 물줄기가 서로 뻗어나가는 길목이기도 해요. 문경새재에서 보이는 '초점'이 낙동강 3대 발원지 중 하나거든요. 바로 문경새재가 낙동강과 남한강을 연결하는 통로가 되는 거죠. 결국 문경새재 고개는 연결도, 단절도, 그리고 시작도 되는 지점인 셈이죠.

참, 꿀떡고개라는 곳도 있어요. 지금 우리가 합격 기원으로 찹쌀떡을 먹듯 여기서 꿀떡을 먹으면 과거에 급제한다는 소문 덕이었죠. 또 숨이 꼴딱꼴딱 차오른다고 해서 '꼴딱고개'라고도 불렸다는 곳이에요.

이 고개를 지나면 고모산성에 닿아요. 고모산성은 삼국시대 초기인 2세기경에 축조된 것으로 삼국의 접전지로 알려져 있어요. 이곳에서 보는 절경이

〈문경아리랑〉

정말 멋지답니다. 또 진남문의 왼편 성벽길을 따라가면 영남대로 옛길 중 가장 험한 길이 나와요. 관갑천잔도, 토천, 토끼비리 등으로 다양하게 불리는 한국의 차마고도예요.

'비리'라는 말은 '벼루'의 사투리예요. 강이나 바닷가의 낭떠러지로, 절벽 위의 아슬아슬한 길을 의미해요. 전해오는 일화에 따르면, 후삼국의 전투가 치열했던 이곳에서 고려 태조 왕건이 홀로 길을 잃었는데 어디선가 나타난 토끼가 벼랑을 따라가는 것을 보고 그 길을 따라갔다고 하여 토천이라고도 한답니다.

이 험준한 길을 걸었을 수많은 옛 선조들의 모습을 생각해보면 괜히 뭉클하기도 하고 감탄스럽기도 해요.

초점(위), 꿀떡고개(중간)
고모산성(아래)

교통의 발전, 뒤바뀐 도심지역

외부에서 문경시로 들어오면 버스가 서는 곳이 두 군데예요. 고속버스가 문경읍에도 서고 점촌에도 서거든요. 문경읍에는 종합버스터미널이 있고, 점촌에는 시외버스터미널이 있죠. 문경이니 문경읍이 대표지역일 것 같은데, 문경시청은 점촌에 있답니다.

과거에는 문경읍이 대표지역이었어요. 과거 도보교통이었을 때는 문경새재가 한양을 넘나드는 관문이었으니 당연히 중심지였겠죠. 그런데

토끼비리

교통의 발달이 지역의 쇠퇴와 성장에 큰 영향을 미쳤어요. 그 결과 시-읍-면-동의 행정 위계가 있는데도 불구하고 문경시청은 일개 동인 점촌에 자리하게 된 거예요. 어떻게 된 건지 설명해줄게요.

문경은 백두대간을 넘나드는 고개의 의미가 강조된 곳이긴 했지만, 1960~70년대에는 탄광도시로 각광을 받았어요. 광산 하면 강원도를 주로 떠올리지만, 이곳 경상북도에서도 석탄이 채굴되었던 거죠. 강원도 남부지역과 경상북도 지역은 고생대 지질로 많은 식물이 썩어들어가며 석탄이 만들어진 곳이에요. 이곳에서 탄광이 발견되면서 "지나가던 개도 돈을 물고 다닌다"는 말이 회자될 정도로 부흥했다고 해요.

당시만 해도 문경 지역은 탄광도시로 산업화시대의 원동력이 되었던 것이죠. 1960년대나 70년대만 해도 '막장 인생'이라 불릴 만큼 일이 고되고 위험했지만, 광부들의 월급은 일반 공무원들의 두세 배나 많았대요. 그래서 농부들 중에서도 탄광 일에 도전하는 이들이 많았고요. 단순하고 고된 일의 반복에서 오는 스트레스를 해소하고자 한 것인지, 광부들의 소비력도 매우 높아서 탄광 주변은 상업지역으로 활성화되기도 했어요. 탄광지대가 있는 곳은 도심에서 떨어진 곳인데도 오히려 물가가 더 비쌌다고 해요. 물 빼고는 다 사먹었고, 식비와 교육비 외에 유흥비 지출 비중도 높았다고 하네요.

1949년 문경군의 군청 소재지가 문경면에서 점촌리로 옮겨진 뒤, 점촌 지역은 크게 발전을 시작해요. 그 결과 1956년에는 점촌읍으로 승격하게 되죠. 같은 해 점촌-가은을 잇는 산업철도가 개통되었고 1969년에는 문경까지 연장되면서 개통된 문경선이 하루 네댓 차례 점촌역을 오갔대요. 이렇게 점촌은 산업철도의 중심지로 각종 상업시설과 인구가 집중되게 된 거예요. 1986년에는 점촌읍이 다시 시로 승격되었어요. 도시와 농촌을 잇는 거점지역으로 국토의 균형발전에 대한 기대감을 품고 1986년 11개 읍을 시로 승격시킬 때, 점촌도 포함되었던 거죠.

문경새재가 있어 과거의 역사를 품고 있던 문경고을은 문경군으로, 철도교통의 요지로 광산물의 집산지 역할을 하던 점촌 지역은 점촌시로 나뉘게 된 거죠. 도보교통의 중심지였던 문경은 군으로, 산업철도교통의 성장으로 발달한 점촌은 시로 변모한 거예요.

그러다 1995년 지방자치가 본격적으로 시행되면서 중심 도시와 농촌을 하나의 생활권으로 묶는 방안이 추진되기 시작해요. 시와 군이 분리되어 있는 행정단위를 통합하는 방향으로 개편되면서 272개의 기초자치단체(시·군·구)를 230개로 줄이죠. 이때 문경군과 점촌시가 통합되어 문경시로 탈바꿈하게 됩니다. 그런데 왜 더 상위 행정구역이었던 점촌시가 아니라 문경시가 된 걸까요?

석탄산업합리화정책 때문이에요. 제2탄전지대로 불리며 활기찼던 도시는 석탄이 사양화되자 쇠퇴하기 시작했죠. 석유 및 천연가스로 에너지 구조가 바뀌면서 연탄 소비의 감소와 채산성 감소로 인해 비경제적인 탄광을 국가 정책 차원에서 정리하게 된 거죠. 이때 전국 탄광의 67퍼센트가 정리돼요.

광산에서 일하던 광부들이 하루아침에 일자리를 잃고 실업자가 된 거죠. 사택은 빈집이 되고, 상권은 위축될 수밖에 없었어요. 1986년 시 승격

폐역의 모습

당시만 해도 5만 5천 명 이상이던 인구는 1990년에는 4만 8천 명 미만으로 급격히 감소했어요. 문경의 주요 철도역도 폐쇄되었죠. 수만 톤의 석탄과 하루 5천~6천 명의 승객을 실어나르던 황금노선 또한 1995년에 폐선되기 시작했어요. 탄광과 산업철도의 중심지로 성장한 점촌이 점차 쇠퇴할 수밖에 없는 환경이었죠.

　폐광의 대책으로 관광산업의 활성화가 제시된 상황에서도 점촌은 득을 보지 못했어요. 주요 관광지와 지리적으로 20킬로미터 이상 떨어져 있다는 게 장애가 된 거죠. 쇠퇴가 불가피해진 상황에 처했기 때문에, 문경군과 점촌시의 도농통합형 도시를 계획할 때, 점촌 주민들의 90퍼센트 이상이 찬성했다고 해요. 도시 형태를 갖춘 지역을 동이라 명명하면서 점촌

석탄박물관

은성 갱도   재현된 사택

동이 된 것이고요. 그래서 문경시청은 행정구역 편제상 동에 해당하는 점
촌에 위치하게 된 거랍니다.

　문경이 탄광도시로 흥했던 흔적을 석탄박물관에서 보존하고 있어요.
1938년부터 1994년까지 석탄을 생산했던 은성광업소가 있던 자리에
1999년 박물관을 건립했거든요. 실제 갱도를 활용하고 건물도 연탄 모양
을 본떠서 지었대요. 은성광업소 운영 시절의 사택과 생활모습을 재현한
공간 덕에 광부 가족들의 일상생활을 엿볼 수도 있어 재미있죠.

　문경은 지금도 문 닫은 광산을 다양한 관광상품으로 개발하고자 노력

폐광을 개조한 카페

광산 공간이 변모한 와인 숙성 저장고

하고 있어요. 박물관뿐 아니라 이색 카페가 되기도 하고, 수정을 캐던 광산 공간은 와인 숙성 저장고가 되기도 했죠. 공연도 보고 차와 식사도 할 수 있는 공간으로 변모한 거예요.

폐 철로를 활용한 레일바이크도 많은 지역에서 관광상품으로 등장했잖아요. 2005년 정선에서 처음 시작한 이래, 삼척, 문경, 보령, 양평 등 다양한 지역에서 시도하고 있답니다. 과거 석탄과 광부들을 싣고 숨 가쁘게 지나다니던 철로가 이제는 주변의 운치를 즐기려는 사람들이 페달을 밟아 움직이는 탈것이 다니는 길이 된 거예요.

교통뿐 아니라 산업, 에너지 구조의 변화도 도시 내의 다양한 삶의 모습에 영향을 미치죠. 이제 문경은 2차 산업의 근간이 되었던 석탄 자원 도시가 아니라 관광산업의 중심지로 성장하고자 해요. 최근에는 사극 드라마 촬영지를 활용한 관광상품도 다양하게 개발되고 있다 하니 기대가 되네요. ⚘

얼음골

밀양시청

밀양관아
영남루

산내면

청도면

상동면

단장면

무안면

내이동

삼문동

밀양강

상남면

초동면

밀양남부교회

밀양역

하남읍

삼랑진양수
발전소

22

환경과 사회문제를 생각하게 하는
햇빛도시 밀양

영화배우 전도연 씨가 칸영화제에서 여우주연상을 수상했던 영화 〈밀양〉을 보았나요? 이창동 감독의 작품인 이 영화는 제목처럼 배경이 경상남도 밀양이었죠. 영화에서는 밀양이 비밀스러운 햇빛으로 표현되었는데, 원래는 빽빽할 밀(密), 햇빛 양(陽)으로 햇빛이 잘 드는 지역이라는 의미예요.

밀양은 몇 년 전 송전탑 건설 반대로 상당히 이슈가 되었던 지역이기도 하지요. 최근엔 송전탑 건설을 반대하며 투쟁했던 이들의 이야기를 그린 다큐멘터리 영화 〈밀양아리랑〉도 상영했었는데 혹시 알고 있나요? 그렇다면 그 마을과 그 사람들은 지금 어떻게 지내고 있을까요?

이번 장에서는 아리랑이라는 과거 문화와 송전탑 문제라는 현재 사회문제가 교차하는 밀양을 한번 둘러볼까 해요. 따스한 햇볕만큼이나 진지한 성찰과 고민을 얻을 수 있는 곳이랍니다.

밀양 송전탑 문제는 현재 진행형

밀양역에 내리면 '〈밀양〉의 촬영지'라는 안내 간판이 보여요. 따뜻한 햇살을 맞으며 영화 〈밀양〉의 촬영지 안내판을 보면 진짜 밀양에 온 게 실감날 거예요. 밀양의 첫 번째 방문지는 고답마을이에요. 맞아요, 고답마을은 송전탑 문제로 아직도 농성 중인 곳이죠.

고답마을에 들어서면 곳곳에서 송전탑 건설을 반대하는 플래카드와 벽화를 만날 수 있어요. 아직도 농성이 계속되고 있음을 보여주고 있죠.

영화 〈밀양〉 촬영지 홍보(위)
고답마을의 플래카드와
벽화(아래)

그 뒤로 마을을 가로질러 지나가는 송전탑이 눈에 들어와요. 115번 송전탑 가는 길이라는 이정표가 보이는데 그걸 따라 올라가면 마을 주민들이 묵고 있는 농성장을 볼 수 있어요.

송전탑 문제는 아직도 해결되지 않은 현재 진행형의 상태예요. 언론에서는 보상 절차가 끝났다고 하지만, 마을주민들은 모두 보상을 거부하고 농성을 계속하고 있죠. 주변의 동화전마을이나 보라마을은 일부 서명을 한 주민과 그렇지 않은 주민들 사이에 갈등이 심하고요.

사실 이곳을 지나는 송전탑 100여 개는 이미 건설을 끝마친 상태예요. 마을 바로 옆을 지나거나 농경지 한가운데를 지나는 송전탑도 있지요. 대략 보름에 한 개씩 뚝딱 만들어졌대요. 헬기로 하루에 수십 번씩 자재를 날라 철탑을 건설한 거죠. 마을주민들은 이곳 농성장을 지키고 매주 토요일마다 밀양 시내에 나가 촛불집회를 하거나 피켓 시위를 계속하고 있지만, 철탑 건설을 막지는 못하고 있어요.

왜 보상을 해주겠다는데도 농성을 계속하는 거냐고요? 송전탑 문제는 단순히 마을주민들의 보상 문제만 걸린 게 아니에요. 지금은 고리원전의 노후화 문제와 원전 폐기를 위한 비핵운동도 함께 진행하고 있답니다. 바로 우리의 미래 세대들을 위해서죠.

원자력, 즉 핵연료 발전은 위험성으로 인해 대도시에서 멀리 떨어진 곳에 짓거나 원자로를 식혀줄 냉각수 확보 때문에 해안가에 건설하는 것이 일반적이에요. 그런데 실질적인 전기 소비는 수도권이나 부산 같은 대도시에서 대부분 이루어지죠. 그래서 고리원전에서 생산된 전기는 이들 대도시에 보내기 전에 변전소로 보내지는데, 이때 밀양의 여러 마을을 지나가는 송전탑이 필요한 거예요. 그러니까 이곳 주민들에게 필요한 전기를 공급하는 것도 아닌, 수도권으로 보낼 전기를 위해 위험성이 있는 송전탑을 설치하는 셈이니 반대할 수밖에요.

더군다나 우리나라는 좁은 땅에 다량의 원전을 보유하고 있고 일부 원전은 30년 이상 가동되었기 때문에 위험성이 상당해요. 만약 후쿠시마원전처럼 폭발이라도 한다면 피해는 어마어마하겠죠? 체르노빌, 후쿠시마, 그다음 차례가 원전 보유가 많은 우리나라나 프랑스라는 말도

완공된 밀양의 송전탑(위)
고리원전의 전기를 보내는
송전선(아래)

밀양 송전탑 문제 개요

경남 밀양 송전탑 건설에 관한 문제는 신고리원자력발전소 3호기에서 생산된 전력을 경남 창녕군에 위치한 북경남변전소로 수송하는 데 필요한 765킬로볼트의 고압 송전선 및 송전탑 건설을 두고 일어난 다툼이에요. 밀양주민들은 아직도 고압 송전선, 송전탑 건설 및 마을 통과를 반대하고 있지요. 2001년 5월 한국전력이 송전선로 경유지 및 변전소 부지를 선정한 이후 2008년, 밀양주민들이 송전선로 설치 반대를 위한 첫

궐기대회를 시작했고, 건설 반대를 외치며 마을주민 2명이 자살하고 1명은 자살 시도를 했죠. 그러나 2013년 정부가 공사 강행을 시사하고 보상안을 확정했으며, 2014년 농성장의 강제 철거를 시도했어요. 그 과정에서 농성에 참여한 시민단체 및 수녀님이 크게 부상을 당하기도 했죠. 현재 고답마을 주민 등의 계속적인 반대에도 불구하고 송전탑 설치가 완료된 상황이에요. ✿

있을 정도예요. 게다가 방사능폐기물처리장도 만들어야 하니 원전은 이래저래 고민거리랍니다. 우리 아이들에게 안전하게 살 터전을 물려준다는 측면을 강조한다면 원전은 폐기하는 게 올바른 일일지도 모르겠어요.

밀양으로 송전을 하는 부산의 고리원전을 가볼까요? 고리원전의 정확한 위치는 차량 내비게이션에도, 지도에도 나와 있지 않아요. 테러에 대비해 정확한 위치를 표시하지 않도록 한 거죠. 하지만 근처에 설치되어 있는 "40년간 고생한 고리 1호기의 가동을 중단하라"는 현수막을 보면 고리원전이 멀지 않은 곳에 있다는 걸 알 수 있죠.

고리원전은 우리나라에서 가장 먼저 가동을 시작한 원자력발전소예요. 1호기가 1978년에 가동을 시작했으니 올해로 꼭 37년이 된 셈이죠. 1호기는 2007년 설계 수명이 종료되어 가동을 중단했다가 2008년 정부 승인을 받아 10년 수명 연장이 되어 현재도 가동 중이에요. 얼마 전에

신고리원전

는 더 이상 연장은 없고 가동 중지를 하겠다는 발표를 했죠. 가동 중지를 발표했다고 해도 수명이 30년인 원자로를 10년 연장했다는 것 자체가 무리 아닐까요?

고리원전은 우리나라 원전 중에 가장 넓은 단지를 가지고 있어요. 신고리 1, 2호기까지 총 6기의 원자로가 가동 중이고, 앞으로 신고리 3, 4호기가 건설되면 우리나라 원전 중 설비용량 기준으로 최대라고 하네요.

우리나라에 원전이 있는 곳은 고리, 월성, 영광, 울진 4곳이에요. 이 4곳에서 생산하는 전력이 우리나라 전력 생산의 30퍼센트 정도를 담당하고 있죠. 고리원전 1호기가 가동될 당시만 해도 전체 발전량의 7퍼센트 정도밖에 되지 않았는데, 산업 발전으로 전력 소비가 급증하기도 했고 이산화탄소 배출이 적다는 친환경 이미지로 인해 원자로가 증설된 거죠. 지금은 전국적으로 20호기 이상 가동되고 있고 아직도 증설되고 있는 곳이 꽤 있어요. 고리원전 홍보관의 글귀에 따르면 2030년에는 59퍼센트까지 비중을 늘린다고 하는군요. 신고리원전은 울산광역시 울주군에 있는데, 이곳 고리원전에서 언덕을 하나 넘으면 있어요.

우리나라에서 원전을 줄이지 못하는 건 그만큼 전력을 많이 소비하기 때문이기도 해요. 우리나라 전력 소비는 다른 나라에 비해 상당히 높은 편이거든요. OECD 국가 중 8위에 해당한답니다. 그래서 블랙아웃이니, 학교에서 전기를 절약해야 하느니, 그런 말들을 많이 하죠.

그런데 사실 우리나라 전력 소비 비율은 산업용이 50퍼센트가 넘어요. 가정용은 15퍼센트 안팎이죠. 나머지는 공공 및 상업용이고요. 미국은 산

딸기 시배지 벽화(위)
삼랑진양수발전소 홍보관(아래)

업용이 20퍼센트, 가정용이 35퍼센트 안팎인데, 비교해보면 산업용이 월등히 높은 편이라고 할 수 있죠. 그러니 블랙아웃을 막기 위해서는 가정과 학교 등에서도 전력 소비를 줄여야겠지만, 무엇보다 산업 현장이 전력 소비 절약에 동참하는 게 가장 중요하겠죠.

밀양이 부산 고리원전의 송전 문제로 상당히 관심을 받고 있지만 원전과는 전혀 다른 방식의 여러 발전소도 많이 있는 곳이랍니다. 딸기 시배지로 유명한 삼랑진으로 가보면, 상당히 규모가 큰 태양광발전소와 수력발전소를 만날 수 있어요. 특히 삼랑진수력발전소와 홍보관이 길게 늘어선 벚나무 가로수길 옆에 있어서, 봄철에 방문하면 멋진 벚꽃 구경은 덤으로 할 수 있죠. 삼랑진수력발전소는 양수식 발전을 해요. 양수식 발전은 높은 곳과 낮은 곳에 호수를 각각 만들어서 전력 수요가 많은 낮에는 위에 있는 호수의 물을 떨어뜨려 발전을 하고 밤에는 남은 전력으로 아래에 있는 호수 물을 상부로 끌어올려 낮에 다시 발전을 하는 양식이에요. 양수(揚水)라는 말 자체가 물을 끌어올린다는 의미를 가지고 있거든요.

그래서 상부댐과 하부댐 두 개가 있어요. 위에 있는 호수를 천태호, 아래에 있는 호수를 안태호라고 해요. 우리나라처럼 계절별 강수차가 큰 곳에서는 상당히 유리한 수력발전 양식이에요. 물의 손실도 가장 적고요. 우리나라의 다른 댐들이 수력발전보다는 홍수 조절이나 용수 공급 등에 중점을 둔다면, 양수식 발전은 오롯이 수력발전을 위해 건설되었다고 할 수

수력발전 양식

댐식 발전 하천 상류에 댐을 설치해 인공호수를 만들고 그 물을 낙차를 이용해 떨어뜨려 발전하는 방식으로, 우리나라 대부분의 수력발전이 이에 해당해요. 충주댐, 소양강댐 등이 대표적이죠.

수로식 발전 낙차가 큰 곳으로 물길을 유도하는 발전 방식으로, 주로 소수력발전에 많이 이용하며 화천댐이 대표적이죠.

유역 변경식 발전 하천이 낙차가 작은 유역으로 흐를 경우 이 하천의 유로를 막아 낙차가 큰 반대편으로 유역을 변경하여 발전하는 방식으로, 북한의 허천강댐, 부전강댐, 장진강댐과 우리나라의 강릉수력발전소가 대표적이죠.

저낙차식 발전 낙차가 작은 경우 풍부한 유량과 수압을 이용해 댐 아래 설치한 발전기를 돌려 발전하는 방식으로, 팔당댐이 대표적이죠.

양수식 발전 상부와 하부에 두 개의 댐을 만들어 낮에는 상부 저수지에서 하부 저수지로 물을 떨어뜨려 발전을 하고 밤에는 남은 전력으로 하부 저수지의 물을 상부 저수지로 끌어올려 발전하는 방식이에요. 삼랑진·청평·무주·양양발전소 등이 대표적이죠. ✿

있어요. 당연히 발전량도 많지요. 우리나라에서 수력발전을 하는 곳이 대략 45곳이 되는데, 그중 양수식 발전은 7곳 정도밖에 되지 않아요. 그럼에도 불구하고 양수식 발전의 수력발전 비중은 60퍼센트가 넘는답니다.

태양광발전소는 삼랑진수력발전소 아래쪽 댐의 유휴부지에 건설되어 있어요. 멀리서도 태양광 집열판들이 눈에 확 들어올 정도로 잘 보이죠. 여기 태양광발전소는 우리나라에서 설비용량이 큰 발전소로 손꼽히는 곳이에요. 밀양이 지명처럼 볕이 많은 지역이라 태양광에 유리하거든요. 전국의 평균 일

태양광발전소

우리나라 신재생에너지

신재생에너지는 재생 가능한 자원을 변환시켜 이용하는 에너지로 태양광, 풍력, 조력 및 조류, 바이오에너지 등이 대표적이에요. 우리나라 신재생에너지의 발전 비율은 상당히 미약하지만, 그 증가 속도는 상당히 빠른 편이랍니다. 태양광발전은 신안, 김천, 고창, 태안, 영광 등지에 대규모로 설치되어 있고, 풍력발전은 대관령, 태백 매봉산, 제주도, 울릉도 등지에 설치되어 있어요. 조력발전은 시화호에 설치되었고 새만금에는 설치 예정이며, 조류발전은 울돌목에 건설을 계획하고 있답니다.

조시간을 보면 경북 영덕이 1위이고, 밀양도 상위권이랍니다.

우리나라에서는 대규모 태양광발전 시설을 많이 볼 수 없어요. 태양광발전소를 건설하려면 기후 조건과 더불어 태양광 집열판을 설치할 넓고 평평한 부지가 필요한데, 그런 조건을 충족시키는 곳이 많지 않기 때문이에요. 평지는 대부분 농경지나 각종 시설들이 있어 확보가 어려운 편이고요. 그래서 요즘은 수상 태양광발전이나 도로 및 주차장 부지 위에 만드는 태양광발전이 각광받고 있어요.

육상에서 부지 확보가 어려우니 호수나 저수지 수면 위에 태양광발전 설비를 설치하는 거죠. 우리나라에는 경남 합천댐에 수상 태양광발전이 설치되어 있고, 도로에 설치된 태양광발전은 대전-세종 간 자전거도로 위에 8킬로미터가 넘게 설치되어 있어요. 그래도 아직까지 우리나라 태양광발전은 전력 생산의 1퍼센트도 채 되지 않아요. 이제 시작이라고 할 수 있죠. 그나마 긍정적인 것은 매년 태양광발전의 성장률이 100퍼센트 이상이라는 점이에요.

밀양이 신재생에너지의 선두 주자가 되기를 기대해봅니다.

밀양강을 따라 보는 역사와 지형들

이제 밀양의 볼거리를 둘러볼 차례예요. 역시 밀양 하면 영남루죠. 진주 촉석루, 평양의 부벽루와 함께 우리나라 3대 누각 중 하나랍니다. 〈밀양아리랑〉의 노랫말에도 영남루 얘기가 나오는 걸 보면 밀양 사람과 영남루는 떼려야 뗄 수 없는 관계인 듯해요. 영남루와 밀양 시내는 하안단구 위에 있기 때문에 강에서 꽤 높은 곳에 위치해요. 하지만 영남루

하안단구 위에 위치한
밀양 시내(위)
둥근 자갈(아래)

주차장 공사로 바닥이 파인 곳을 가보면, 여기저기서 둥근 자갈을 꽤 많이 볼 수 있어요. 이건 여기가 옛날에는 하천의 영향을 받았다는 증거죠.

하안단구는 현재의 하천보다 높은 곳에 있어서 하천의 범람 피해를 적게 받는 곳이에요. 그래서 우리나라 마을과 도시 중에는 하안단구에 입지한 경우가 종종 있답니다. 처음엔 밀양 시내 대부분이 하안단구에 입지했었지만, 도시가 점차 확장되면서 더 아래 하천변까지 아파트가 많이 지어졌죠.

영남루에 오르면 아래로 밀양강이 흐르고 상쾌한 강바람이 불어와 정말 옛 선비가 된 듯한 정취를 느낄 수 있어요. 이곳에서 밀양강을 내려다보면 삼문동 일대가 섬이라는 사실을 알 수 있는데요. 이러한 하천 중간에 있는 섬을 하중도라고 해요. 하중도는 하천이 유로를 변경하는 과정에서 분리되며 만들어지는 섬이에요. 한강

영남루

의 여의도가 대표적인 하중도예요. 이 섬이 없었다면 밀양 시가지가 더 이상 확장될 수 없었을 거예요. 섬을 다리로 연결하여 교통로를 확보하고 그곳에 아파트를 많이 지었어요. 지금의 밀양 시가지를 말하면, 이 섬을 포함해서 이야기한답니다.

밀양관아

영남루를 내려와 좀 걷다 보면 옛날식 건물을 만날 수 있어요. 바로 밀양관아예요. 일제강점기에 만세운동을 한 곳이기도 하죠. 그 시기에 관아도 없어졌는데, 근대 이후 내일동 주민센터가 있다가 2004년 주민센터를 바로 앞으로 옮기고 관아를 복원했어요. 역사적으로 보면 이곳이 밀양의 중심지이자 밀양이 시작된 곳이라고 할 수 있어요. 이곳을 중심으로 밀양이 성장하다가 밀양시청과 밀양터미널이 있는 내이동으로 도시화가 진행된 거죠. 그 후 맞은편에 있는 하중도의 삼문동까지 신시가지가 만들어졌고요. 삼문동이 주로 주택이나 아파트가 대부분인 걸 봐도 늦게 개발된 것임을 알 수 있죠. 지금은 KTX 밀양역이 생기면서 역 주변까지 시가지가 확대되었어요. 종남산에서 밀양 시내를 조망하면 이런 경관을 확실히 볼 수 있죠.

신시가지가 들어설 새로운 공간을 확보하고 교통로를 확충해가면서 점차 외곽으로 도시가 확대해가는 게 좀 신기하죠? 마치 도시가 살아 움직이는 것 같잖아요. 하나의 도시는 한 상태로 머물러 있거나 정체되어 있는 것이 아니라 살아 있는 유기체처럼 자기 영역을 꾸준히 확대해나간답니다.

겸사겸사 밀양역 근처에 위치한 밀양남부교회도 한번 들러볼까요. 영화 〈밀양〉의 촬영지예요. 영화 때문에 유명해져서 세트장으로 지어진 것인 줄 아는 사람도 있는데 상당히 역사가 오래된 건물이에요. 1919년 일제강점기 때 역전교회라는 명칭으로 지어졌죠. 한국전쟁 때 피란민 수용소로 사용된 후에 명칭을 남부교회로 바꾼 거예요. 종교적인 건물이기 이전에 밀양과 함께해온 역사적인 건물인 셈이에요.

밀양남부교회

이제 밀양 시내를 빠져나와 밀양강을 따라가보죠. 비닐하우스가 많이 보일 거예요. 원래 이곳 밀양강 주변은 충적평야가 넓게 발달하여 논농사가 많이 지어졌던 곳이에요. 그런데 대부분의 논들이 현재는 비닐하우스로 바뀌었어요.

비닐하우스 재배

이곳도 상업적 작물 재배가 늘고 있다는 반증이죠. 비닐하우스나 온실을 통한 시설재배는 1년 내내 작물을 재배할 수 있고 소득을 꾸준히 올릴 수 있다는 장점이 있어요. 도시가 성장하고 인구가 늘어나면 채소나 과일 등의 소비가 급증하게 되고 여기처럼 도시 인근의 근교 농촌에서는 당연히 상업적 영농이 늘 수밖에 없는 거죠.

2015년 2월 기준으로 밀양시의 인구 변화를 보면 밀양시 전체 인구는 2천6백여 명 줄었지만 읍과 동의 도시 인구는 4만 2천 명 이상이 늘었어요. 이 늘어난 도시 사람들에게 작물을 대면서 상업적 영농이 성장한 거죠. 또 다른 이유도 있어요. 인근에 대구와 부산이라는 대도시가 있고 대구부산

상업적 영농

농가의 소득을 높이기 위해 판매를 목적으로 재배하는 것을 말해요. 일반적으로 벼농사의 경우는 자급적 영농의 대표 작물이지요. 과일과 채소, 원예작물, 특용작물 등은 상업적 작물에 해당한답니다. ✿

고속도로가 밀양을 관통해서 지나가기 때문에 이곳까지 농작물 생산지가 확대된 결과라는 거예요. 비닐하우스 안에서는 딸기, 깻잎 같은 채소를 많이 재배하고 있어요. 이곳에서도 우리가 주식으로 삼는 벼농사가 점점 사라진다니 아쉽긴 하지만, 농민들이 소득을 높일 수 있다니 한편으로는 다행이기도 하지요.

밀양 얼음골로 가볼까요? 온통 새하얀 꽃이 만발해 있는 걸 볼 수 있을 거예요. 하얀 꽃이 핀 나무는 사과나무랍니다. 이곳 밀양 얼음골 사과는 아삭아삭하고 당도가 높아 맛있기로 유명하죠. 길가에서 사과를 파는 곳도 꽤 많아요. 얼음골 입구에는 사과 반쪽을 형상화한 조형물도 있고요.

즐비한 사과나무 과수원 주변으로 산지가 둘러싸고 있죠. 이런 형태를 분지라고 하는데 이런 곳은 더울 때와 추울 때의 기온차가 큰 편이에요. 이는 밀양의 풍부한 일조량과 더불어 사과의 당도를 높이는 중요한 요인

상업적 영농

얼음골 입구

얼음골의 사과나무

이 되었죠.

얼음골 골짜기에 들어서면 시원한 바람을 맞을 수 있어요. 결빙지에 거의 다 왔다는 얘기죠. 5월에도 진짜 얼음이 얼어 있는 곳이에요. 물론 1년 내내 얼음이 얼어 있는 곳은 아니에요. 더운 여름에 얼음이 언다고 해서 얼음골이라는 이름을 얻은 거죠. 오히려 겨울에는 따뜻한 바람이 나온답니다. 경북 의성의 빙계계곡, 전북 진안과 경기 연천의 풍혈, 강원 정선의 한골 등이 이와 유사해요.

왜 여름철에는 얼음이 얼고 겨울에는 오히려 따뜻한 바람이 나오는 걸까요? 가장 주된 이유로는 단열팽창이 꼽힌대요. 단열팽

얼음골의 얼음

얼음골 너덜

창이란 공기가 팽창할 때 주위로부터 에너지를 공급받지 못하면 공기 자체의 에너지 소모로 인해 기온이 낮아지는 현상이죠. 두꺼운 너덜(돌들이 많이 깔린 산비탈) 안에는 겨울 동안 스며들어 얼어붙은 차가운 물이 있을 것이고, 여름에 위쪽에서 들어온 따뜻한 공기는 너덜 안에서 이 차가운 물과 만나게 되어 기온이 낮아지게 돼요. 기온이 낮아진 공기는 무겁기 때문에 점차 아래로 내려와 얼음이 얼어 있는 구멍으로 나오게 되는데, 이때 바깥의 더운 공기와 만나면 단열팽창으로 이슬이 맺히고 얼기도 하는 거랍니다. 너덜 안과 바깥 기온의 차이가 클수록 단열팽창은 더 심해지기 때문에 구멍의 바람은 더 차가워지고 결국 물도 얼게 되는 거죠. 그래서 허준 선생이 여름에 스승의 유해를 바로 이곳에서 해부했다는 이야기가 전해지고 있는 거예요.

그런데 이 얼음골이 위치한 산 전체가 온통 너덜 천지랍니다. 하천이 있었던 것 같지도 않은데 어떻게 그 많은 돌무더기들이 두껍게 쌓인 걸까요? 이곳의 너덜들은 빙기 때 만들어졌어요. 빙기에는 전체적으로 기온이 매우 낮지만 낮과 밤의 기온차도 매우 크답니다. 그래서 뒤에 있는 산지의 커다란 돌 틈에 있던 물이 얼었다 녹기를 반복해서 돌이 부서지게 되고, 이렇게 부서진 돌들이 산 사면에 오랜 시간 층층이 쌓이게 되면 너덜지대가 만들어지는 거죠.

지형학에서는 이러한 지형을 '애추'라고 해요. 애추는 과거의 기후 변화를 알게 해주는 중요한 지표가 돼요. 여기뿐 아니라 동해의 물고기들이 전부 돌이 되었다는 전설이 있는 만어산의 사면에도 너덜이 넓게 발달해 있어요. 그러니 밀양 얼음골은 과학적으로나 지형학적으로 매우 중요한 곳이랍니다. 그런데 관광객이나 등산객 일부가 호기심으로 얼음을 만져 훼손하고 관상용으로 주변 돌을 몰래 가져가는 통에, 보호 차원에서 철책까지 쳐놓았답니다. 사람들의 이기심과 호기심이 중요한 자료를 파괴할 수 있다는 자각이 필요해요.

밀양은 송전탑 문제나 원자력발전소의 실태를 통해 사회문제에 대한 고민을 안겨주기도 하고 지형의 개발과 훼손 사례를 보며 환경의 소중함도 생각해보게 하는 의미 있는 지역이에요. 영화 〈밀양〉도 생각할 거리를 잔뜩 안겨주는 영화였잖아요. 밀양은 다녀오면 생각하고 되새겨볼 것들이 더 많이 남는 도시랍니다.

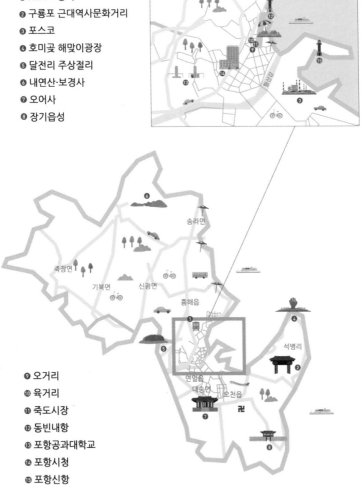

❶ KTX 포항역
❷ 구룡포 근대역사문화거리
❸ 포스코
❹ 호미곶 해맞이광장
❺ 달전리 주상절리
❻ 내연산·보경사
❼ 오어사
❽ 장기읍성

❾ 오거리
❿ 육거리
⓫ 죽도시장
⓬ 동빈내항
⓭ 포항공과대학교
⓮ 포항시청
⓯ 포항신항

공업도시에서 관광도시로
다시 도약하는 포항

서울에서 KTX로 2시간 반이면 포항에 닿을 수 있어요. 2015년 4월에 개통한 역이라, 새로 지은 역사가 방문객을 맞아주죠. 앞에는 철로 만든 로봇 모형이 있는데, 철강도시라는 걸 한눈에 알 수 있게 해줘요. 사실 포항 하면 포항제철이 가장 먼저 떠오르잖아요. 이제는 주요 대도시와의 접근성이 매우 좋아져서 또 다른 방향의 발전 가능성도 엿보인답니다.

하지만 교통의 발전이 항상 지역의 발전만 가져오는 건 아니에요. 오히려 그 반대의 효과가 나타나기도 해요. 예를 들어볼까요? 과거에는 자신의 지역사회에서 의료, 교육 등의 서비스를 이용했다면, 접근성이 좋아지면서 대도시의 서비스로 집중되는 경향이 늘어나는 거예요. 교통 발전을 이용해 인구 및 경제 여러 부문을 각 지역으로 분산시켜 국토 발전의 균형을 꾀했지만, 현실에서는 도리어 대도시 집중 현상이 나타나기도 한다는 말이죠. 그걸 '빨대 현상'이라고도 해요.

과연 포항은 어떤 식으로 발전할지 궁금하네요. 이번에는 대표적인 공업도시이자 새로운 관광도시로도 부상하고 있는 포항을 여행하도록 해요.

시대에 따라 변화하는 도시

포항 하면 아까도 이야기했듯이 제철과 같은 공업도시 이미지가 가장 먼저 떠오르죠? 그럼 제철공업이 입지하기 전의 포항은 어땠을까요? 포스코 산업의 제철공업이 입지하기 전과 후의 포항은 엄청나게 다르답니다. 제철공업이 입지하기 전의 포항은 인구 규모도 작고 산업 규모도 작은 촌락지역이었어요. 형산강 삼각주가 만들어놓은 평야지역이 있어서 농사도 지었고요. 바로 동해 바다와 마주하기 때문에 어업의 비중도 높았죠.

포항의 옛 지도를 보면 포항을 흐르는 형산강 하구에 삼각주가 보여요. 형산강의 토사가 퇴적되면서 점차 다양한 형태의 하중도가 서로 연결되었고, 홍수 시 하천이 범람하면서 더 많은 양의 토사가 퇴적되었죠. 그렇게 유로가 좁아져 배가 선착하기도 어려웠다고 해요. 포항의 동 지명을 보면 상도동, 대도동, 죽도동, 해도동 등이 있는데, 이 '도(島)' 자가 형산강 하구에 만들어진 섬이었다는 증거죠.

포항의 옛 모습
(출처: 〈포항진지도〉, 1872)

사실 포항은 반농반어의 한적한 도시였어요. 신라시대부터 일본과 지리적으로 가까워서 왜적의 침입을 많이 받았던 지역이기도 하고요. 조선시대에는 전국적인 기근 시 지역마다 곡물의 공급과 이전을 원활하게 하기 위해 포항창진(포항 항구의 곡물 반출 창고)을 만들었고, 포항진을 통해 군사적 기능을 담당하기도 했지요.

삼각주의 유형

삼각주는 하천에 의해 운반되는 토사들이 강 하구에 쌓여서 만들어진 퇴적지형을 말해요. 상류에서 하류로 운반되어온 퇴적물질이기 때문에 입자 크기가 작은 편이지요. 보통 하천이 가져오는 퇴적물질이 많고, 조수간만의 차가 크지 않은 지역에 형성되는 특징을 지니고 있습니다. 삼각주는 반드시 삼각형 모양인 것은 아니고, 원호상(원 모양 형태), 만입형, 첨각상(바다 쪽으로 뾰쪽 튀어나온 형태), 조족상(새의 발처럼 여러 갈래로 퍼져나간 형태) 등의 다양한 종류가 있답니다.

그러니 항구의 기능이 잘되어 있었죠. 항구가 번성하자 자연스레 시장이 활성화되었고 상업이 발달하기 시작했어요. 그러나 형산강의 퇴적물질과 조류에 의해 토사가 침식되는 등의 피해가 나타나면서 창진의 기능은 쇠퇴하게 돼요.

구룡포의 근대역사문화거리(위)
계단 양쪽의 일본인 공덕비(아래)

일제강점기 때 포항은 제1의 어항도시로 발전해요. 여러 물자를 수탈하기 위해 철도, 항만 등의 교통을 정비했던 거죠. 그 당시 수산업에 종사하던 일본인의 흔적이 구룡포 근대역사문화거리에 남아 있답니다.

구룡포 근대역사문화거리는 100년 전 조성된 일본인 집단 거주지역이에요. 계단 양쪽으로 비석이 가득한 게 보이나요? 구룡포의 발전을 도모했던 이주 일본인들이 자신들의 공덕을 기리기 위해 새겨놓은 비석이에요. 공원 위의 송덕비는 구룡포항을 조성했던 '도가

덧칠된 송덕비

와 야스부로'라는 일본인의 공로를 치하하며 세운 것인데, 광복 이후 주민들이 시멘트로 덧칠해 기록을 지우려고 했죠. 광복 후 일본의 잔재를 없애려 했던 노력 중 하나라고 할까요. 일제강점기 수탈의 흔적을 문화지구로 지정하여 관광지로 개발하는 것이 옳은 일인가에 대한 의문이 들기도 하네요.

이곳은 일본의 수산업 종사자들이 유입하여 집단 거주하면서 번창하게 돼요. 1930년대는 일본인이 220여 가구 있었고, 1936년 구룡포에 출입하는 일본 선박이 1,995척에 선박 규모가 13만 톤이 넘었다고 하니 얼마나 많은 양의 수산자원이 수탈되었는지 알 수 있죠. 이런 아픔의 역사를 후세에 남겨두어 교훈으로 삼는 것도 의미가 있지 않을까 싶어요.

이곳의 일본인 가옥을 적산가옥이라고 해요. 패망한 일본인 소유의 재산 중 주택을 말하는 거죠. 마치 일본의 옛 거리를 보는 것 같지 않나요? 좁은 골목 양쪽으로 늘어선 2층의 목조가옥들인 데다 다다미 구조로 되어 있어 일본의 주거 특징을 잘 보여주고 있죠.

자, 이제 근대를 넘어 현대의 포항으로 가볼까요. 포항은 야경이 꽤 멋있어요. 포항제철 때문이죠. 영일만 해안가에서 보는 포항제철의 야경이 제일이라고 해요. 제철공장들이 해안가를 둘러싸고 있는 형태죠. 번화한

적산가옥

해변가에서 마주 바라보는 곳에 불이 꺼지지 않는 산업화의 현장이 있으니 신기하기도 하고요.

포항

제철공장이 항구에 입지하는 것은 원료인 철의 수입과 제품의 수출을 용이하게 하기 위해서예요. 임해공업지역은 교통의 중요성 때문에 항만에 입지하는 경우가 대부분이거든요. 포항제철(현 포스코)의 입지는 이 지역 산업구조뿐 아니라 주민들의 생활에도 큰 영향을 미쳤죠.

제철공업이 입지하기 이전의 포항은 인구가 7만 2천 명 정도의 지방 중소도시였어요. 주민의 70퍼센트 이상이 농어업에 종사했죠. 그런데 1968년 포항제철이 설립되면서 1980년에는 대략 20만 명, 1990년에는 31만 명으로 크게 증가해 경북 최대의 도시로 부상했어요. 2015년 현재는 52만 명 정도의 인구 규모예요. 포항의 산업구성비 중 광공업이 50퍼센트에 육박할 정도이며, 재정 규모 또한 엄청나게 증가했죠.

제철공업 입지 이전의 포항은 어업이 중심이었다면, 제철공업 입지 이후의 포항은 1970~80년대 우리나라 공업을 이끈 중화학공업의 중심지였던 셈이에요. 그래서인지 포항 어디서나 포스코의 위력이 느껴진답니다. 포항시의 재정 측면에서도 제조업이 차지하는 비중이 50퍼센트가 넘는데, 그것도 1차 금속 분야인 철강산업이 차지하는 비중이 88퍼센트 정도로 압도적이에요.

제1차 국토개발계획에 의해 공업 거점 지역으로 선정되었고, 우리나라 산업을 이끈 원동력이 되어준 중화학공업 단지가 형성되었으니, 포항 하면 제철을 떠올리는 건 자연스러운 일일 수밖에 없죠.

포스코의 야경과 전경

포항공대(위), 신항만(아래)

그런데 요즘 철강산업이 많이 위축되었어요. 국내외 경기가 침체되고 값싼 중국의 철강업이 급성장하면서 포스코의 산업기반이 흔들리고 있는 거죠. 워낙 포항의 산업기반 자체가 철강산업에 의존적이다 보니, 철강도시로서의 포항의 위상뿐 아니라 포항의 경제 또한 위축되고 있답니다.

포항시의 지방세에서 포스코가 차지하는 비중이 2006년에는 44.3퍼센트, 2009년에는 32퍼센트, 2012년에는 11.9퍼센트로 해마다 감소하고 있어요. 철강산업이 점차 사양산업이 되어가니 포항의 재정 규모도 흔들릴 수밖에요. 포항의 입장에서는 산업구조의 다변화가 절대적으로 필요한 시점이 된 거예요.

최근 포항은 '창조도시 포항'이라는 표어를 내세우고 있어요. 첨단산업도시로의 비전을 엿볼 수 있죠. 산학 협력체계를 구축하기 위해 노력하고 있고요. 과학과 기술로 사회에 공헌하고자 하는 포항공대를 기반 삼아 첨단기술 개발 및 다양한 신성장동력산업을 육성하기 위해 애쓰고 있답니다.

영일만에는 새롭게 신항만을 조성했어요. 환동해권의 물류 중심지가 되고자 하는 포부가 엿보이죠. 철강산업에 대한 의존도를 벗어나 다양한 산업이 유치될 수 있도록, 더 나아가 항구라는 입지적 장점을 활용해 물류 이동의 핵심이 되고자 하는 노력의 일환이랍니다.

교통의 발전, 관광의 활성화

이제 호미곶으로 한번 가볼까요? 한반도의 기상을 보여주는 호랑이 꼬리 지역이에요. KTX의 개통으로 접근성이 좋아진 포항은 동해, 경북의 주요 관광지로 발전하고자 힘쓰고 있는 중이거든요. 대표적인 관광명소가 호미곶 지역이에요. 예전에는 생김새가 말갈기 같다고 해서 '장기곶'이라고도 불렀대요. 그런데 포효하는 호랑이 형상인 한반도의 기상을 기리기 위해 호미곶으로 바꾸었고, 2000년 새천년을 맞이하는 한민족해맞이축제를 개최한 후 일출을 보는 명소로 유명해졌죠. 전국에서 가장 큰 가마솥에서 떡국을 끓여먹기도 하면서 말이에요. 새천년을 맞이하기 위해 세워진 해맞이광장이나 상생의 손 등의 관광자원도 눈길을 끌어요.

이곳엔 동해 바다의 영해를 설정하는 기준 중 하나의 지점이 표시되어 있기도 해요. 연오랑세오녀 동상도 있고요. 포항시에서는 신라의 연오랑과 세오녀 설화를 바탕으로 테마파크도 조성할 계획이래요. 지역의 스토리텔링을 통해 공간을 부각시키고자 하는 거죠. 이 전통설화에 나오는 빛을 가지고 포항국제불빛축제를 개최해 도시 이미지를 생성하기도 했고요. 여기에는 영일만에서 내뿜어지는 제철소 용광로 불의 기운도 내포되어 있답니다.

상생의 손(위)
연오랑세오녀 동상(아래)

이곳이 한반도 동쪽 끝지역임을 확인하기 위해 고산자 김정호 선생도 무려 일곱 차례나 답사를 했다고 해요. 참고로 한반도 동쪽 땅끝마을은 구룡포읍의 석병리예요. 사용되지 않는 양식장 끝에 있어 접근하기 무척 어렵고 홍보도 잘 이루어지지 않은 상태죠. 사유

연오랑세오녀

연오랑과 세오녀는 신라시대의 사람으로 포항의 해안지역에 살았어요. 남편 연오랑이 바위에서 미역을 따던 중 그 바위가 움직여 일본으로 건너가게 되었고 한 섬에 닿아 임금이 되었답니다. 남편을 찾아 나선 세오녀도 바위를 타고 일본으로 건너가 남편을 만나 왕비가 되었어요. 그러자 신라에서는 해와 달이 빛을 잃게 되었답니다. 이에 놀란 신라의 왕이 부부에게 다시 신라로 돌아와 달라고 간청했지만, 부부는 하늘의 뜻이라 되돌아갈 수 없다고 했죠. 대신 세오녀가 짠 비단을 주며 이것으로 하늘에 제사를 지내면 다시 해와 달이 빛을 찾을 거라고 했어요. 이로부터 제사를 지낸 곳을 영일현(지금의 영일만)이라 했고 신라는 다시 빛을 찾았다고 해요. 🌼

지 안에 표지석만 세워놓아서 관리도 쉽지 않았을 거예요.

포항의 자연경관 또한 다양한 관광자원으로 개발되었으면 좋겠어요. 특히 호미곶은 바다로 돌출된 부분(곶)이기 때문에 해안 침식지형이 잘 발달된 지역이에요. 파도가 깎아서 만든 지형이죠. 해안을 따라 조성된 도로(해파랑길)를 따라가보면 만날 수 있는 암석들을 통해 잘 드러난답니다. 파도에 쓸려 약한 부분은 깎이고 강한 부분만 남았어요.

포항에서는 신생대 지층이 곳곳에 보이는데 당시 화산 활동의 영향을 받은 지역이기도 해요. 용암이 흘렀던 흔적이 주상절리를 통해 남아 있어요. 뜨거운 용암이 화구에서 흘러나와 급속하게 식으며 생긴 육각형 모양의 기둥이지요. 그런 점에서 보자면 포항은

석병리 땅끝마을(위)
해안 침식지형(아래)

포항의 주상절리

한반도에서는 젊은 땅에 속하는 셈이에요. 포항의 주상절리는 제주도의 주상절리와는 달리 일정한 방향이 아니라 제각각의 방향으로 나 있어요. 마치 수많은 기둥들을 해안가에 박아놓은 것처럼요.

채석장터에서 발견한 주상절리도 있답니다. 달전리의 주상절리지요. 천연기념물 415호로 지정되어 있지만, 아직 관리 및 보호가 미흡해요. 제주도, 한탄강(신생대 4기)에서 보는 주상절리보다 시기가 좀 더 빠른 용암(신생대 3기)이라는 점이 특이해 한반도의 지질 역사를 보여주는 중요한 자원이에요. 현재는 풍화가 많이 진행됐을 뿐만 아니라 토양이 약해져서 침식이 우려되기도 해요.

암벽이 꼭 여러 기둥으로 연결된 병풍처럼 보이죠. 하지만 앞서의 주상절리도 그렇고 이곳의 주상절리도 그렇고, 모르면 절대 찾을 수 없는 곳에 있는 데

달전리 주상절리

다가 사유지 안에 있어서 관리가 영 허술해요. 아쉬움이 남는 부분이죠.

포항의 유명한 산으로는 내연산이 있어요. 좁은 골짜기를 따라 많은 폭포들이 발달해 있어 무척 멋지죠. 큰 암벽으로 이루어진 기암괴석들을 보며 비경을 즐길 수 있답니다. 겸재 정선이 그린 〈내연산용추도〉, 〈내연산폭포도〉 등 폭포 그림의 실제 풍경이기도 해요. 내연산은 12폭포로 유명하고, 입구에 세워진 보경사도 동해안의 명산을 찾아 신라 진평왕 때 세워진 절이라고 하니 역사가 대단하죠.

신라 진평왕 시기에 창건된 또 다른 절도 있어요. 이 절에서는 원효대사와 혜공이 개천의 죽은 물고기를 살리는 시합을 겨루었대요. 두 마리 중 한 마리만 살리게 되었는데, 그 물고기를 살린 사람이 서로 자기라고 했다 해서 '나 오(吾), 고기 어(魚)'를 써 오어사가 되었다고 해요.

고려시대 유적도 있어요. 장기읍성이에요. 여진족과 왜적의 침입을 대비하기 위해 해안가에 흙으로 쌓은 성인데 이후 조선시대에 다시 돌로 쌓았답니다. 이곳 장기면으로 조선시대에 많은 사대부들이 유배를 왔다고 하는데요, 우암 송시열과 다산 정약용이 대표적인 인물이죠. 장기초등학교에는 송시열

내연산 (위)
보경사 (중간), 오어사 (아래)

이 심은 역사적인 은행나무도 있답니다.

송시열이 심은 은행나무

이제 포항 도심으로 가봐요. 포항 교통의 요지는 오거리와 육거리예요. 사거리도 아니고 오거리와 육거리라니, 다양한 교차로의 흐름을 보여주는 만큼 교통량도 많겠죠? 이곳이 포항 도심지역이에요. 하지만 최근 다른 대도시에서도 나타나는 도심 문제가 동일하게 발생하고 있어요. 교외에 새로운 주거지역이 개발되면서 인구가 빠져나가고 있는 거죠. 그래서 오히려 도심의 인구는 줄고 낙후되어가는 중이에요. 이것이 바로 인구 공동화현상이랍니다.

특히 중앙동은 포항의 옛 항구와도 접하고 있어서 과거부터 포항의 중심 시가지였는데, 최근 인구가 가장 많이 감소하는 지역이 되었어요. 1980년대 4만 6천여 명이던 인구가 2010년 1만 8천 명으로 60퍼센트나 감소했다고 해요. 도심 재활성화가 필요한 지역이죠.

근처의 죽도시장도 유명해요. 큰 규모의 재래시장인데, 사실 이곳도 대형마트와의 경쟁 위기에 놓여 있다고 하네요. 죽도시장은 1950년대 형산강과 동해가 만나는 하구의 갈대밭, 늪지대 위에 노점상들이 하나둘 모이며 자연적으로 형성된 시장이에요. 그러다 포스코의 설립으로 규모가 더 커졌죠. 포항 최대 규모의 시장일 뿐 아니라, 경북 동해안 최대 규모의 재래시장이기도 해요.

고속철도 개통 이후 포항을 찾는 관광객들이 엄청 증가하면서, 죽도시장도 지역 명물로 인식하고 많이들 찾아온다고 합니다. 하지만 한편으로

죽도시장

는 교통의 발전이 오히려 지역 내 소비를 감소시킬 수도 있는데요, 의료서비스나 고급 상품을 쇼핑할 경우 다른 지역으로 편리하게 움직일 수 있기 때문에 좀 더 넓고 큰 시장을 찾아 상권이 이동할 가능성도 있거든요.

어쨌든 활기찬 재래시장의 모습을 되찾아, 포항의 먹거리도 많이 전파해주면 좋겠어요. 포항의 대표적인 먹거리는 과메기와 물회랍니다. 특히 구룡포 과메기가 유명한데 겨울철이 제철이에요.

이번엔 포항의 운하인 동빈내항으로 가보죠. 과거 동빈내항은 포항 경제의 중심지로 정어리, 청어 등의 어획량이 많았을 뿐 아니라 각종 산업의 중심지이기도 했어요. 그러다 포항제철이 입지하면서 규모가 작은 동빈내항만으로는 한계가 있었죠. 이에 포항신항이 새롭게 개발되고 동빈내항은 구항으로 그 기능이 축소되기 시작했어요. 홍수 예방을 위한 방안으로 형산강에 둑이 조성되었는데 점차 포항제철로 인해 많은 인구가 유입되고 그에 따라 주택단지 조성이 필요하게 되자, 결국 형산강 쪽 1.3킬로미터에 이르는 물길을 막고 매립하여 부족한 택지를 마련하게 되었죠.

고인 물은 썩기 마련이니 그 피해도 엄청났죠. 1974년 물길이 막힌 동빈내항은 각종 생활하수와 쓰레기로 오염되며 검은 물의 죽은 바다처럼 변해갔어요. 그 주변 주택지들도 점점 낙후된 슬럼가가 되었고요. 그런 동빈

동빈내항

내항의 형산강 물길을 40년 만에 다시 복원했답니다. 원래 주택지로 매립되었던 곳이니 복원사업으로 인해 이주해야만 하는 주민들도 생겨났지만요.

과거 영일만에서 육지 안쪽으로 들어와 자리 잡은 동빈내항은 어선을 안정적으로 정박할 수 있는 천혜의 항구였어요. 그런 중요했던 항구의 모습을 다시 한 번 되찾고, 이를 계기로 포항의 대표적인 관광명소로 만들려고 노력하고 있지요. 현재 운하 개통으로 유람선이 다니며 관광활성화에 힘쓰고 있답니다. 운하 주변에 휴양시설과 편익시설 등을 갖춘 테마파크도 조성하려 하고요. 물길의 옛 모습을 복원하고 막혔던 수로를 다시 흐르게 함으로써 수질 개선에도 큰 도움이 되었죠.

이제 공업지역의 이미지를 벗고 관광지로 재도약하고자 하는 포항의 미래를 기대해봐도 좋을 것 같아요.

❶ 감천문화마을　❼ 영화의전당
❷ 광복로　❽ BEXCO
❸ 부산시민공원　❾ 국제시장
❹ 이기대공원　❿ 부평깡통시장
❺ 광안리해수욕장　⓫ 부전시장
❻ 해운대　⓬ 부산진시장

21세기 선진 해양문화도시를
꿈꾸는 부산

　그리스의 산토리니라고 들어본 적 있나요? 지중해를 끼고 조성된 예쁜 마을로 세계적인 관광명소죠. 페루의 마추픽추는요? 두 곳 모두 지역색을 뚜렷이 드러낸 신비롭고 아름다운 마을이에요. 가옥들이 계단식으로 조성되어 무척 아름답죠. 자, 그럼 한국의 산토리니, 한국의 마추픽추라고 하면 어디를 꼽을 수 있을까요? 아마 부산의 감천문화마을을 들 수 있지 않을까 싶어요. 계단식으로 가옥이 조성되어 있는 감천문화마을은 정말 예쁜 곳이랍니다. 그런데 우리나라에 이런 마을이 있다는 것조차 모르는 사람들이 많은 것 같아요.

　부산은 우리나라의 대표 도시 중 하나죠. 최근 부산국제영화제가 세계적인 영화 축제로 완전히 자리 잡으면서 비단 우리나라뿐 아니라 세계가 주목하는 도시가 되었어요. 워낙 익숙한 이름이라 부산쯤은 다 안다고 생각했다면, 깜짝 놀랄 거예요. 부산에는 아직도 숨겨진 매력들이 가득하니까요.

자, 그럼 해양문화도시를 꿈꾸는 부산으로 출발해볼까요.

오래된 경관을 단장하다　　　앞에서 한국의 산토리니, 한국의 마추픽 추라고 소개했던 감천문화마을을 먼저 가

볼게요. 마을 입구부터 남다르답니다. 조형물들이 많은데요, 물고기 모양이며 담쟁이 모양, 지붕에 올라앉은 새 모양 조형물까지 실로 다양한 작품들이 방문객을 맞이해요.

우선 전망대에 올라 전체를 조망해보세요. 멀리 바다도 보이고, 바닷가 언덕에 오밀조밀 모인 색색의 작은 집들의 모습이 이국적이기까지 하죠. 이곳을 한국의 산토리니라고 부르는 이유를 실감할 수 있을 거예요. 용두산공원의 부산타워도 보이고요.

이곳은 한국전쟁으로 부산에 피란을 와 있던 태극도인들이 모여 살던 곳이었어요. '앞집은 뒷집을 가리지 않고, 모든 길은 통해야 한다'는 기본 규칙에 따라 산비탈면에 계단식으로 집을 지으면서 마을이 형성되었죠. 2000년대 들어 이 마을의 역사성과 경관의 독특함을 살리면서 단장하려는 움직임이 생겨났어요. 2009년과 2010년에 문화체육관광부가 주최한 공모전에서 예술가들이 제출한 공공미술프로젝트가 선정되면서 도시 속 오지마을이었던 이곳이 변하기 시작한 거예요. 예술가들이 시작했지만 점차 주민들의 참여와 관심을 이끌어내면서 행정가, 전문가까지 모두 참여하는 사업으로 성장했죠. 예술의 힘을 실감할 수 있겠죠? 사람들이 떠나간 집들은 공공건물이나 테마 공간으로 꾸며졌어요. 주민들이 직접 마을 안내를 해주기도 하고, 예쁜 카페로 단장한 곳도 많아요.

감천문화마을은 외국 언론에도 소개되었을 정도예요. 2013년 미국

1. 감천문화마을
2. 감천문화마을의 벽화
3. 지붕 위의 새 모양 조형물
4. 감천문화마을의 박물관

CNN 방송은 감천문화마을을 '아시아에서 가장 예술적인 마을'이라고 보도했고, 프랑스의 대표 신문인 《르몽드》는 '감천, 골목 끝 예술'이라는 제목으로 기사를 실었다고 해요. 카타르 알자지라 방송에도 나왔다고 하네요. 역시 독특한 개성을 지니면 주목받게 마련인가 봐요.

보통 이런 마을은 옛 모습을 그대로 두거나 모두 철거하고 새로운 건물을 짓는데, 이곳은 예술과 접목하는 색다른 방식의 변신을 꾀했던 거죠. 원래의 모습을 보존하되 예쁘게 가꾸고 단장도 하니 주민들에게도 득이 되고 관광객들에겐 볼거리를 제공하게 된 거예요.

광복로(위)
광복로 뒷골목의 먹거리(아래)

오래된 경관을 단장해서 활기를 되찾은 부산의 명소가 또 있어요. 바로 광복로예요. 거리가 굉장히 잘 정돈된 느낌으로 재미있게 꾸며졌어요. 조형물도 개성 있고 도로도 구불거리게 만들어 아담하고 편안한 느낌이죠. 사람들이 앉아서 쉴 공간도 많이 조성해놓았답니다.

원래 광복로는 부산을 대표하는 패션과 문화의 1번지였지만 자동차 위주의 혼잡한 공간이었어요. 그러다 부산이 확장되면서 서면 지역으로 중심 상업지구가 옮겨갔고 이곳은 쇠퇴하게 된 거죠. 거리 곳곳에 빈 점포들이 늘어가고 있었다고 해요.

그러다 2005년 문화체육관광부의 지원을 받아 '가로경관 개선사업'을 시작해요. 그때 간판과 가로등을 포함해 거리를 재단장하게 된 거예요. 사업을 추진할 때 몇 가지 원칙을 세우고 시작했어요. '주민이 주도하되 정부와 전문가가 함께 협력한다. 광복로는 보행자를 위한 느림의 거리로 디자인한다.' 이런 식으로요. 그래서 획일적이지 않으면서 걷고 싶은 거리로 조성된 거예요. 이제는 거리에서 활기가 느껴지죠. 광복로 사업을 시작할 2005년 즈음에는 폐업 점포가 44개 업소에 달했는데, 지금은 거의 없대요.

2009년부터는 광복로 상인들의 모임인 광복문화포럼에서 '부산 크리스마스트리 문화축제'를 개최하고 있는데 그 덕에 사람들이 더 몰려든다고 하네요. 2014년 축제에는 700만 명이 찾았을 정도로 인기가 높아지고 있대요.

정부의 일방적인 주도가 아니라 주민들이 적극 참여해서 이루어진 공공디자인사업이 광복로를 변화시켰고, 그 변화한 경관이 많은 사람들을 끌어들이게 된 거예요. 그 결과 쇠락하던 지역이 다시 살아나게 된 거죠. 거리 뒷골목으로 가면 부산의 먹거리인 부산어묵과 비빔당면 등도 있으니 먹는 재미도 있고요.

부산시민공원(위)
뽀로로 도서관(아래)

이번엔 2014년 5월 1일에 개장한 부산시민공원으로 가볼까요? 이곳은 인상적인 폭포가 있는 굉장히 넓은 공원이에요. 정성을 많이 들인 게 느껴진답니다. 미로공원도 있어서 미로탈출대회도 열린대요. 뽀로로 도서관은 아이들이 정말 좋아하는 곳이에요. 예전의 미군 막사를 활용했다고 해요. 카페와 편의점도 예전 막사를 활용했죠. 과거의 모습을 활용한 아이디어가 돋보이지 않나요?

하야리아 잔디밭

공원에 굉장히 넓은 잔디밭이 있어요. 바람도 시원하고 분위기가 참 평화롭죠. 이 잔디밭의 이름이 하야리아 잔디밭이에요. 부산 사투리냐고요? 아니에요. 이곳이 미군부대인 '캠프 하야리아'가 있던 자리였기 때문에 붙은 명칭이죠.

미군부대가 있기 전에는 일본인들이 경마장과 군수품기지, 군사훈련소 등으로 사용했던 곳이고요. 광복과 함께 미군정이 실시되면서 미군이 주둔했던 거예요. 역사적으로 파란만장했던 곳인 셈이죠.

1995년부터 시민단체를 중심으로 반환을 요구하는 운동이 본격적으로 시작되었어요. 부산광역시와 시민단체의 끈질긴 노력 끝에 2006년 8월에 미군기지를 폐쇄하게 되었고 2010년 1월엔 부지를 반환받게 된 거죠. 반환 후에는 이 너른 땅을 어떻게 쓸지 논란이 많았어요. 초기에는 이곳의 장소적 성격을 무시한 채 전면 철거하는 계획이 추진되었었죠. 그러자 시민단체들이 연합해서 전문가들과 일반인들의 관심을 모았고 이곳에 어울리는 공원 문화를 만드는 방향으로 계획을 수정하게 된 거랍니다.

그래서 미군 하사관 숙소였던 곳을 '문화예술촌'으로 개조하고, '기억의 기둥', '흔적 파고라', '역사의 물결' 같은 공간을 만들

'하야리아'의 유래

1950년 9월 주한미군 부산기지사령부가 주둔할 당시, 한 해군 요원이 이곳에 있던 경마장을 보고 그의 고향 근처 플로리다 주에 있는 유명한 경마장을 떠올렸대요. 고향 도시의 이름을 따서 하이얼리어(Hialeah)로 이름 붙인 거죠. 하이얼리어를 부산 시민이 '하야리아'로 발음했다고 해요.

기억의 기둥

어놓은 거죠. 덕분에 복잡하고 삭막하기만 했던 부산 도심에 이렇게 시원하고 쾌적한 녹지 공간이 들어서서 부산의 이미지가 한층 좋아졌죠. 왁자지껄한 시장과 사람들이 북적이는 해수욕장에서 벗어나 편히 쉴 수 있는 공간도 마련되었고요.

부산에는 부산시민공원 말고도 인기 있는 공원이 하나 더 있어요. 바로 이기대공원이랍니다. 부산에서 새롭게 뜨는 명소로 알려져 있어요. 해안 산책로가 장관이거든요. 바다가 바로 옆이에요. 광안대교와 마린시티의 모습도 한눈에 들어오고요.

마린시티는 도시재생의 의미가 결여된 재개발지역이라고 비난하는 의견도 있답니다. 높은 건물과 화려한 상업시설과 비싼 주거시설이 들어서서 화려하고 멋져 보이기는 하지만, 기존 주민들을 배려하지 않은 성장 위주의 개발지역이라는 거죠. 하지만 바다와 어우러진 화려한 건물의 모습이 장관인 건 사실이에요. 광안대교와 함께 보이는 경관이 매우 인상적이죠. 이기대공원이 유명해진 이유이기도 해요. 이곳에서의 전망이 인터넷에서도 자주 소개될 정도니까요.

이기대공원의 정식 명칭은 '이기대도시자연공원'이에요. 임진왜란 때 일본군이 수영성을 함락하고 이곳에서 잔치를 벌였는데 기생 두 명이 왜장에게 술을 권해 만취하게 한 다음 왜장과 함께 물속으로 뛰어들어 죽었다고 해요. 두 기생의 무

이기대공원

덤이 있다고 해서 '이기대(二妓臺)'라 불리게 된 거고요. 그동안은 군사지역으로 통제되어왔는데, 1993년부터 일반 시민에게 개방되었어요. 그래서 자연상태도 아주 잘 보존되어 있죠.

자, 이제 건너편 동네로 넘어가볼까요?

해양문화도시의 매력 속으로   부산 하면 가장 먼저 떠올리는 곳 중 하나가 광안리해수욕장이죠. 해안을 따라 걷다 보면 젊은이들이 모여 공놀이하는 활기찬 모습도 볼 수 있고 외국인 여러 명이 함께 여가를 즐기는 것도 볼 수 있어요. 노래 공연을 하는 사람도 있고 그림을 그려주는 사람도 있고 부산국제연극제를 위한 행사가 열리기도 해요. 어르신들이 콘서트를 하기도 하고요. 해변을 배경으로 정말이지 다채로운 모습이 펼쳐진답니다.

광안리해수욕장

특히 광안리해수욕장은 부산의 젊은이들이 모여드는 곳이에요. 서울의 홍대 거리와 같은 매력을 바다 옆에서 즐기는 느낌이랄까요. 색다른 음식점이나 카페도 많고요. 우리나라는 전국에 해수욕장이 엄청 많아요. 그런데 이렇게 도시적인 느낌의 젊음의 거리가 함께 조성되어 있는 곳은 아마 광안리해수욕장이 유일할 거예요. 이런 점이 이곳의 매력이고 젊은이들이 찾는 이유겠죠.

해수욕장에 있는 수영구문화센터도 건물 외관이 참 재미있어요. 부산 사투리를 여기저기 써두었거든요. 배가 고프면 근처 회센터를 찾아도 좋아요. 붕장어회도 있고 맛있는 우동도 있어요. 배를 든든히 채웠다면, 광안리해수욕장의 밤을 즐길 차례입니다.

수영구문화센터   광안대교의 야경

우선 광안대교에 불이 들어온 걸 볼 수 있어요. 야경이 장난이 아니죠. 깜깜한 바다에 광안대교가 내뿜는 불빛이 인상적이랍니다. 야간조명까지 설치되어 이곳의 밤이 더욱 인기라고 해요. 매일 밤 8시와 9시, 10시에 조명 연출을 해서 조명쇼도 볼 수 있어요. 이래서 광안대교를 부산의 명물이라고 하는 거겠죠.

실제로 2002년 광안대교가 개통된 후 광안리해수욕장 이용객이 전년도에 비해 세 배 이상 늘었다고 해요. 2004년부터는 매년 10월에 '부산세계불꽃축제'까지 이곳에서 열리고 있답니다.

이제 해운대로 가볼까요? 여기도 광안리와 비슷하게 다채로운 모습들을 만날 수 있어요. 한밤에도 불빛이 환하고요. 예전과 달리 해운대 해변을 따라 고급 숙박업소들이 들어서면서 도시적인 느낌이 많이 강해졌어요. 덕분에 찾는 사람도 더 늘어났대요.

해운대

우리나라 해변은 바다와 모래사장은 아름답지만 숙식이 불편한 면이 없지 않죠. 그런데 해운대에 고급 호텔들이 들어서고 주변이 정비되니 사람들이 더 찾게 되는 거예요. 고층에서 바다를 전망하는

부산국제영화제(Busan International Film Festival)

사단법인 부산국제영화제 조직위원회가 주최가 되어 아시아 영화를 발굴하고 소개하는 동시에 부산을 문화예술의 고장으로 발전시키고자 1996년부터 개최하고 있는 영화제예요. 아시아 영화감독들의 최신작과 화제작을 볼 수 있는 '아시아의 창', 아시아 신인감독들의 작품을 모은 '새로운 물결', 단편영화와 애니메이션, 실험영화들을 모은 '와이드 앵글', 세계 영화의 흐름을 파악할 수 있는 유명 감독들의 작품을 모은 '월드시네마' 등 여러 섹션이 있어요.

부산국제영화제는 서구에 억눌려 있던 아시아 영화인의 연대를 실현했다는 평가를 받고 있어요. 김동호 위원장에 따르면 부산국제영화제의 성공 비결은 할리우드 영화가 주도하는 분위기에 영화적 갈증이 심했던 영화인들의 새로운 시도에 부산시가 적극적으로 지원하고 간섭하지 않았기 때문이라고 해요. 그 결과 관객들의 호응이 좋았고 수요와 요구가 커지면서 영화제 규모도 커지게 되었다는 거죠. 매년 10월 첫째 목요일에 개막해서 열흘 동안 세계 영화인들의 시선을 받게 된답니다. 🌸

매력도 있고 뭔가 좀 더 쾌적하고 편리해진 느낌도 드니까요. 해변 바로 옆에 이런 고층빌딩과 숙박시설이 있는 경관이 이국적이기까지 해요.

물론 해운대 주변이 너무 상업적으로 개발된 점에 대해서는 부정적인 측면도 있지만 다른 곳과 차별화되는 것만은 사실이에요. 더구나 6월에는 모래축제를 하고 10월에는 부산국제영화제의 일부 행사가 해운대 해변에서 열리면서 더 주목받게 되었죠. 영화 〈해운대〉의 홍보 효과도 있고요.

광안리해수욕장도 그렇고 해운대도 그렇고,

영화의 전당(위)
더블콘과 거대한 지붕(아래)

예전엔 그냥 바다였다면 이제는 스토리가 있는 바다, 문화가 곁들어진 바다가 된 느낌이에요. 자연경관이 그대로 보존된 모습도 매력적이지만 인공적인 모습도 잘 조성하면 좋은 관광자원이 될 수 있는 거죠. 홍콩의 마천루나 싱가포르의 센토사 섬처럼 말이에요. 하지만 자연이 보존되는 것이 더 소중하다는 건 잊지 말아야겠죠.

이제 부산국제영화제를 만나러 가보죠. 비프(BIFF)라고 하는데, 부산 인터내셔널 필름 페스티벌의 약자랍니다. 영화의 전당에서 개막식이 열리는데, 아주 성대하죠. 해운대 해변에서 감독이나 배우와 함께하는 행사가 열리고 부산 시내 곳곳의 극장에서 다양한 영화를 관람할 수 있어요.

부산은 유네스코로부터 '영화 창의도시'로 지정되었어요. 아시아에서는 유일하고 세계적으로도 영국 브래드포드와 호주 시드니에 이어 세 번째라고 해요. 영화의 전당은 세계적인 영화도시로의 꿈이 실현되는 공간이라고 할 수 있죠. 예술영화와 독립영화는 물론 다양한 공연과 전시를 기획하여 제공하고 있어요. 2011년 개관해서 16회 개막식부터는 이곳에서 열리고 있는데, 오스트리아의 쿱 힘멜브라우가 기본설계를 한 것으로 세계에서 제일 긴 지붕(163미터) 때문에 기네스북에 등재되었대요. 더블콘이라고 불리는 기둥 하나로 지탱되는 거대한 지붕이 축구장 크기의 1.5배라고 하니 대단하죠.

영화의 전당이 생기기 전에는 남포동 영화의 거리에서 영화제가 개막을 했었어요. 그곳은 지금 비프광장이 되었는데요, 그곳에 있는 대영극장과 부산극장 모두 오래되었지만 여전히 그대로 있답

부산극장(위)
비프광장의 손도장(아래)

니다. 부산극장은 1934년에 만들어졌으니 역사가 참 길죠.

길 위에는 영화 관련 인물들의 손도장이 즐비해요. 임권택 감독이나 뤽 베송 감독의 손도장도 있어요. 이곳엔 극장은 많지 않지만 부산국제영화제 가 태동한 곳이라 사람들이 정말 많아요. 외국 관광객도 많고요.

씨앗호떡도 팔아요. TV에 나온 걸 많이 봤을 거예요. 호떡을 구운 후 반으로 갈라 씨앗을 넣어주는 거죠. 줄이 길게 서 있는 곳을 찾으면 돼요. 거리를 노점상들이 가득 채워 좀 정신이 없기는 해도 재미있는 길거리 음 식이 많죠.

부산시가 영화 창의도시에 걸맞게 여러모로 노력을 기울이고 있어요.

국제시장(위, 중간)
꽃분이네(아래)

최근에도 부산을 배경으로 한 영화 〈국제시장〉 이 인기를 끌었죠. 말이 나온 김에 국제시장으 로 가볼까요. 부산에 오면 신기한 것 중 하나가 도심에 이렇게 넓은 재래시장이 남아 있다는 점 이에요. 국제시장 말고도 부평깡통시장, 부전 시장, 부산진시장 등 많은 재래시장이 건재하 답니다.

국제시장은 1945년 광복 이후 본국으로 돌 아가던 일본인들이 물건을 내다 팔던 곳에서 시 작되었는데, 한국전쟁 이후 피란민들이 이곳에 서 장사를 하면서 시장이 형성되었다고 해요. 그 후 미군이 진주하면서 군용물자와 함께 부산항 을 통해 밀수입된 상품들이 거래되어 규모가 더 커졌죠. 그래서 국제시장이라고 부르게 된 거고

항만물류도시 부산

요. 그런데 지금은 이름과 달리 수입품을 파는 상점은 거의 보이지 않아요. 오히려 건너편 깡통시장에 오래된 수입품 상점들이 더 많이 남아 있어요.

시장엔 먹거리도 다양한데요, 어묵에, 죽에, 오래된 팥빙수까지 군것질거리가 넘쳐나죠. '할매유부전골'도 굉장히 유명해요. 영화에 나왔던 '꽃분이네'도 있어요. 영화에 나와 유명해진 후 임대료가 올라 원래 상인이 이주하려고 한다는 소식이 들려와 참 씁쓸했죠. 다행히도 그 문제가 언론에 알려지면서 부산시가 나서서 중재를 했대요. 권리금을 조금만 올리기로 하고 가게를 유지하기로 했다고 해요. 국제시장을 장소마케팅으로 활용하려는 부산시의 노력이 도움이 되었다고 볼 수 있죠. 이것도 영화의 힘이 아닐까요?

부산시가 국제영화제를 유치한 건 정말 탁월한 선택이었어요. 세계 유수의 국제영화제가 베니스나 칸처럼 아름다운 해변도시에서 유치되는 것처럼 부산도 그러한 장소를 만들어가는 거죠. 우리나라 대표 항만물류도시라는 이미지를 넘어 해양문화도시를 지향하고 있는 노력의 일부라고 할 수 있어요.

부산 여행이 참 다채로워진 것 같아요. 바다와 자갈치시장이 부산의 트레이드마크였는데 이젠 좀 달라졌다고 할까요. 부산 하면 떠오르는 이미지가 이제 야경이 멋진 바다, 축제가 열리는 바다, 영화제가 열리는 바다, 이런 식으로 변해가고 있는 듯하니까요. 부산의 새로운 모습, 앞으로도 쭉 기대해봐도 좋겠죠?

7부

제주도

① 조천포구　　⑥ 화북포구　　⑪ 별도봉
② 연북정　　　⑦ 별도연대　　⑫ 동문시장
③ 조천만세동산　⑧ 물사랑홍보관　⑬ 관덕정·오현단
④ 삼양동 유적지　⑨ 곤을동 4·3 유적지　⑭ 제주관아
⑤ 검은 모래 해변　⑩ 사라봉

조천읍

제주국제공항

신촌리

삼양동

제주시

서귀포시

탐라 천년의 역사와 문화를 간직한
전통문화도시 제주시

우선 여권부터 챙겨볼까요. 제주도 올레길을 방문할 예정이거든요. 제주도를 가는 데도 여권이 필요하냐고요? 물론 국적 정보가 담긴 여권은 아니에요. 제주 올레 패스포트를 말하는 거죠. 올레길을 처음 가면 꼭 만들고, 방문 때마다 챙겨가면 좋아요.

제주 올레 사무국에서 만든 이 패스포트는 훌륭한 가이드북이에요. 구간별 올레길 약도, 난이도, 소요시간, 대략적인 특징이 다 담겨 있죠. 게다가 음식점, 숙박, 교통수단 이용 시 패스포트를 보여주면 올레꾼 할인까지 된답니다. 그러니까 할인증이나 마찬가지인 셈이죠.

디자인도 깔끔하고 예뻐서 가지고 다니기도 폼 나고요. 무엇보

다 여권에 출입국 도장을 찍듯 올레길 시작, 중간, 종점에 비치된 세 가지 확인 스탬프를 찍으면 구간별 완주 증명서가 되지요. 이왕 가는 올레길이라면, 뭐

든지 제대로 즐기는 게 좋겠죠.

제주 올레 패스포트를 챙겼다면 이제 제주도로 출발해볼까요?

전통과 현대가 어우러진 도시

공항에서 20분 거리에 조천포구가 있어요. 《나의 문화유산 답사기》로 유명한 유홍준 교수가 제주 답사 1번지로 꼽은 곳이기도 하지요. 조천포구에는 연북정(戀北亭)이라는 정자가 있는데, 여기서 연북이란 북쪽을 사모한다는 뜻이에요. 누구를 사모하는 걸까요? 네, 맞아요, 임금을 연모하는 거예요.

지금이야 육지와 제주도를 연결해주는 교통편이 많지만 예전에는 전라남도 강진군 마량포구가 유일하다시피 했어요. 강진의 옛 지명이 탐라가는 포구라는 의미로 '탐진(耽津)'이었는데 탐진현과 도강현이 통합되어 강진으로 바뀌고, 옛 지명은 탐진강에만 흔적이 남아 있죠. 마량(馬良)은 제주도의 말이 육지로 들어와 잠시 방목했었다고 해서 붙여진 이름이에요. 마량포구에서는 이곳 조천포구가 다른 포구보다 더 가까웠죠. 조천포구가 지형적으로 내륙으로 살짝 들어온 만입부에 위치해 큰 파도를 막아주는 데도 유리했고요.

연북정

연북정은 건물의 크기에 비해 지붕이 낮은 느낌이에요. 바람이 거센 제주도 기후에 맞게 전통 민가처럼 지붕은 낮게, 마당을 둘러싼 담장은 지붕 높이까지 높게 쌓는 거죠. 연북정을 둘러싼 조천진 성곽이 제주도 민가의 담장처럼 둘러쳐져 있고 그 사이는 마당

408

같이 아늑한 분위기를 자아낸답니다.

조천진 성곽

연북정에서 북쪽으로 보면, 하나는 크고 하나는 작은 담장도 보일 거예요. 진지나 성곽이 아니라 용천을 이용한 식수나 목욕을 위한 공간이에요. 물이 샘솟는데 더 큰 곳은 여성을 위한 공간으로 '큰물'이라 부르고, 남자를 위한 공간은 '자근돈지'라고

큰물과 자근돈지

불러요. 이것만 봐도 제주도는 여성 중심의 사회라는 게 느껴지지 않나요? 자근돈지라고 부르는 곳이 훨씬 좁고 초라하거든요.

좀 돌아가면 '조천연대'라 부르는 봉수시설이 나와요. 보통 산에 있는 건 봉수대, 해안가에 위치한 건 연대라고 불러요. 현무암으로 예쁘게 잘 쌓여 있죠. 조천이나 인근 화북뿐만 아니라 제주도 해안 곳곳에 연대들이 있는데, 그중 조천포구와 화북포구는 기능도 비슷하고 용천, 성곽, 연대까지 거의 닮았어요. 비슷한 입지와 역할을 가졌던 거죠.

조천만세동산에는 탑들이 세워져 있는데, 3·1운동 기념탑과 애국선열추모탑이랍니다. 인공구조물이 그다지 운치가 있지는 않아요. 독립유공자비, 공덕비, 함성상, 절규상 등등 인공조형물의 각축장처럼 보일 정도죠. 하지만 제주도의 항일운동이 활발했다는 지표이기도 해요. 제주 3대 항일운동으로는 이곳에서 벌어진 조천만세운동과 법정사항일운동, 그리고 해녀항일운동을 꼽

조천연대

조천만세동산

는답니다.

조천만세운동은 3·1운동의 연장으로, 제주 지역에서 벌어지는 항일운동의 모태가 되었어요. 서귀포에 가면 폐허가 된 법정사터를 성역화해놓았는데, 법정사항일운동은 3·1운동보다도 1년 먼저 1918년에 일제의 강제 침탈에 맞선 제주도민의 항일투쟁이었답니다. 해녀도 항일운동에 나섰어요. 해녀는 전 세계적으로 여기 제주와 일본 규슈 일부에만 있는데, 뭐 제주도가 사실상 유일무이하다고 해도 될 정도의 비중이랍니다. 해녀가 생활력이 강한 것으로 유명하잖아요. 조선시대 조공품목을 봐도 해녀의 생산성이 높았다는 걸 알 수 있어요. 그 옛날 전복이나 해삼을 양식했을 가능성도 없는데 진상품에 들었을 정도니까요. 일제도 해녀에 대한 수탈이 심했다고 해요. 조업을 위해 제주도뿐 아니라 한반도, 일본 열도를 넘어 연해주까지 갔었다니까요. 해녀들의 고통을 충분히 짐작할 수 있죠. 구좌읍 세화리에 있는 해녀박물관에 가면 더 많은 자료를 볼 수 있어요.

조천포구에서 보리빵으로 유명한 신촌리만 지나면 바로 제주 시내예요. 검은 모래로 유명한 삼양동이 나오죠. 이곳에 큰 유적지가 있어요. 제주시가 확장되면서 택지 개발을 하게 되었는데, 그때 거대한 청동기 유적지가 발견되어 일부를 보존·전시하고 있는 거죠. 잠자리, 가옥, 담장은 물론, 권력을 상징하는 고인돌과 옥 제품이 출토된 걸 보면 일찍부터 한반도와 중국에까지

해녀상

조천의 유명 맛집, 보리빵집

조천읍 신촌리 조천중학교 앞에 가면 '옛날
보리빵'이란 빵집 간판이 몇 곳 보여요. 다들
원조라고 써서 자랑을 하고 있죠. 제주도는
지표수가 부족해 일찍부터 밭농사를 주로
지었어요. 생육기간이 긴 밀보다는 짧은 보
리를 주로 재배했고 이런 연유로 보리빵을
많이 만들어 먹었던 거죠. 원조 보리빵은 거
칠고 투박한 맛이지만 요즘은 쑥과 버무려
쑥보리빵을 만들거나, 안에 팥소를 넣은 팥

빵도 있어요. 조천에 가면 꼭 잊지 말고 보리
빵을 맛보세요. 조천읍이 아니더라도 애월
읍내, 제주 시내 등 제주도 곳곳에 유명한 보
리빵집이 꽤 있어요. 🌸

무역을 했다는 걸 알 수 있어요.

　유적지를 지나면 검은 모래 해변이 나와요. 검은 모래는 현무암이 풍화
되어 검은빛을 띠게 된 거예요. 제주도에는 우도 서빈백사의 하얀 모래,
삼양동의 검은 모래, 제주도 외도동의 알작지 자갈
해변 등 색깔이 분명한 다양한 해변이 있어요. 주변
에서 공급되는 물질에 따라 달라지는 거죠. 우도 서
빈백사의 경우 홍조단괴가 공급한 모래예요. 홍조단
괴 해빈(紅藻團塊 海濱)은 홍조류라고 하는 해조류 중
하나가 매우 복잡한 과정을 거쳐 형성된 것인데, 세
포 사이의 벽에 탄산칼슘을 침전시키는 석회조류 중
하나예요. 제주에 오면 이처럼 자연환경의 다양성에
놀라게 된답니다.

　삼양동에서 올레 18코스를 걸으면 바로 옆 동네인

삼양동 선사유적지(위)
검은 모래 해변(아래)

화북진성(위)
환해장성(중간)
화북포구의 용천(아래)

화북포구가 나와요. 화북진성과 환해장성이 있죠. 환해장성 내에 별도연대가 있고요. 조천포구와 매우 흡사한 느낌이에요. 화북포구도 조천포구와 함께 제주도의 관문 역할을 했어요. 이 화북포구 안에 용천의 표준모델이 있답니다. 조천포구의 용천과는 달리 구획이 확실해요. 물이 귀한지라 아껴 쓰기 위해 구획을 확실히 나눠서 사용한다고 해요. 첫 번째는 샘물이 나오는 곳으로 식수로 사용하고 두 번째는 과일이나 야채를 썻고, 마지막 세 번째에서 빨래를 하고 뒤쪽은 목욕을 하는 곳이래요.

만조 때는 녹조류가 보이는 곳까지 바닷물이 들어와요. 지질적인 이유로 제주도는 지표수가 부족하고 대부분 지하수로 흘러요. 이렇게 흐르던 지하수가 해수면과 만나는 곳에 만들어지는 천연샘물이 바로 용천이죠. 만조 때는 잠기고 간조 때는 드러나는 조간대에 위치하는 경우가 많기 때문에 대부분의 취락이 해안가를 따라 분포하게 된 거예요.

20년쯤 전인 1993년에 제주 답사를 왔을 때 신기한 용천 두 군데를 본 적 있어요. 허름한 여인숙 마당 한편에 지하로 내려가는 계단이 있고, 그 아래 물이 콸콸 솟아나는 용천이 있었죠. 정말 신기했어요. 다른 한 곳은 어느 민가였는데 부엌 한쪽에 용천이 있어서 그 물이 부엌을 가로질러 나가더라고요. 부엌에 상하수도가 한꺼번에 있었던 셈이죠. 안타깝게도 지금은 찾을 수가 없었어요. 남아 있었다면 좋은 관광자원이 되었을 텐데 말이죠.

대신 물사랑홍보관이 있어요. 용천에 의존하던 제주에 처음으로 근대적인 수돗물을 공급한 곳이었다가 도시가 확장되면서 버려진 금산수원지 관리동 건물을 리모델링한 곳이에요. 제주도의 물 사용 과정과 현황을 한눈에 볼 수 있는 곳이죠.

제주도는 용천을 상수도의 원수로 사용하고 있어요. 육지와 제주도는 정수처리 과정부터가 많이 달라요. 육지는 대부분 지표를 흐르는 강물이나 저수지 물을 이용하기 때문에 정수처리 과정이 복잡하지만, 제주도는 용천수와 지하수를 97퍼센트 사용하고 지표수는 불과 3퍼센트만 사용하기 때문에 대부분

물사랑홍보관(위)
제주도의 건천(아래)

소독 처리만으로도 식수 공급이 가능하답니다.

이제 제주항을 한눈에 내려다볼 수 있는 사라오름에 올라볼까요? 오르는 길에 보면 제주도의 하천들이 보이는데, 평소에는 마른 건천으로 있다가도 비가 조금만 내리면 하천 수위가 급격하게 불어나기 때문에 방심하고 건너다가는 큰일 날 수 있어요. 안내문에도 평소 다니는 올레길과 비가 올 때 다니는 올레길이 다르다고 안내해주고 있죠.

오르는 길에 곤을동 4·3 유적지를 만날 수 있어요. 제주도에서는 어디

곤을동 4·3 유적지

를 가나 4·3항쟁의 흔적을 만날 수 있답니다. 4·3항쟁을 모르면 제주의 깊은 마음을 알 수 없어요. 그때 마을 대부분이 불타고 주민들은 희생되거나 소개되어 지금은 옛 집터와 올레만 남

별도봉에서 본 풍경

게 되었죠.

　마을 뒷길로 넘어가면 슬픔을 잊을 만큼 아름다운 길이 나와요. 시내에서 보면 사라봉만 보이는데 뒤편에 '별도봉'이라는 봉우리가 숨어 있어요. 별도(別刀)는 화북포구의 옛 이름이래요. 옛날에 이 먼 제주까지 왔다가 돌아가는 벼슬아치들에게 이별을 칼로 베듯 하라고 붙여진 이름이라고 하네요. 걷는 길도 완만하고 해안절벽과 에메랄드빛 바다가 잘 어울리죠. 다만 방조제와 접안시설 공사로 정돈되지 않은 모습이 옥의 티라면 티예요.

　곤을동을 지나 '애기 업은 돌'을 넘는 절벽길에 접어들면 마주하게 되는 장관에 대부분 탄성을 지르게 된답니다. 주상절리도 보이고요. 경치가 좋아 힘들 새도 없이 사라봉 정상에 도달하게 돼요. 일출은 성산, 낙조는 사라봉이라고 할 만큼 낙조가 인상적이죠. 낙조뿐 아니라 이곳에서 조망하는 제주 시내의 전경도 장관이고요. 제주도 서북쪽 해안도 한눈에 들어와요. 바로 아래 방파제로 둘러쳐진 곳의 제일 안쪽이 산지천으로 제주시의 포구 구실을 했던 곳이에요. 지금 제주항의 시작인 셈이죠. 경치가 너무 좋아서 마냥 머물고 싶을 거예요.

사라봉에서 본 풍경

올레길이 가져온 관광산업의 변화

제주 올레길 하면 대부분 한적한 전원풍경이 있는 중산간 숲길이나 멋진 바다를 접한 해안가를 연상할 텐데, 도시 한복판을 관통하는 길도 있답니다. 다양한 벽화로 스토리를 만들어놓아서 도심을 관통하는 길에도 재미난 요소들이 많거든요.

사라봉에서 내려다보았던 산지천도 만날 수 있어요. 조천(朝天)이라는 이름을 가지고 있네요. 옛날 사람들이 이곳에서 하늘에 제사를 지냈대요. 제주도 하천의 특징 중 하나가 비가 내릴 때와 내리지 않을 때의 수량 차이가 크다는 거예요. 지리학에서는 이를 하상계수가 크다고 해요. 평소에는 상관없지만 홍수나 태풍이 오면 큰 피해를 줘서 여기서 하늘에 제사를 지내곤 했다는군요.

동문시장으로 가보죠. 동문시장에 올 때마다 전국의 재래시장이 여기만큼만 활기를 띠면 얼마나 좋을까 하는 생각이 들어요. 그만큼 활성화된 시장이에요. 아무래도 제주도 지역 상권에 관광객 상권까지 더해지니 그

도시를 지나는 올레길의 벽화

산지천

제주의 음식

몸국 몸은 해조류인 모자반의 제주 사투리예요. 돼지 뼈를 우린 국물에 모자반을 넣어 끓인, 가장 제주다운 음식 중 하나죠. 결혼 등 제주 지방 행사용 토속음식이었다고 해요. 요즘은 관광객에게도 유명세를 타서 전문점이 많이 늘었대요. 구수한 국물에 톡톡 씹히는 모자반이 맛을 더해준답니다.

성게미역국 쉽게 만나기 힘든 성게 알을 넣어서 끓인 미역국으로 제주에 가면 맛볼 수 있는 제주 토속음식이에요. 전문점에 가서 신선한 성게 알로 끓인 것을 먹어야 해요. 잘못하면 비린 냄새가 심할 수 있거든요. 성게미역국에다 생선구이를 곁들이면 금상첨화죠.

런 것 같아요. 감귤과 한라봉, 옥돔 같은 해산물, 각종 초콜릿 등등 정말 관광객을 위한 품목들이 많죠. 제주산 망고도 있어요. 배가 고프면 제주의 특별한 음식인 몸국이나 성게미역국을 맛보는 것도 좋겠죠.

동문시장이나 남문, 서문사거리 등의 이름을 보면 제주시에도 성곽이 있었다는 걸 알 수 있어요. 제주시뿐 아니라 서귀포 답사에서 만나는 정의현과 대정현에도 성곽이 있었죠. 원래 제주성은 높이 3미터 내외, 둘레 1.4킬로미터 정도로 동·서·남문이 있었는데, 일제강점기 제주항을 확장 매립하면서 성곽 돌을 사용했다고 해요. 그나마 오현단 부근에 일부가 남아 있어서 복원해놓은 거죠. 현무암 성곽이 운치

동문시장

현무암 성곽

가 있죠.

오현단은 유배를 왔거나 목사 같은 관리로 부임한 사람들 중 제주도의 문화 발전에 기여하거나 민중의 고통을 덜어준 다섯 분을 기리는 귤림서원이 있던 자리인데, 대원군 때 서원철폐령이 내려진 후 이렇게 제단을 만들었다고 해요. 볼품없는 비석이 오현단이에요. 흔히 도마처럼 생겼다고 해서 도마 조(俎)를 써서 조두석이라고도 해요. 명문조차도 없는 메주만 한 비석인데, 웅장한 나무들과 거무튀튀한 현무암 병풍이 어우러져 제법 운치가 있답니다.

오현단

오현 중 한 사람인 우암 송시열의 집자(集字)가 새겨진 자연석도 있어요. 증주벽립(曾朱壁立). 증자와 주자가 벽에 서 있다는 생각으로 열심히 정진하라는 의미죠. 그런데 주변에 노인회관과 출처를 알 수 없는 비석에 녹색 보호벽까지 정신이 없어서 정리가 필요한 공간이에요.

송시열의 집자 증주벽립(위)
관덕정(아래)

남문사거리를 지나 조금 더 걸어가면 관덕정이 보여요. 이곳이 역사적으로 제주 섬의 중심이었죠. 관덕정은 예전부터 유명한 건물로 역사적인 의미가 깊지만 나머지는 최근 복원되어 정취를 자아내지는 않는 것 같아요. 관덕정 앞의 하르방이 제주도 하르방의 원형이라고 해요. 제주관아는 새로 만든 분위기가 물씬 풍기고요. 새로 복원하면서 나온 유물들을 보면 탐라국시대부터 제주의 중심이 이곳이었던 것으로 추측해볼 수 있답니다.

망경루 건물도 보이는데 연북정이랑 같은 의미죠. 먼 제주까지 온 관리들이 언제 서울에서 불러주나 목이 빠지게 기다렸나 봐요. 제주 시내를 관통하는 올레길도 의미 있고 멋진 곳이 많았죠?

올레길에는 '사람 인' 자가 들어간 화살표로 제주 올레길 방향표를 만들었어요. 세계적으로 유명한 산티아고 순례길은 조가비로 표시했거든요. 올레길을 만든 언론인 서명숙 선생이 산티아고를 걸으며 고향 제주에 멋진 도보 여행길을 만들겠노라 다짐하고 돌아왔다고 해요.

사람 인 자 모양의 방향표

그렇게 만들어진 올레길로 인해 제주도 전체의 관광산업이 천천히 걸으며 제주의 속살을 체험하는 형태로 바뀌고 있다고 하니 대단한 사건인 셈이죠. 생각해보면 예전의 제주는 비행기와 렌터카, 콘도나 호텔을 이용하면서 유명한 곳만 휙 스쳐지나가는 여행이 대부분이었으니까요. 하지만 지금은 시내버스를 타고, 걷고 또 걷고, 동네 맛집에서 맛있는 것도 먹고, 짧은 거리는 택시도 타고, 구멍가게에서 간식도 사먹고, 재래시장에서 귤과 옥돔도 사고, 게스트하우스에서 묵기도 하는 소박한 재미들이 넘쳐나는 곳이 되었죠.

오가다 보면 '올레'를 상호나 상표로 사용하는 곳들도 많아요. 그만큼 올레길이 인지도가 높고 긍정적인 가치를 지니고 있다는 이야기겠죠. 올레는 골목길에서 마당까지 들어오는 좁은 길을 의미하는 제주 방언이래

요. 그 길이 나와 세상을 이어주는 길이
되는 거죠.

한라산

올레길을 걸으며 제주 사람들의 삶과
공간을 가까이에서 볼 수 있고, 그래서 예
전엔 몰랐던 삶의 표정들까지 들여다볼
수 있게 된 거예요. 서명숙 선생이 《제주
걷기 여행》이란 책에도 쓴 바 있지만, 가장 대표적인 변화가 제주도민과
관광객이 직접 대면할 수 있는 기회가 많아져서 서로 이해할 수 있는 폭이
넓어진 게 아닐까 싶어요.

올레길이 생기기 전에는 버스나 택시기사, 구멍가게, 감귤밭, 바닷가
해녀 등 대부분의 제주도민이 관광객과는 거리가 먼 자신들만의 경제활
동을 해왔다면, 이제는 올레길 덕분에 관광객과 자주 부딪치다 보니 그들
을 대하는 태도 또한 많이 달라진 거죠.

또 다른 변화는 느린 관광이 가져온 효과일 거예요. 예전 같으면 주말
을 이용해 렌터카를 타고 휙 둘러보고는 볼 것 없다고 투덜댔을 텐데, 지
금은 하루에 한 코스를 걷는 식이니 느린 관광의 부수적인 효과들이 발생
하는 거죠. 천천히 걸으며 오래 머물다 보면 많은 것을 보고 느끼게 되어
관광객은 알찬 여행을 즐기게 되고, 소비도 더 많이 하게 되니 관광지 입
장에서도 경제적 이득이 되는 거예요. 그런 의미에서 제주 관광에서 올레
길이 가져온 변화는 작지만 큰 변화라고 볼 수 있어요. 북한산, 지리산 둘
레길 등 전국적인 걷기 열풍의 기폭제가 되기도 했고요.

제주도가 자랑하는 건 올레길만이 아니에요. 유네스코 3관왕이라고 들
어봤나요? 유네스코가 지정한 생물권보전지역, 세계자연유산, 세계지질

1. 쇠소깍 (효돈천)
2. 대포동 지삿개 주상절리
3. 성산일출봉

공원을 말하는데, 세 분야 모두 인정받은 데는 제주도뿐이라고 하네요. 2002년 지정된 생물권보전지역은 멸종되어가는 생물을 보전하고 자연자원을 지속가능한 방식으로 이용하기 위한 목적인데, 대표적인 곳이 쇠소깍으로 유명한 효돈천과 서귀포 앞바다, 한라산이에요. 대부분 수중이죠. 오염과 온난화로 수중환경이 급변하고 있는 요즘, 생물권보전지역으로 지정된 만큼 잘 보호되었으면 좋겠어요.

2007년 지정된 세계자연유산은 보통 제주도 전체로 알고 있는데, 보호가 가능한 곳부터 지정을 받았어요. 성산일출봉, 한라산 정상 부근, 거문오름과 용암동굴계가 지정받았죠. 궁극적으로는 제주 섬 전체가 지정을 받는 게 목표라고 해요.

지질공원은 제주도의 유명한 곳은 대부분 속한다고 보면 됩니다. 주상절리, 산방산과 용머리해안, 천지연폭포, 우도 등이죠. 우리는 정말 대단한 자연유산을 가지고 있는 거예요. 전 세계적으로 보면 보통 화산지형은 넓게 분포하잖아요. 하지만 좁은 지역에 이렇게 다양한 화산지형을 갖춘 곳은 전 세계적으로도 제주도가 유일무이하다고 봐야 할 거예요. 거기에 독특한 언어와 생활양식까지 갖추고 있으니 가치가 더 높아지는 거죠.

한국어족 고유 어휘가 많이 보존되어 있는 제주어는 그래서 가치가 큰데 지금은 표준어에 밀려 많이 사라지고 있대요. 그래도 유네스코에서 전문가의 토론 과정을 거쳐 아주 심각하게 위기에 처한 언어로 분류했고, 제주대학교에서 제주학을 전문적으로 연구하는 인력도 양성하고 있다니 다행이지요.

세계화를 외치지만 지역화가 선행되지 않은 세계화는 고유문화를 잃게 될 뿐 올바른 접근법은 아닌 것 같아요. 이 멋진 제주도를 오래오래 우리 후손들에게 물려주기 위해서는 더 많은 노력과 관심이 필요할 것 같네요. ✿

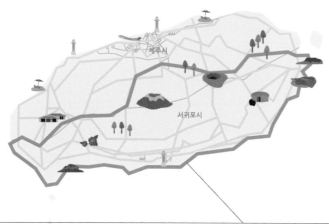

❶ 산천단   ❻ 김영갑갤러리   ⑪ 송악산   ⑰ 제주월드컵경기장

❷ 사려니 숲길   ❼ 산방산   ⑫ 하논 분화구   ⑱ 섭지코지

❸ 삼다수목장   ❽ 용머리해안   ⑬ 외돌개   ⑲ 성산일출봉

❹ 아부오름   ❾ 추사유적지   ⑭ 천지연폭포   ⑳ 강정마을

❺ 성읍민속마을   ❿ 알뜨르   ⑮ 정방폭포   ㉑ 한라산

                                        ⑯ 쇠소깍   ㉒ 산굼부리 분화구

미래 세대의 보고,
국제적인 관광휴양도시 서귀포시

혹시 커피 생두가 국내에서도 재배되고 있다는 사실을 알고 있나요? 원래 커피는 적도 근처 열대지방에서만 자라죠. 하지만 제주도에서도 무가온(無加溫) 비닐하우스에서 재배되고 있답니다. 인공적인 열을 가하지 않은 비닐하우스를 무가온 하우스라고 하는데, 무가온 상태에서도 충분히 잘 자란다고 해요. 이제 국내산 커피를 흔하게 마실 날이 곧 올 거예요.

커피뿐이 아니에요. 바나나와 파인애플은 이미 재배에 성공했고, 지금은 용과나 망고도 생산되어 제주농산물 전문 판매 사이트에 가면 쉽게 구입할 수 있답니다. 감귤과 한라봉으로 인식되던 제주 과일이 다양해진 거죠. 그만큼 제주가 따뜻하다는 반증이고 지구온난화가 현실이라는 걸 보여주는 지표이기도 해요.

이번에는 기후도 포근하고 인심도 넉넉한 서귀포시를 가볼 차례예요. 그럼, 지금부터 숨은 보물이 가득한 서귀포의 매력에 한번 빠져볼까요?

기후도 마음씨도 따뜻한 국토 최남단 도시　　서귀포를 둘러보는 여정을 시작하기 전에 산천단에서 안전 여행을 기원해보는 건 어떨까요? 우리나라에서 가장 오래된 해송이 있답니다. 산천단 곰솔 여덟 그루는 천연기념물 160호로 지정되어

있어요. 대략 수령은 500년이 넘고, 높이는 30미터 정도예요. 산천단은 옛날부터 중앙 정부에서 파견된 관리가 한라산 산신에게 제사를 지내던 곳이랍니다.

산천단

　자, 그럼 이제 본격적으로 출발해보죠. 제주도가 완만한 순상화산이라는 사실은 알고 있나요? 중산간으로 접어들면 실감이 날 텐데, 계속 완만한 오르막길이거든요.

　사려니 숲길도 대표적인 명소예요. 제주도는 걷기 좋은 숲길이 많은데 그중 하나죠. 좀 더 가면 나오는 비자림도 멋지고요. 사려니 숲길의 '사려니'는 무슨 말일까요? 제주 방언으로 '신령스럽고 신성한 곳'이라는 뜻이 래요. 이 숲길 또한 제주 생물권보전지역 중 하나랍니다. 숲이 자연 그대로 울창하고 운치 있죠. 이 숲길은 몇 해 전까지만 해도 차량이 다녔지만,

2009년부터 출입을 통제하고 본격적인 탐방로를 조성해 국제 트레킹대회를 치르는 등 제주를 대표하는 숲길로 사랑받고 있어요.

　중산간 지역의 목장은 마치 아프리카의 어느 초원 같은 인상이에요. 중산간 지역은 지표수가 부족해서 사람은 살기 힘들지만 넓

사려니 숲길

은 초지를 조성할 수 있어서 일찍부터 목장으로
이용해왔죠. 삼다수 목장도 그런 곳 중 하나예
요. 부분적으로 보면 마치 사바나 초원을 연상
시킨답니다.

이번엔 아부오름이에요. 앞오름이라고 되어
있죠. 본향당 중에서 유명한 송당본향당 앞쪽에
있다고 해서 앞오름인데 제주 방언으로 아부오
름이라고 해요. 해발고도는 300미터 정도지만
주차장에서의 높이는 50미터 정도로 체력이 약
해도 5분이면 정상에 도착할 수 있어요. 오름을
오른다는 건 제주의 속살을 하나 더 들여다보게
되는 셈이라고 할 수 있죠.

삼다수 목장(위)
제주의 아부오름(아래)

사실 제주도에 오면 유명한 관광지만 다니게 되지, 실제 제주의 속살이
라고 할 곶자왈 숲길과 오름의 굼부리는 잘 안 가게 되잖아요. 굼부리는
제주 대부분의 오름에 있는데 한라산에 화산이 분출할 때 측면에서 분화
한 작은 화산이라고 생각하면 돼요. 팥죽 끓일 때 뽀글뽀글 끓는 것을 생
각하면 쉬울 거예요.

아부오름의 굼부리

이번에는 성읍민속마을로 한번 가볼까
요? 조선시대 제주 섬에는 세 고을이 설치되
었답니다. 제주목, 정의현, 대정현이죠. 제주
목은 제주시, 정의현은 서귀포시의 동쪽, 대
정현은 서귀포시의 서쪽을 관할했어요. 일제
강점기에 행정구역을 개편하면서 정의현과

제주도의 가옥 재료

바람이 많이 불고 돌이 풍부한 제주에서는 이 두 가지 장단점을 이용해 돌로 벽과 마당을 두르고, 지붕을 낮게 설계한 후 바람에 날리지 않도록 새끼줄로 동여매고 돌을 눌러 매달았어요. 또 지표수가 부족한 제주 섬은 벼농사를 거의 하지 못했죠. 하더라도 제한적인 밭벼를 생산해 육지 농촌 같은 짚을 이용한 농기구, 생활도구, 지붕이 발달하지 못했어요. 대신 중산간 지역에 가면 지천으로 자라는, 억새와 비슷하지만 좀 더 가늘고

부드러운 띠[茅]라는 풀을 사용해 지붕과 새끼줄, 멍석 등을 만들어 사용했어요. 제주도 곳곳에 있는 민속마을에 가면 쉽게 볼 수 있답니다.

대정현을 통합해 남제주군으로 개칭했고, 그것이 지금의 서귀포시로 이어진 거예요.

성읍민속마을(위)
김영갑갤러리(아래)

성읍민속마을은 전형적인 민속촌이에요. 전통 그대로 보존된 곳이죠. 해미읍성이나 낙안읍성처럼 과거 성곽도시의 전형을 볼 수 있는 곳이랍니다. 동문과 남문을 둘러보면 돌하르방부터 옹성, 성문까지 원형 그대로 보존되어 있어 볼거리가 참 많아요. 전통마을로 지정되어서 현대적인 집수리는 불가능하고 예전 방식으로 살아간다고 해요. 불편한 점도 있겠지만, 전통마을을 찾는 관광객으로 인해 상권이 안정적이라 주민들도 큰 불만이 없다고 해요.

용머리해안

대정성

김영갑갤러리가 나왔네요. 폐교를 갤러리로 변신시킨 곳이죠. 고(故) 김영갑 사진작가는 부여가 고향이고 서울에서 작품활동을 하다가 제주 오름에 반해 젊은 청춘을 오름을 찍는 데 보냈어요. 그러다 루게릭병으로 세상을 떠난 후 갤러리 앞마당에 뿌려졌죠. 진정한 오름 나그네였던 셈이에요. 갤러리에 있는 사진들을 보면 제주 오름의 아름다움을 제대로 느낄 수 있답니다.

서귀포 칠십리 해안 드라이브도 해보세요. 아주 멋진 경험이 될 거예요. 위로 보이는 산방산이야 제주에 오면 쉽게 가고 볼 수 있는 곳이지만, 용머리해안은 귀한 곳이 되었답니다. 예전에는 용머리해안을 빙 둘러 걸어갈 수 있었어요. 올레길 초창기만 해도 걸어가면서 제주도 초기 화산활동이 수중에서 어떻게 일어났는지 볼 수 있는 귀한 자료였는데, 요즘은 물때를 맞춰도 파도가 거센 날에는 출입을 할 수 없는 곳이 되었죠. 이유는 많겠지만 지구온난화와도 무관하지 않아 보여요. 위에서 보면 초기 제주도 화산활동이 수중에서 켜켜이 쌓여 형성된 지층을 볼 수 있어요.

앞에 보이는 성이 대정성이에요. 성을 기준으로 서쪽은 보성리, 동북쪽은 안성리, 동남쪽은 인성리라고 해요. 마을 이름에 모두 '성'이 들어가죠. 현무암으로 멋지게 쌓여 있어요. 대부분 허물어졌었는데 최근 복원했답니다.

성안으로 들어가면 바로 추사유적지예요. 우리나라뿐 아니라 한자 문화권이면 모두가 다 안다는 추사체의 고향인 셈이죠. 추사체로 유명한 김정희는 제

제주추사관

주도에서 9년간 유배 생활을 하며 자신의 글씨를 완성했는데, 힘이 없어 보이면서도 독특한 매력을 뿜내는 추사체를 여기서 만들어 냈다는 것이 정설이에요.

그 유명한 〈세한도〉도 여기서 그렸다고 하고요. 유배 중에 많은 서적을 보내주던 제자인 역관 이상적이 직접 찾아오자 '날이 추워진 뒤에야 소나무와 잣나무가 시들지 않는다는 것을 안다'라는 글귀와 함께 그려주었다고 전해집니다. 〈세한도〉 그림 속 건물과 소나무처럼 추사 유배지에 제주추사관이라는 기념관을 만들었어요. 기념관치고는 좀 아담해서 주민들 중에는 기대치에 미치지 못한다며 실망한 사람들도 있었다고 하는데, 대부분의 전문가들은 기념관 중에서도 수작으로 꼽는다고 해요.

추사관에 가보면 기념관도 볼 만하지만, 민속촌의 일부처럼 과거 제주인들의 삶을 가까이에서 관찰해볼 수 있는 민가가 복원되어 있는데, 그게 또 볼거리예요. 난방이 필요 없는 부엌의 아궁이와 화장실에서 돼지를 키우는 돗통시라는 것도 볼 수 있답니다.

정의현은 일제강점기에 통폐합되면서 이름까지 사라졌지만, 대정은 서귀포시 대정읍으로 지명이라도 남아 있어요. 과거 읍치인 대정읍성에서 서남쪽 해안으로 가면 모슬포가 나와요. 모래가 많은 포구라는 의미로 대정현의 외곽 항구였는데, 지금은 대정읍의 중심지가 되었죠. 좁은 지역의 중심지 이동을 잘 보여주는 사례라고

알뜨르

할 수 있어요.

모슬포에서 송악산 가는 길은 제주도에서 보기 드문 굉장히 넓은 평지예요. 알뜨르라고 하는데, 뜨르가 제주말로 들판이래요. 일본이 태평양전쟁 시절 군 비행장을 만들어 이용했다고 해요. 한국전쟁 시절에는 군 훈련소로

섯알오름 추모비

이용되었고요. 논산훈련소의 전신이라고 볼 수 있어요. 지금도 당시의 전투기 진지가 남아 있는 걸 보면 당시 대단한 훈련소였다는 걸 알 수 있죠.

제주도 서남쪽 끝에 송악산이 있고 송악산과 연결된 두 오름이 알오름인데, 섯알오름과 동알오름이 있답니다. 섯알오름에는 위령탑도 있어요. 4·3 유적지 중 하나죠. 해방 이후 한국전쟁까지 이념에 따른 좌우 진영의 충돌이 전국적으로 빈번했지만 가장 극명하게 대립했던 곳이 바로 이 제주도예요. 그런 흔적들이 많죠. 구덩이에 민간인들을 몰아넣고 몰살시키기도 했대요. 참혹한 역사랍니다.

송악산 언저리만 와도 전망이 끝내줍니다. 만입한 바다 너머로 산방산과 한라산 정상이 한눈에 들어오고 바다 쪽으로 눈을 돌리면 가파도와 마라도가 들어오지요. 송악산은 이중화산이에요. 분화구 내부가 함몰된 후, 그 분화구 내에서 또 분화를 한 거죠. 그래서 이중화산이라고 하는 거랍니다. 보통 화산이 폭발하면 분화구가 생기는데 거기 물이 고이면 한라산 백록담처럼 돼요. 그걸 화구호라고 하고요. 하지만 엄청난 마그마가 지하에서 분출하여 지표로 나오면 지하에 넓은 빈방이 생기겠죠? 그렇게 되면 나중에 그 빈방으

송악산에서 바라본 풍경

순상화산

종상화산

로 지표가 함몰하게 되어 산 정상부가 푹 꺼지게 되고 거기에 물이 차면 백두산 천지처럼 되는데 그런 호수를 칼데라 호라고 해요.

송악산도 먼저 폭발해서 칼데라가 생겼는데 그 안에서 또 작은 화산이 생겨서 칼데라 호수의 물은 사라지고 두 겹의 화산이 생긴 거라고 볼 수 있어요. 송악산은 규모가 작아서 물이 고인 호수가 없었을 것 같기는 해요. 화산은 폭발할 때의 환경, 마그마의 온도, 마그마의 구성 물질에 따라 다양한 화산체를 만들어낸답니다. 마그마의 온도가 높으면 분출해서 멀리까지 흘러내려갈 수 있겠죠? 그래서 제주도같이 완만한 순상화산이 만들어지는 거예요. 마그마의 온도가 낮거나 수중에서 분출하면 급격히 냉각될 테고, 그런 경우 울릉도처럼 경사가 급한 종상화산이 생기는 거고요.

서귀포시 외곽에 있는 하논 분화구도 보고 갈까요. 하논 분화구도 독특한 지형으로 천연기념물로 지정·보호되고 있답니다. 하논 마르(Maar)라고도 하는데, 마르는 또 뭘까요? 분화구는 분출 환경에 따라 다양한 형태를 보이는데 그중에서도 분출물은 적고 가스만 뿜어져나오는 분화구를 마르라고 해요. 마르는 가스만 나오기 때문에 지

하논 분화구

하논의 농수로

표에 깔때기처럼 큰 구멍만 생기고 주변에 언덕은 거의 생기지 않는 형태죠. 대표적인 곳이 산굼부리랍니다.

마르는 분화구가 넓고 깊어서 호수가 만들어지는 경우가 많아요. 그 호수는 시간이 갈수록 많은 퇴적물을 담게 되고 그 퇴적물을 연구하면 주변 생태계를 시대 순으로 연구해볼 수 있는 거죠. 원래 얕은 호수였던 이곳에 조선시대에 논이 조성되었어요. 이 논 아래로 수천 년 동안 켜켜이 토탄층이 쌓였는데, 이를 시추해 연구하고 있답니다. 제주도와 서귀포시에서는 하논 마르를 복원해서 자연학습장과 화산박물관으로 활용하려 하고 있죠. 논이 부족한 제주도에서는 일찍부터 호수를 매립해서 논으로 이용했는데 최근 야구연습장이나 운동장을 건설하려고 하다가 환경단체에서 제기한 생태적 가치를 인정해 취소했다고 해요.

제주의 주인은 자연과 미래 세대

외돌개는 올레길 6코스, 7코스, 7-1코스의 시종점이에요. 외돌개 또한 장관이지요. 시스텍 때문인데요, 파도에 침식되는 과정에서 약한 부분은 깎이고 강한 부분만 남는 차별침식의 결과물을 말해요. 제주도 남쪽 해안은 부분적으로 모래나 자갈해변이 있지만 대부분은 해안절벽으로 이루어져 있답니다.

천지연폭포 절벽 아래로 불연속층이 있는데, 아래 지층은 대규모 화석지대를 이루는 서귀포 층이고 그 위층이 지금 제주도 표면을 이루는 층이에요. 그런데

외돌개

천지연폭포

이게 분출 시기가 달라 암석의 강도도 서로 다르답니다. 이런 불연속면이 차별침식을 일으켜 절벽 면이 많은 거죠.

천지연폭포는 아열대상록수림인 천연기념물 담팔수와 열대어종인 무태장어의 북한계지라 부근 전체가 천연기념물로 지정되어 있어요. 이런 이유로 천지연폭포가 유네스코 세계지질공원에 선정된 거고요. 올레길을 걷다 만나는 남원읍의 큰엉길, 서귀포 시내의 정방폭포, 중문의 대포동 주상절리, 안덕면의 박수기정은 대표적인 해안절벽이랍니다.

정방폭포도 매우 멋진 폭포예요. 천지연폭포는 해안에서 내륙으로 깊이 들어가 원시림으로 둘러싸여 있는데, 정방폭포는 바다로 직접 떨어져 또 다른 분위기를 자아내죠. 우리나라에서 바다로 떨어지는 유일한 폭포라고 해요. 제주도 남쪽 해안은 형성시기가 다른 두 지층에 단층운동까지 벌어져 꽤 넓은 지역에 수직으로 형성된 해식애를 볼 수 있어요. 천제연, 천지연, 정방, 소정방 등 다양한 폭포를 감상할 수 있죠.

남원 큰엉길(위)
정방폭포(아래)

그런데 왜 천지연폭포는 내륙 깊숙이 위치하고 정방폭포는 이렇게 바다로 떨어지는 걸까요? 폭포는 만들어진 후에 두부침식이 일어나요. 폭포가 떨어지는 곳이 깎이고 폭포 아래는 물에 패어 무너지는 건데, 그러면서 상류 쪽으로 이동하게 된답니다.

제주도의 화산활동

제주도 화산체는 한 번의 화산 분출로 형성된 게 아니에요. 수백 번의 화산활동이 있었죠. 크게 네 번의 분출기로 나눌 수 있어요. 첫 번째는 87만 년 전이에요. 이때의 분출은 해수면 아래 수중폭발로 형성되어 제주도의 기반을 만들었죠. 두 번째 분출기(60만 년 ~37만 년 전) 때는 순상화산으로 알려진 완만한 기복의 제주도를 만들었고요. 세 번째 분출기(27만 년 전)에는 순상화산 위에 한라산을 만들었고, 이때 한라산 정상을 중심으로 종상화산이 모습을 보여요. 마지막 네 번째 분출기에는 기생화산으로 알려진 오름이 제주도 전역에 만들어지게 되었답니다.

폭포의 만들어진 때가 같다고 보면, 폭포 주변의 암석의 성질과 하천의 수량에 의해 이후의 모습이 달라지겠죠. 하지만 천지연폭포와 정방폭포는 애초에 형성 시기에서도 큰 차이가 나요. 천지연이 정방보다 훨씬 나이가 많은 거죠.

쇠소깍 (효돈천)

쇠소깍은 폭포가 뒤로 후퇴하면서 만들어 놓은 깊은 협곡에 바닷물이 들어와 있는 곳이에요. 쇠소깍부터 상류 쪽으로 폭포가 천천히 낮아지면서 형성된 급류 지형이 무척 멋져요.

이제 서귀포 시내로 가볼까요? 서귀포 시내는 아직도 개발의 손길이 미치지 못한 곳들이 많아요. 시내 중심에 위치한 이중섭 거주지 주변은 전형적인 시골마을의 올레길이죠. 이중섭 화백이 서귀포에 머무른 기간은 1년이 채 안 되는데, 서귀포시나 시민들은 크게 다루는 느낌이에요.

서울 같은 대도시야 도시 분화 과정을 거치면서 도심의 기능이 더욱더

이중섭 화백 거주지

강해지고 도시권이 확장하지만, 서귀포 같은 소도시들은 도시가 커져 시가지가 확장되면 도심 자체가 옮겨가거든요. 그래서 기존 구도심이 쇠락해가는 것이 일반적이죠. 서귀포는 1981년 시로 승격되기 전까지 읍사무소 위치의 항포구 위주로 발전했다면, 시 승격 전후로는 순환도로가 있는 북쪽을 중심으로 발전하다가 최근에는 제주혁신도시와 월드컵경기장이 위치한 서쪽으로 무게중심이 이동하고 있다고 해요.

그런데 왜 제주도만 특별자치도라고 부르는 걸까요? 2006년 제주도는 특별자치도로 승격됐어요. 자치경찰, 교육자치권이 확대되고 일부 중앙 권한이 이양되어 입법권과 재정권이 부여되는 등 지역적 자치권이 고도화되었죠. 특히 교육과 의료·관광 분야의 개방이 이루어져 자치가 최대한 보장되고 있어요. 우선 교육 분야를 보자면, 교육과정을 최대한 자율적으로 운영할 수 있는 자율학교라든지 해외유학을 흡수하기 위한 국제학교 설립도 가능하답니다. 대정읍에 가면 어마어마한 규모의 국제학교들을 볼 수 있죠.

또 제주도는 관광산업이 주요한 산업이잖아요. 이를 활성화하기 위해

바오젠 거리

몇 개 국가만 빼고 대부분 나라의 관광객은 비자 없이도 왕래가 자유로워요. 중국인들도 마찬가지고요. 그래서 중국인들의 방문이 엄청나게 늘었어요. 성산일출봉의 중국인 인파나 신제주 중국인 특화지역인 바오젠 거리의 형성 등이 그런 혜택 덕에 가능했던 거죠. 중

국인들은 특히 용을 좋아해서, 용두암에도 엄청난 인파가 몰린대요.

특별자치도의 또 다른 특징은 영리병원이에요. 우리나라는 의료보험을 기초로 한 의료공영제인데 제주도에서는 외국 영리법인에 의한 의료기관을 자유롭게 설립할 수 있답니다. 외국인에 의한 병원 설립뿐 아니라 환자 알선이나 외국인 전용약국도 문을 열었지요.

요즘 우리나라 사람들이 걱정하는 것 중 하나가 중국 사람들이 제주도를 점령하는 게 아니냐 하는 거예요. 신화역사공원에도 중국 자본으로 운영되는 카지노가 들어온다고 해요. 제주의 신화를 모티프로 공원을 조성한다더니 카지노가 들어오게 돼 말들이 많다고 해요. 거기에 투자이민제도라는 것이 생겨서 영주권을 받은 사람만 천 명이 넘는대요. 투자이민제도란, 관광활성화를 위해 외국인들이 제주도, 평창군, 여수시, 인천 영종도 등에 기준 이상의 금액을 투자하면 영주권을 주는 제도예요. 다른 곳은 거의 유명무실한데 제주도에만 유독 중국인들이 몰린다고 해요. 현재 5억 원 이상만 투자하면 된다고 하는데, 제주도민들의 우려가 깊어서 10억 원으로 상향하는 논의가 진행되고 있대요.

제주 관광이 다양하게 활성화되는 것은 좋지만, 특정 국가가 독점하는 건 문제가 될 수 있겠죠. 내국인이나 여러 국가에서 온 사람들로 균형감 있게 활성화된다면 덜 우려스러울 텐데 말이에요.

중국인 관광객이나 투자에 의한 자연훼손도 문제지만, 국내 거대 자본이나 국가 권력에 의한 변화의 사례도 적지 않아요. 올레길을 만든 서명숙 선생이 2코스를 해안으로 내지 않고 내륙으로 만든 이유가 거대 자본에 의해 훼손된 섭지코지

거대 자본이 유입된 호텔

를 보면 마음이 너무 아파서였다고 해요.

섭지코지는 성산일출봉과 마주 보고 있는 야트막한 오름이었죠. 그런데 굴지의 대기업 두 곳에서 지금은 리조트와 수족관 등을 갖춘 대단위 위락 시설로 바꿔버려서 예전 모습은 찾을 길이 없어졌어요. 또 한 재벌 기업이 콘도를 조성하면서 문화재로 보존해야 할 패총유적과 용암동굴 등을 훼손 했다는 주장과 의혹이 제기되어 서귀포시가 이 업체를 고발까지 했다고 해 요. 한번 사라진 문화재는 돌아오지 않는 법이니 정말 안타깝고 화나는 일 이죠.

지정된 문화재는 아니지만 해군기지 건설을 위해 구럼비 바위를 발파 한 일도 쉽게 넘길 일은 아니에요. 강정마을은 요 근래 아주 큰 이슈가 된 지역이지요. 해군 측에서는 민관복합항구로 건설해서 제주도의 관광 인 프라를 확충하겠다고 하지만 대부분의 주민들은 우려의 시선을 보내고 있어요. 강정마을 주민들과 뜻있는 사람들은 평화의 섬 제주에 자꾸 들어 서는 군사시설이 마냥 반갑지만은 않은 거죠. 평화의 섬을 모토로 관광산 업에 정성을 기울이고 있는 제주도에 해군 군항은 어울리지 않는 면이 있 거든요. 중국을 견제하기 위한 미국의 의도가 내포된 사업이라는 견해도 많은데, 중국 사람들이 그저 좋아하면서 방문해줄지도 걱정이고요.

보통 항구라고 하면 바다가 육지로 들 어간 만입부나 전면에 섬이 있어서 외해의 큰 파도를 막아줘야 하는 법이에요. 그래 서 정부에서도 초기 군항의 입지를 남원읍 위미리나 안덕면 화순리에 건설하려고 했 었는데, 지역주민들의 반대가 심해 밀어붙

강정마을

제주 갈옷

제주도 사람들은 옛날부터 평상복으로 갈옷을 입었대요. 갈옷의 염색 원료는 먹는 감이었어요. 감은 감귤과 같이 난대성 과일로 중부지방이 대체적인 북한계라 제주도에서 구하기 쉬운 열매였죠. 감물 염색을 하면 고동색으로 염색이 되는데 갈옷은 주로 노동복으로 사용되었어요. 제주 갈옷의 역사적인 기록은 자세히 알 수 없지만, 갈옷은 우리나라뿐 아니라 예로부터 동남아에서 일본, 중국까지 폭넓게 입었다는 사실만 봐도 이들 문화권 내에 있는 제주에서도 일찍부터 착용했을 것으로 짐작돼요. 산업화 이전인 1960년대까지만 해도 제주도민들은 갈옷을 많이 입었지만, 1970년부터 의복이 현대화되면서 점차 사라졌다고 하네요. 하지만 최근 들어 웰빙 바람을 타고 다양한 디자인과 결합하면서 의류뿐 아니라 침구, 실내장식품, 생활용품, 외출용품까지 폭넓은 재료로 사용되고 있대요.

해군기지 반대 운동

이지 못했대요. 깊은 내막은 모르겠지만 군항만 가지고는 주민들을 설득하기 힘들다는 걸 알았는지 군항과 크루즈 정박항을 결합한 민군관광미항을 기치로 내걸고는, 입지를 만입부에 위치하지도 않은 강정마을로 바꾼 거예요.

평화롭게 백합, 마늘, 키위 농사를 짓던 사람들이 이렇게 오랫동안 국가 권력과 싸우고 있다니 심란하지 않겠어요? 더군다나 일제강점기의 군기지화, 미군정하에서 발생한 4·3 사건 등으로 고통받은 경험이 있는 제주도민들은 군기지라는 말 자체에 이미 거부감이 큰 것 같아요.

모쪼록 이 아름답고 소중한 제주의 자산이 오래도록 보존되고 우리 미래 세대에게 전달될 수 있도록 최선의 방향을 모색할 수 있기를 바라봅니다.

참고자료

● **도서·문헌·기사**

• (사)숲길,《생명평화 지리산 둘레길》, 꿈의 지도, 2013.
• 〈느리지만 행복한 삶 슬로시티〉, 한국슬로시티 시장군수협의회, 2012.
• 〈몽상골목(夢想襟木)-문래동, 그 3년의 기록〉,《독립 다큐멘터리》, 2014.
• 〈봉제 골목 울 언니〉,《다큐공감》, KBS, 2015.
• 《민선5기 시정백서(2012~2013)》, 강릉시.
• 《작은 것이 아름답다》 7월호, 녹색연합, 2014.7.
• 〈8.15특집 항구의 눈물 -일제강점기 군산의 밥상〉,《한국인의 밥상》, KBS, 2013.
• 〈군산선 마지막 꼬마열차〉,《다큐멘터리 3일》, KBS, 2008.
• 〈우리나라 국가1호 정원, 순천만 정원〉,《대한민국 구석구석》, 한국관광공사, 2015.5.4.
• KBS 역사스페셜,《역사스페셜 6》, 효형출판, 2003.
• 강성윤, 김경수, 조성진, 방준익,《강화군, 아름다운 이야기를 하다》, 한국관광학회, 2011.
• 강인범, 〈밀양에 태양광발전소 건립〉,《조선일보》, 2006.12.21.
• 고준우, 〈박정희가 쌓은 폐허, 청계천과 가든파이브〉,《오마이뉴스》, 2015.7.23.
• 고준우, 〈청계천은 어떻게 '눈물의 개천'이 되었나〉,《오마이뉴스》, 2015.7.20.
• 권기봉,《서울을 거닐며 사라져가는 역사를 만나다》, 알마, 2009.
• 권혁재,《한국지리, 각 지방의 자연과 생활》, 법문사, 1999.
• 김동정, 〈울긋불긋 마음까지 물들이는 단풍 여행지, 구례〉,《Journal of The Electrical World》, 2006.
• 김무길,《시간이 멈춘 그곳, 강경》, 강경역사문화안내소, 2015.
• 김민영, 김양규,《금강 하구의 나루터·포구와 군산·강경지역 근대 상업의 변용 : 강(江)과 수운(水運)의 사회경제사(社會經濟史)》, 서울선인, 2006.

- 김성환, 〈전북 모악산은 어떻게 '성스러운 어머니 산'이 되는가?〉, 《한국도교문화학회》, 2006.
- 김수진, 《두근두근 춘천산책》, 알에이치코리아, 2012.
- 김승욱, 〈한국 전력소비 과도한 수준… OECD 주요국 최고〉, 《연합뉴스》, 2013.6.20.
- 김재홍, 송연, 《(영남대로 950리 삼남대로 970리) 옛길을 가다》, 한얼미디어, 2005.
- 김태환, 〈서울 한복판, 강북 지하경제의 '중심지'〉, 《이코노믹 리뷰》, 2015.6.4.
- 김한수, 〈교통 · 문화 · 관광 중심에 우뚝… 어느새 부산의 '아이콘'으로〉, 《부산일보》, 2013.6.20.
- 김현준 외, 〈고대 수리시설의 과거와 현재, 그리고 미래-김제 벽골제-〉, 《하천과 문화 9권》, 2013.
- 김희진, 〈빵 나오면 '쟁탈전' 최고령 빵집 군산 '이성당'〉, 《오마이뉴스》, 2011.8.5.
- 낚시춘추 편집부, 《한국의 명 방파제》, 황금시간, 2007.
- 노주석, 〈남산 위 저 소나무에 드리운 '왜색의 그림자'〉, 《서울신문》, 2013. 9. 6.
- 노주석, 《서울 택리지》, 소담출판사, 2014.
- 대안농정 대토론회, 《農이 바로 서는 세상》, BH미디어, 2012.
- 류관렬, 〈제천 지역 지명 연구〉, 한국교원대학교 교육대학원, 2001.
- 문창현, 〈순천만 지역의 생태관광에 대한 연구〉, 서울대학교 대학원, 2006.
- 박경만, 〈팔당 두물머리 유기농지 보존해 공원화〉, 《한겨레》, 2013.8.29.
- 박민수, 《춘천문화유산답사기》, 한림대학교, 2007.
- 박병익, 《한국지리교과서》, 천재교육, 2014.
- 박상준, 《서울 이런 곳 와 보셨나요? 100》, 한길사, 2008.
- 박수련, 〈30대 예술가의 상상력, 하청 봉제공장 골목을 '메이드 인 창신동'으로〉, 《중앙일보》 2015.2.12.
- 박영순, 《우리 문화유산의 향기 57-광성보(廣城堡)와 신미양요(辛未洋擾)》, 국토연구원, 2004.
- 박정원, 〈보령 머드축제〉, 《조선매거진 549호》, 2015.7.
- 박창희, 〈박창희 기자의 감성터치 나루와 다리, 30 발원지를 찾아〉, 《국제신문》, 2007.11.29.
- 박하연, 〈마을 전체가 포도밭, '남포사현포도' 첫 출하〉, 《충청일보》, 2015.6.29.
- 보노보C, 《철부지 문래동》, 한가옥, 2013.

- 서명숙, 《꼬닥꼬닥 걸어가는 이 길처럼-길 내는 여자 서명숙의 올레 스피릿》, 북하우스, 2010.
- 서명숙, 《제주 올레 여행-놀멍 쉬멍 걸으멍》, 북하우스, 2009.
- 송인용, 〈보령 산업단지 및 발전〉, 《충청투데이》, 2015.7.9.
- 시민취재원, 〈남양주를 거닐다_명소〉, 남양주시, 2015.
- 시민취재원, 〈남양주를 느끼다_명품〉, 남양주시, 2015.
- 신광수, 〈관창산업단지〉, 《중도일보》, 2015.8.4.
- 신동흔, 〈인쇄소 '보진재' 4대째 이어가는 김정선 사장〉, 《조선일보》, 2012.7.21.
- 신선종, 〈옛 방림방적 부지 23만㎡ 영등포 복합신시가지로〉, 《문화일보》, 2007.
- 신정일, 《다시 쓰는 택리지-전라·경상 편》, 휴머니스트, 2004.
- 심진범·김돈호, 〈인천시 구도심 장소마케팅 전략연구〉, 인천발전연구원, 2003.
- 안장원, 〈낡은 도심 전국 12곳 '재생 수술' 본궤도 올랐다〉, 《중앙일보》 2014.12.29.
- 안태현, 《옛길 문경새재》, 대원사, 2012.
- 양희경 외, 《서울 스토리》, 청어람미디어, 2013.
- 유철상, 《서울여행 바이블》, 상상출판, 2012.
- 유혜준, 〈영남대로에서 가장 험한 문경새재, 옛말이로다〉, 《오마이뉴스》, 2015.2.21.
- 유홍준, 《나의 문화유산답사기 7-돌하르방 어디 감수광》, 창비, 2012.
- 윤석빈, 〈원자력 발전소는 왜 바닷가에 있을까?〉, 《소년한국일보》, 2014.10.7.
- 윤진영 외, 《한강의 섬》, 마티, 2009.
- 이동훈 외, 《왜 우리는 군산에 가는가》, 글누림, 2015.
- 이상민, 〈신석기 패총 훼손 논란… 행정은 8년째 '깜깜'〉, 제주=뉴스1, 2013.6.14.
- 이석현, 《공감의 도시 창조적 디자인》, 미세움, 2011.
- 이영엽, 〈전남 구례군 백악기 구례분지에서 발견된 공룡뼈 화석〉, 《지질학회지》 제44권 제3호, 2008.
- 이윤구, 〈인간 간섭에 의한 해안 환경 변화 연구-강릉시 사빈해안을 사례로〉, 한국교원대학교 대학원, 2011.
- 이윤선, 〈닻배노래에 나타난 어민 생활사-진도군 조도군도를 중심으로-〉, 《민속학회 제7집》, 2003.
- 이정민, 〈'송도'란 이름은 일제잔제…. 고유지명 되찾자〉, 《오마이뉴스》, 2012.6.7.
- 이정우, 〈난포오석〉, YTN뉴스, 2015.1.26.
- 이종예, 〈군산~장항 간 뱃길이 중단된다고 한다〉, 《군산뉴스》, 2009.10.4.

- 이종현, 구도심 상업지역의 토지이용실태 분석 및 개선방향〉, 인천발전연구원, 2008.
- 이종현·최종완, 〈인천 구도심지역의 재생방안〉, 인천발전연구원, 2006.
- 이종호, 〈과학자들 풀기 어려운 여름철 얼음〉, 《THE SCIENCE》, 2012.6.26.
- 이진성, 〈'재래시장' 산책으로 만끽하는, 색다른 서울의 봄〉, 《노컷뉴스》, 2013.5.3.
- 이진성, 〈4가지 키워드로 걷는 남산〉, 《노컷뉴스》, 2013.4.15.
- 이진성, 〈4場 4色의 서울 마을 여행〉, 《노컷뉴스》, 2013.6.5.
- 이진성, 〈그 이름에 이런 역사가? 이름 속 서울의 재발견〉, 《노컷뉴스》 2013.5.16.
- 이태희, 정민채, 〈역사, 관광학적 관점을 통한 강화도 진적지에 관한 연구-병인양요, 신미양요, 운양호 사건을 중심으로〉, 한국사전지리학회, 2006.
- 이해인, 〈'부산국제영화제' 지원금 한꺼번에 절반 삭감〉, 《경향신문》, 2015.5.4.
- 이현군, 《옛 지도를 들고 서울을 걷다》, 청어람미디어, 2009.
- 일본사학회, 《아틀라스 일본사》, 사계절, 2011.
- 장재훈, 〈구례지역의 산동분지에 관한 지형연구〉, 《응용지리》 제19호, 1996.
- 전우영, 《서울은 깊다》, 돌베개, 2008.
- 전효진, 〈김제지평선축제 관광객의 인구통계적 특성에 따른 방문동기 차이 검증 연구.관광연구〉, 《대한관광경영학회》, 2015.
- 정기용, 《서울 이야기》, 현실문화연구, 2008.
- 정우영 글·이광익 그림, 《서울의 동쪽》, 보림출판사, 2014.
- 정치영, 〈조선시대 사대부들의 지리산 여행 연구〉, 《대한지리학회지》 제44권 제3호, 2009.
- 정희안, 〈남산에 담긴 한반도 희로애락〉, 《경향신문》, 2015.8.25.
- 제천시, 《슬로시티 제천》, 2014.
- 제천시, 《제천의 명산》, 2014.
- 조문식, 〈제천 청풍문화재 단지의 관광객 선호도에 관한 연구〉, 세명대학교, 2000.
- 조승연, 〈일제하 식민지형 소도시의 형성과 도시공간의 변화〉, 《민속학연구 제7호》, 2000.
- 조종안, 〈80년 뱃길 마지막 승선권 선물 받던 날. "마지막 날 배표니까, 보물처럼 보관할게요"〉, 《오마이뉴스》, 2009.11.2.
- 조치원읍지편찬위원회, 〈조치원읍지〉, 원디자인, 2012.

- 조판철, 〈군산풍력발전소 수입 매년 증가, 톡톡히 효자 역할〉,《국제뉴스》, 2015.6.18.
- 주정화, 〈씨 마른 벌교꼬막, 종묘배양장으로 재도약한다〉,《전남일보》, 2015.4.23.
- 주정화, 〈현대와 과거 공존… 순천 웃장으로 오세요〉,《전남일보》, 2015.4.17.
- 진도군지편찬위원회,《진도군지》, 진도군, 2007.
- 차근호, 〈국제시장 '꽃분이네' 살아났다… 건물주와 권리금 합의〉,《연합뉴스》, 2015.2.12.
- 채만식,《다듬이소리》, 범우사, 2005.
- 채만식,《탁류》, 어문각, 1994.
- 최무진, 〈커피도시로서 강릉의 장소성 형성 과정 연구〉, 고려대학교 대학원, 2013.
- 최미선·신석교,《지하철로 떠나는 서울&근교여행》, 넥서스BOOK, 2011.
- 최은주, 〈문경 새재 시적 공간과 의미〉, 경북대학교, 2012.
- 최정기, 〈국가 형성 과정에서의 국가 폭력〉, 전남대학교, 2005.
- 최종현·김창희,《오래된 서울》, 동하, 2013.
- 최지연, 〈관광도시 강릉의 역사적 전개〉, 경기대학교 대학원, 2006.
- 최희, 〈한국, 가정용 전력 소비량 OECD 26위〉,《파이낸셜신문》, 2015.2.24.
- 한국문화유산답사회,《전북, 답사여행의 길잡이1》, 돌베개, 2003.
- 한국문화유산답사회,《지리산자락, 답사여행의 길잡이》, 돌베개. 2003.
- 한국지리정보연구회,《자연지리학사전》, 한울아카데미, 2004.
- 한미섭, 〈송도신도시 개발전략에 관한 연구〉, 서울대학교 대학원, 2008.
- 한양명, 〈진도아리랑타령에 나타난 기혼여성들의 사고〉,《중앙민속학회지》, 1991.
- 허동훈, 〈송도 혁신 클러스터 투자유치 개선방안〉, 인천발전연구원, 2009.
- 홍기원,《성곽을 거닐며 역사를 읽다》, 살림, 2010.
- 홍철지, 〈순천만 – 유네스코 자연유산 등재 일부 지자체 반발 차질〉,《NSP통신》, 2013.9.9.
- 황윤, 〈어느 날 그 길에서〉 (다큐멘터리), 독립영화, 2008.

● 참고 사이트

- 감천문화마을(http://www.gamcheon.or.kr)
- 강원도가 만들어가는 문화 종합 매거진, 동트는 강원(http://dongtuni.kr/dong-tuni/)
- 강원랜드(http://www.kangwonland.com)
- 강화군 문화관광(http://www.ganghwa.go.kr/open_content/tour/)
- 강화군청(http://www.ganghwa.go.kr)
- 갯벌의 가치(http://blog.naver.com/seakeeper/30089287484)
- 고리원자력본부(http://kori.khnp.co.kr)
- 구례군청(http://www.gurye.go.kr)
- 국립공원관리공단(http://www.knps.or.kr)
- 군산사랑(http://www.lovegunsan.kr)
- 금산면(http://geumsan.gimje.go.kr)
- 김제시 벽골제(http://byeokgolje.gimje.go.kr)
- 김제시청(http://www.gimje.go.kr)
- 김제지평선축제(http://festival.gimje.go.kr)
- 남포오석(http://blog.naver.com/stoneyard/40112437631)
- 내 손안에 서울 (http://mediahub.seoul.go.kr)
- 논산시 시청(http://nonsan.go.kr)
- 대한민국 구석구석 홈페이지(http://korean.visitkorea.or.kr)
- 도시재생사업단 (http://www.kourc.or.kr/tb/jsp/index.jsp)
- 동대문역사관 · 운동장기념(http://www.museum.seoul.kr/www/intro/annexIntro/an-nex_18.jsp?sso=ok)
- 람사르 습지(http://www.wetland.go.kr/home/info/info020011.jsp)
- 밀양남부교회(http://nambuch.or.kr)
- 밀양시청(http://www.miryang.go.kr)
- 벼고을농경문화테마파크(http://tour.gimje.go.kr)
- 보령 대동계 지층(http://blog.daum.net/lovegeo/6780221)
- 보령 웅천석재공장(http://blog.naver.com/shjles2995/70181268930)
- 보령석탄박물관(http://www.1stcoal.go.kr)

- 보령시청(http://www.brcn.go.kr/)
- 부산광역시 수영구청(http://www.suyeong.go.kr)
- 부산광역시 중구(http://www.bsjunggu.go.kr)
- 부산국제영화제(http://www.biff.kr)
- 부산시민공원(http://www.citizenpark.or.kr)
- 부산시청(http://www.busan.go.kr)
- 새만금사업단(http://isaemangeum.co.kr)
- 생각을 키우는 지리, G리더쉽(http://blog.naver.com/coolstd)
- 서울도보해설관광(http://www.visitseoul.net/kr/statics.do?_method=includePage&url=http://dobo.visitseoul.net/web/_kr/useInfo/userGuide.do&m=0003001040001&p=04)
- 서울시 공식 관광정보 웹사이트(http://www.visitseoul.net/kr/index.do?_method=main)
- 서울역사박물관(http://www.museum.seoul.kr)
- 선유도공원(http://parks.seoul.go.lr/template/default.jsp?park_id=seonyudo)
- 세종시 저전거도로 태양광발전소(http://blog.naver.com/sky_yoon/185757810)
- 세종특별자치시 공식 블로그(http://sejongstory.kr)
- 송도 IBD BLOG(http://songdoibd.tistory.com)
- 순천만자연생태공원(http://www.suncheonbay.go.kr)
- 스카이큐브(http://www.skycube.co.kr/skycube/skycube/meaning.aspx)
- 슬로시티-한국(http://www.cittaslow.kr)
- 연곡사(http://www.yeongoksa.org/45)
- 영화의전당 홈페이지(http://www.dureraum.org)
- 올림픽공원(http://www.olympicpark.co.kr/)
- 왜 원자력 발전은 포기하기 힘들까?(http://blog.naver.com/climate_is/220449519099)
- 월드컵공원(http://worldcuppark.seoul.go.kr)
- 인천시 공식 블로그(http://incheonblog.kr/1184)
- 임진각평화누리(http://imjingak.co.kr/introduce_about.html)
- 제주특별자치도보훈청 제주항일기념관(http://hangil.jeju.go.kr)
- 청계천박물관(http://www.museum.seoul.kr/www/intro/annexIntro/annex_19.jsp?sso=ok)
- 출판도시문화재단(http://www.pajubookcity.org)

- 코레일(http://info.korail.com)
- 태백석탄박물관(http://www.coalmuseum.or.kr)
- 태백시청(http://www.taebaek.go.kr)
- 태양광 발전의 최적 장소는?(http://blog.naver.com/scienceall1/220260196865)
- 통계청(http://kostat.go.kr)
- 파주시청(https://www.paju.go.kr)
- 파주장단콩마을(http://kgfarm.gg.go.kr/farm/00216/)
- 파주팜(http://www.pajufarm.co.kr)
- 하루에 걷는 600년 서울, 순성놀이(http://www.seouldosung.net)
- 한강수계 테마원(http://www.hgeco.or.kr)
- 한국수자력원자력(http://www.khnp.co.kr)
- 한양도성박물관(http://www.museum.seoul.kr/www/intro/annexIntro/annex_11.jsp?sso=ok#)
- 헤이리예술마을(https://www.heyri.net)
- 활판공방(http://www.hwalpan.co.kr)

ㄱ

가계해변 311

가력배수갑문 288~289

가시연습지 209

가족농 291~292, 297~300

가파도 429

가평 160, 167, 170

각자성석 23~24

각황전 339

갈매못성지 257

갈옷 437

감천문화마을 391~394

강경 222, 233~241, 243

강경갑문 236~237

강경노동조합 238

강경상고(강상) 239

강경신사 238

강경역사박물관 238

강경장 222, 236

강경젓갈골목 236

강경젓갈전시관 234

강경천 235~236

강경포 235

강원도립화목원 173

강원랜드 193~194

강정마을 436

강진 408

강화 5일장 125~126

강화갯벌 109, 119, 122~123

강화고려인삼축제 109

강화고인돌문화축제 109

강화나들길 110~111, 121~122

강화도조약 112, 278

강화새우젓축제 109

강화섬쌀 110, 125

강화약쑥축제 109

강화평화전망대 109, 116

개벽사상 303

개복동 286

개천대축제 109, 124

갯골 122

갯벌 109, 113, 119, 121~123, 127,
    245~246, 248, 289, 292, 323~324, 326

갯벌센터 121~123

거문오름 421

검룡소 180

검은 모래 410~411

겸재 정선 74~75, 386

경국대전 216, 219

경기평화센터 134
경동지형 206
경복궁 20, 22, 32~33, 348~349
경성 31~32, 35~36, 48, 278
경성방직공장 72
경의선 130~131, 143
경인선 19, 65, 96, 102
경장거 295~296
경조오부도 25
경춘가도 169
경춘선 159~160, 169
경포대 205~206, 209, 211
경포해수욕장 206
경포호 201, 205~206, 208~211
계립령 349~350
고공기 20
고구마섬 162
고답마을 362, 364
고랭지 176~177
고려산진달래축제 109~110
고리원전 363~366
고모산성 353~354
고생대 253, 355
고인돌 109, 162, 167, 410
고재형 110
고한 190, 192~193
곤을동 413~414
곰말 87, 89
곰솔 424
공동화 328~329, 387

공지천 164~165
공화춘 96~97
곶자왈 425
관갑천잔도 354
관덕정 417
관창산업단지 251~252
광물박물관 140
광복로 394~395
광성보 111~112, 115
광안대교 397, 399
광안리해수욕장 398~400
광인사길 137
광장시장 43, 52
교과서박물관 230~231
교리마을 268
구 조선은행 군산지점 280~281
구도심 37, 96, 101~102, 106~107,
  327~329, 434
구들기마을 220
구럼비 바위 436
구례분지 332~333
구례장 337~338
구룡포 근대역사문화거리 379
구릿골 303
구마모토 리헤이 277
구문소 183
구미란 전적지 300~301
구봉산 전망대 163
구불길 281
구상나무 173

구송폭포 168~169
구자곡 242
구절리 190~191
국립세종도서관 228~229
국립춘천박물관 169
국사당 32
국제습지센터 320, 322~323
국제시장 402
국제업무지구 105
국제정원박람회 322
국지대호 296
군사분계선 117~118, 130
군산공원 278
군산근대역사박물관 277
군산노동조합 238
군산세관 277
군장대교 287
굼부리 425
귤림서원 417
그린빈바이어 204
금강 218, 220, 222, 227, 229,
　　234~237, 241, 273~274, 285
금강생태공원 275
금강하굿둑 241, 274~275
금구 300~301, 303
금만평야 288
금산 301, 303
금산사 303~305
금환락지 340
기생화산 433

기억의 기둥 396
기업농 292, 298, 300
기장향교 217
기정동마을 132~133
김영갑갤러리 426~427
김제만경평야 288, 292, 297
김제지평선축제 296~297, 304~305
까치발건물 187
꼴딱고개 353
꽁당보리축제 280
꽃섬 80
꿀떡고개 353~354
꿈의 다리 320, 322

ㄴ

나미나라 160
낙동강 180, 182~183, 353
낙산 23~25, 28, 37~38, 44, 46~48, 51
낙산공원 46~47
낙조 122, 324, 414
난지도 79~83, 86, 370
난지천공원 79
난지한강공원 79
남대문시장 30~31, 52
남도예술은행 314
남도전통미술관 315
남산 23~25, 28~29, 32~36, 39~40,
　　57~58, 81, 283

남양주역사박물관 146~147

남이섬 160~162, 169~171

남이장군 묘 161

남일당 239

남종화 314~315

남촌 25, 27~29, 31~32, 34~35, 39

남포 오석 250~252, 254

남포동 401

남포벼루 250~251

남한강 자전거길 144, 146~147

낭혜화상탑비 254

내사산 23, 25

내셔널트러스트 199

내연산 386

냉풍욕장 254~255, 257

너덜 374~375

너덜샘 182~183

노동 지향성 공업 250

노을공원 79~80, 86

녹색 기둥의 정원 77

논산천 235, 237

논산훈련소 233, 241, 429

놀뫼 241

농경문화박물관 296

농촌체험축제 134

뉴타운 28, 53, 57

능내리 155

능내역 148~149

ㄷ

다릿재 262

다산 문화의 거리 149

다산기념관 150

다산길 146~147, 149

다산생태공원 150, 152

다산유적지(다산 정약용 유적지) 146,
149~150

단열팽창 373~374

달빛기행 51

달커피 51

담금솔 70~72

담팔수 432

당고개공원 51

당골광장 176, 178

닺배노래 316~317

대동여지도 74~75, 80, 149, 218,
264~265

대성동마을 132~133

대영극장 401

대웅전 305, 339

대정성 427

대정현 416, 425~426, 428

대청댐 220

댐식 발전 367

더블콘 400~401

덕진진 111, 113~115

도가야 야스부로 379~380

도라산역 131

도라전망대 132~133
도상구릉 237
도시재생 8, 28, 40, 44, 47, 53~55, 57,
  66, 101, 328, 397
도심 재개발 36~37, 40
돈의문 21, 23~24
돌리네 196
돌산 301, 333~334
돗통시 428
동강 197~199
동강댐 198~199
동곡약방 303~304
동국사 285
동국여지승람 182
동굴산호 181, 197
동대문디자인플라자(DDP) 48
동대문시장 51~53
동대문운동장 25, 32, 48
동래향교 217, 219
동막해변 109, 122~124
동망봉 45
동문시장 415~416
동방거택 296
동부도 341
동북아무역센터 95, 105
동빈내항 388~389
동알오름 429
동양맥주주식회사 70
동원탄좌 192~193
동진강 292~293

동천 323~324
동촌 25, 28
동편제 338
동평관 31
동학농민운동 300~301
동해산업 185
동화원 352
동화전마을 362
두물머리 144, 150~151, 153~155
땅끝마을 383~384
뚜루내 183
뜬다리부두 282

ㄹ

라디오방송국 덤 56
람사르협약 319, 325
레고랜드 163
레일바이크 191, 194, 359
로드킬 342

ㅁ

마니산 109, 123~125
마량포구 408
마루산 124
마르 430~431
마리산 124

마린시티 397

마뢰 23

막국수체험박물관 170~171

막장 190~191, 355

만경강 292~293

만국공원 99

만세운동 370, 410

만어산 375

망경루 418

망배단 130

망원정 27

매봉산 176, 368

매봉산고랭지채소단지 176~177

매봉산풍력발전단지 177

머드축제 205, 245~249, 255

머드화장품 248~249, 252

머리산 124

메타세쿼이아 84, 161, 320

명량 307~309

명량해전 307

명례방 36

명암 산채건강마을 267

모도 311~312

모래축제 400

모슬포 428~429

모악산 292, 300~303, 305

목멱산 23

몽촌역사관 89

몽촌토성 87~89, 91

몽촌호수 88~89

문경새재 348~353, 356

문경아리랑 353

문경읍 354

문래근린공원 57

문래소공인특화지원센터 59

문래예술공단 65~66

문화지구 40~41, 60, 98, 141, 380

문화창작촌 62

물레길 165, 171

물사랑홍보관 413

미두장 281~282

미륵신앙 320, 305

미륵입상 304~305

미륵전 303~305

미메시스 아트뮤지엄 138

미호천 218, 223, 229

민둥산 195~196

밀마루전망대 225

밀양관아 370

밀양 남부교회 370~371

밀양강 369, 371

밀양아리랑 361, 369

밀양역 362, 370

ㅂ

바다 갈라짐 현상 311

바람의 언덕 135

바오젠 거리 434

박달재 262, 269

박대 287

박수기정 432

박이추 203

반달곰 339, 343

발구덕 196

발산리 유적 276

발효박물관 266

방림방적 58

배다리마을 100~102, 107

배론성지 262~263

배오개시장 30

백두대간 172, 260, 265, 342, 350

백두대간협곡열차 260

백령도 117~118

백악산 21, 23, 25

밴댕이마을 120

벌교 326

법상종 305

법정사 409~410

벚꽃 69, 209, 223, 279, 332, 366

베르시공원 73, 76

벽골군 295

벽골제 294~296

벽비리국 295

별도봉 414

별도연대 412

병인양요 113~114

보경사 386

보노보C 62

보라마을 362

보령석탄박물관 253

보령에너지월드 256

보령화력발전소 252, 255~256

보리 책놀이터 138

보신각 32

보진재 135~136, 139

보헤미안 203

본정 36

본정통 239

봉수대 237, 409

봉안터널 148

봉의산 164

부강나루 219~220

부강약수 220~221

부강역 220~223

부도 254, 341

부목군현 216, 229

부산국제연극제 398

부산국제영화제 391, 400~402

부산극장 401~402

부산세계불꽃축제 399

부산진시장 402

부전시장 402

부평깡통시장 402~403

북방한계선 117~118

북부도 341

북촌 25, 27, 29, 31~32, 34~35, 39

북한강 19, 151, 153, 162~169, 189, 206

불이농촌가옥 280~281

불이문 153

붕어섬 162, 165

블랙아웃 365~366

비무장지대 129, 132, 134

비우당 46

비원 33

비자림 424

비프광장 401

비핵운동 363

빈해원 282~283

빙계계곡 373

빨대 현상 377

빨치산 341~342

ㅅ

사가와정원 284

사가와커피 284

사라봉 414~415

사라오름 413

사려니 숲길 424

사력댐 166

사리탑 341

사북 190~194, 253

사빈해안 206

사상난전 30

사옥정 57

사장교 308

사주 208, 311

사직 20, 35

사현마을 251

산굼부리 431

산동면 332, 335

산방산 421, 427, 429

산수유마을 331, 335

산지천 414~415

산천단 424

삼각산 25, 44

삼각주 378~379

삼국지 벽화거리 97

삼다수 목장 425

삼랑진 366

삼랑진수력발전소 366~367

삼문동 369~370

삼양동 410~411

삼양동 선사유적지 411

삼호 296

상대 28

상사마을 336, 339

상생의 손 383

상업적 영농 371~372

상장동 벽화마을 185

상중도 162

상초리 350

새만금 288~289, 292, 368

새만금방조제 288~289

새재 348~352

생물권보전지역 419, 421, 424

생태공원 76, 82~84, 86, 150~151,

275, 320, 323
생태도시 319
생태학습장 150, 154, 275
서공원 99
서덜샘 182
서명숙 418~419
서빈백사 411
서시천 332
서원 219, 229~230, 417
서창교 236
서천화력발전소 253
서촌 25
서편제 338
석도 117~118
석병리 384
석순 181, 196
석주 181, 197
석탄박물관 184~185, 253~254,
357~358
석탄산업합리화정책 179, 184~185,
193, 255, 356
석호 208
석화 197
석회동굴 180~182, 196~197, 199
선교장 202, 209~211
선농단 26
선수포구 120
선유교 74~75, 78
선유도공원 40, 74~79
선유봉 74~76, 78

선유정 78
섬진강 332~334, 336, 338
섭지코지 435~436
섯알오름 429
성게미역국 416
성산일출봉 420~421, 434, 436
성요셉 신학당 263
성저십리 17, 25~27
성주사지 254
성주산 250, 252
성주탄광 253~254
세계문화유산 109, 127, 313
세계자연유산 325, 419, 421
세계지질공원 419, 421, 432
세미원 150, 152~153
세심로 153
세자매하우스 140
세한도 428
소백산맥 348, 351, 355
소양강 162~163, 165~168
소양강댐 165~166, 168, 171, 367
소양호 166
소의문 23~24
소치 허련 314
소화기린맥주 70
손돌목돈대 115
송당본향당 425
송덕비 379~380
송도국제도시 102~105
송도컨벤시아 105

송악산 429~430

송전탑 257, 361~364, 375

쇠소깍 420, 433

수력발전 165~166, 310, 366~367

수로식 발전 367

수변구역 150~151

수산면 268~269

수생식물원 77

수영구문화센터 398~399

수질정화원 77

숙정문 23~24

순상화산 424, 430, 433

순성놀이 17, 23

순천만 319~320, 323~326, 329

순천만국가정원 320~321, 325

순천만자연생태공원 320, 323

순천호수정원 320~321

숭례문 23~24

숭인동 43, 53~54

슬로시티 144, 148, 266, 268~269

시간의 정원 77

시랑산 262

시마타니 276~277

시스텍 431

식민지형 도시 2 93~294

신고리원전 365

신곡수중보 165

신궁 32~33, 57

신대지구 329

신도심 96, 106~109, 327~329

신미양요 111, 113, 115

신보령화력발전소 256

신비의 바닷길 311~313

신생대 253, 293, 384~385

신수도 215, 223

신시배수갑문 288~289

신유박해 263

신작로 278~279, 349~350

신재생에너지 311, 368

신촌리 410~411

신털미산 295

신포시장 95, 100, 106

신화역사공원 435

실학 147~150

실학박물관 149

심도기행 110

싱크홀 196

쌀시장 291, 297~298

ㅇ

아리랑마을 315

아리랑문학관 297

아부오름 425

아우라지 195, 260

아우릿재 350

아트브릿지 56

안녕고개 241~242

안목해변 163, 202~203, 205

안향 230

알뜨르 428~429

알오름 429

압도 80

앞오름 425

애추 374

약초탐구관 266

약초허브전시장 266~268

양수대교 151

양수리 153, 229

양수리환경생태공원 151~152

양수식 발전 366~367

억새 83~84, 195, 349

얼음골 372~375

엄뫼 301

에코 투어 165

에코 퍼머컬처 154

에티오피아 164~165

여리꾼 30

여유당 150

역수 218

연곡사 341

연기군 216, 218, 222, 231

연기천 218

연기향교 218~219, 223, 229

연꽃마을 148~149, 155

연꽃박물관 155

연대 409

연무대 241~243

연무읍 240~241

연북정 408~409, 418

열수주교 153

영남대로 267, 348~350, 354

영남루 369~370

영단주택 57~58

영등포공원 70~73

영리병원 435

영일만 380, 382~384, 389

영화의 거리 401

영화의 전당 400~401

예향 307, 314, 317

오간수문 24

오름 425, 427, 429, 433, 436

오리섬 80

오미마을 340

오백채 57

오어사 386

오죽헌 202, 210~211

오현단 416~417

옥녀봉 236~238

옥련동 103

올레길 407, 413, 415, 418~419, 427,
    431~433, 435

올림픽공원 86~87, 90

올벚나무 339

외돌개 431

외사산 25

외솔봉 268

용두돈대 115

용두암 435

용머리해안 421, 427

용소 182

용암동굴 421, 436

용연동굴 180~181

용정 182

용천 409, 412~413

우도 411, 421

우리내 153

우주측지관측센터 230

우화루 45

운림산방 313~314

운요호 사건 111, 113

운조루 336, 340~341

운종가 22, 29

울돌목 308~310, 368

웃장 327~328

웅천돌문화공원 250

웅천석재단지 251

원료 지향성 공업 249~250

원전 256, 363~366

원평 300, 303

원평장터 300, 303

월드컵경기장 79, 81

월드컵공원 79

월명공원 281

위도 162

위령탑 429

위례성 88

유곽 286

유기농업 154

유역 변경식 발전 367

유홍준 408

육거리 387

육계도 311

육계사주 311

육조 거리 21

율곡 이이 210

은대샘 182

은성광업소 358

의림지 263~265

의암댐 162, 165~167

의암호 161~162, 167

이간수문 24

이공기 266

이기대공원 397

이디오피아 164~165

이성당 283

이순신 29, 307, 309

이영춘 가옥 277

이중섭 433~434

이중화산 429

이중환 79, 332

이지함 선생 묘 257

이현시장 52

이화령 349~350

인구공동화 387

인사동 31, 36, 40

인삼막걸리 110, 125

인성리 427

인왕산 20, 23, 28, 32

인천공항 102

인천항 100

임진각 129~130, 134~135

임진강 119, 131

임진왜란 18, 30, 351~352, 397

임피역사 275~276

임해공업지역 381

ㅈ

자갈치시장 403

자근돈지 409

자드락길 267~268

자유공원 98~99

자유의 다리 130~131

자주동샘 46

잠실수중보 165

장기곶 383

장기읍성 386

장난감박물관 140

장단콩마을 133

장담그기축제 134

장미동 280

장생거 295, 296

장수촌 336, 339

장신구박물관 140

장항 274~275, 277

장화리 낙조마을 122

저낙차식 발전 367

저어새 121~122

적산가옥 380

전의면 216~218

전의향교 216~217, 229

전조후시 21

전태일 40

절개지 45, 48, 164

점촌 354~357

정방사길 268

정방폭포 432~433

정부세종청 사 226

정선 5일장 191

정선아리랑 190~191

정약용 29, 146~150, 153, 386

정여립 303

정의현 425, 428

정조실록 296

정족산성 114

정철 209

제3땅굴 132

제너럴셔먼호 111~112

제왕남면 20

제장마을 199

제주 올레 패스포트 407~408

제주관아 418

제주목 425

제주성 416

제주추사관 428

제주항 413~414

제주혁신도시 434

제천국제음악영화제 266
제천약령시장 266
제천역 260~261
제철공업 378, 381
조계지 97~100, 278
조곡관 352
조도 316~317
조두석 417
조력발전 309~310
조령 265, 349~350, 352
조령관 352
조령원 352
조류발전 309~310, 368
조선총독부 285, 350
조안 144, 148
조차 237, 282, 312
조천 217, 223, 409, 411
조천만세운동 409~410
조천연대 409
조천진 408~409
조천포구 408~410, 412
조치원 217, 222~223, 231
종각 22, 31
종남산 370
종묘 19~20
종상화산 430, 433
종유석 181, 196~197
좌도 348
주례 20~21
주상절리 384~385, 414, 420

주포산업단지 252
주흘관 352
죽도시장 387~388
죽령 265, 348, 351
중고제 338
중도 348
중부내륙관광열차 260
중부내륙순환열차 260
중부내륙철도 261
중산간 415, 424, 426
중생대 253~254, 301, 333
중초도 80
중촌 25, 29
중화학공업 381
증산도 303
증주벽립 417
지구온난화 423, 427
지리산 331~334, 336~337, 339,
    342~343, 419
지리산 둘레길 336, 343
지표율사 305
직주분리 27
진남문 354
진도대교 308~309
진도아리랑 315~316
진도타워 309~310
진잠향교 217
진포대첩 275
진포대첩비 275
진포시비공원 275

집적이익 136, 250, 252

ㅊ

차별침식 163, 237, 431~432

차이나타운 36, 95~97, 283

참사문비 285

참성단 124, 127

참성단 중수비 124

참여정원 322

창경궁 33

창경원 33

창덕궁 33

창신동 43~57

창의문 23~24

채만식 소설비 281

채만식문학관 273, 275

채석장 47

천남 28

천년송 339

천도 18, 223~224

천등산 262

천원지방 125

천지연폭포 421, 431~433

철강도시 377, 382

철암역두선탄장 186~187

철암탄광역사촌 186

청계천 19, 24~29, 34, 38~40, 52, 64, 218

청라경제자유구역 101

청룡사 44~45

청평댐 160, 165, 367

청평사 168~169, 173

청평호수 160

청풍문화재단지 265

청풍호 264~268

초도 117~118

초점 353~354

초정약수 220

초지진 110~114

촉석루 369

최무선 275

추사유적지 427

추사체 427~428

추풍령 348, 351

춘천댐 165~166

충적지 208, 293

충주호 265

치성 24~25

칠패시장 30

침식분지 163~164, 260, 333

ㅋ

카지노 190, 192~193, 435

카페 나루 78

칼데라 호 430

커피거리 201~202, 205

커피나무 204~205

커피농장 204~205
커피박물관 205
코리아 스피드 페스티벌 105
쿱 힘멜브라우 401
큰뫼 301
큰물 197, 409
큰엉길 432

ㅌ

타인능해 341
탁류길 273
탄광도시 189, 355, 358
탐라 407~408
탐진 408
탐진강 408
탑정저수지 242~243
태극도인 392
태백산눈축제 178
태백산 176, 182, 333
태백산맥 176, 206
태양광발전소 366~367
택리지 79, 332~333
테라로사 204
토끼비리 354~355
토막집 280
토지면 340
토천 354
토탄층 431

통일기원돌무지 135
통일촌 133~134
퇴적분지 333
트레킹 267~268
특별자치도 434~435

ㅍ

파력발전 309~310
파주북소리축제 139
파주어린이책잔치 139
파주장단콩축제 134
파주출판도시 136~137, 139
판 아트 페스티벌 141
팔당댐 146~147, 150, 153, 165, 367
팔당역 144, 146
팔당호 152~154
패루 96
패총유적 436
펜타포트 록페스티벌 106
평안계 지층 253
평화시장 43, 52
포구취락 220
포스코 381~382, 387
포장수력 165
포함외교 113
포항국제불빛축제 383
포항신항 388
포항제철 377, 380~381, 388

포항창진 378
풍납토성 88~89
풍력발전 288, 368
풍혈 373
피맛골 22~23
피아골 341~342

ㅎ

하논 분화구 430
하늘공원 40, 79~82, 84~86
하늘재 349~350
하도감 48
하르방 417
하상계수 415
하안단구 369
하야리아 396
하얀 모래 411
하중도 160, 162, 369~370, 378
한강 164~165, 180, 182, 218, 229, 370
한골 373
한국전쟁 19, 48, 103, 117, 130~131,
　　164, 172, 241, 276, 286, 371, 392,
　　402, 429
한국정원 320, 322
한라산 124, 419, 421, 424~425, 429, 433
한방명의촌 267
한방바이오박람회 266
한방생명과학관 266~267

한성백제박물관 88
한성부 25, 27, 31, 35~36
한양도성 16~20, 23, 31
한옥마을 295~296
한일은행 강경지점 238
한탄강 385
한평공원 50
한향림옹기박물관 140
함백산 176, 182~183
함태탄광 185
합강리 229~230
합천댐 368
합호서원 229~230
해군기지 436~437
해녀박물관 410
해돋이공원 105
해망굴 287
해맞이광장 383
해식애 207, 432
해안 침식지형 384
해안절벽 207, 431~432
해양문화도시 391~392, 398, 403
해양발전에너지 310
해운대 399~401
해조문 237
해파랑길 384
행단 219
행정수도 223~225
향교 216~219, 229~230
허브도시 283, 289

헤이리예술마을 139~140

형산강 378~379, 388~389

혜공 386

혜화문 23~24

호국돈대길 111

호남평야 235, 292, 295, 301

호미곶 383~384

호서읍지 218

호수공원 227, 229

홍예문 99~100

홍인지문 21, 23~25

홍조단괴 해빈 411

홍화문 33

화개장 338

화구호 429

화도장 127

화문석 125

화북진성 412

화북포구 412, 414

화산박물관 431

화산지형 421

화산활동 427, 433

화암동굴 196~197

화엄사 336, 338~339

화천댐 165, 367

화혼양재 283~284

환동해권 382

환해장성 412

황등제 296

황사영 263

황산벌 243

황지연못 182~183

황토현 22, 31

황포돛단배 153

회덕향교 217, 219

효돈천 420~421, 433

후포항 120

흔적 파고라 396

흙산 333

흥국사 168

흰무늬반달곰 339

기타

000간 55

12폭포 286

1서3박 203

4·3 유적지 413, 429

4·3 항쟁 413

88호수 91

A-트레인 195~196, 260

BRT 228

DMZ 129, 131, 134

DMZ안보관광 131, 134

ITX-청춘열차 159, 160

NLL 118

O-트레인 260

Time&Blade박물관 139~140

V-트레인 260

지리쌤과 함께하는
우리나라 도시 여행

1판 1쇄 2016년 1월 20일 | 1판 8쇄 2020년 9월 10일

지은이 전국지리교사모임
펴낸이 윤혜준
편집장 구본근
고문 손달진
본문디자인 박정민
지도일러스트 김보라

펴낸곳 도서출판 폭스코너 | 출판등록 제2015-000059호(2015년 3월 11일)
주소 서울시 마포구 월드컵북로 400 문화콘텐츠센터 5층 15호(우 03925)
전화 02-3291-3397 | 팩스 02-3291-3338
이메일 foxcorner15@naver.com | 페이스북 www.facebook.com/foxcorner15

종이 일문지업(주) 인쇄 대신문화사 제본 국일문화사

ⓒ 전국지리교사모임, 2016

ISBN 979-11-955235-5-9 (03980)